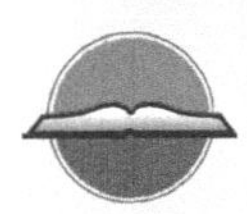

全国高职高专教育“十二五”规划教材

国家级示范性（骨干）高职院建设成果系列教材

动物外科与产科

【畜牧兽医及相关专业使用】

刘俊栋 赖晓云 主编

U0320811

中国农业科学技术出版社

图书在版编目（CIP）数据

动物外科与产科/刘俊栋，赖晓云主编．—北京：中国农业科学技术出版社，2012.8
ISBN 978-7-5116-1057-7

Ⅰ.①动…　Ⅱ.①刘…　②赖…　Ⅲ.①家畜外科—高等职业教育—教材　②家畜产科—高等职业教育—教材　Ⅳ.①S857.1　②S857.2

中国版本图书馆 CIP 数据核字（2012）第 198872 号

责任编辑　闫庆健　李冠桥
责任校对　贾晓红　范　潇

出版发行　中国农业科学技术出版社
北京市中关村南大街 12 号　邮编：100081
电　　话　（010）82106632（编辑室）（010）82109704（发行部）
（010）82109703（读者服务部）
传　　真　（010）82106632
网　　址　http://www.castp.cn
经 销 者　各地新华书店
印 刷 者　北京建宏印刷有限公司
开　　本　787mm×1092mm　1/16
印　　张　16.875
字　　数　421 千字
版　　次　2012 年 8 月第 1 版　2017 年 12 月第 4 次印刷
定　　价　26.00 元

版权所有·翻印必究

《动物外科与产科》编委会

主　　编　刘俊栋　（江苏畜牧兽医职业技术学院）

　　　　　赖晓云　（无锡派特宠物医院）

副 主 编　黄东璋　（江苏畜牧兽医职业技术学院）

　　　　　闫振贵　（山东农业大学）

　　　　　武彩红　（江苏畜牧兽医职业技术学院）

编　　委（以姓氏笔画为序）

　　　　　王　亨　（扬州大学）

　　　　　王成森　（山东畜牧兽医职业学院）

　　　　　牛彦兵　（新疆农业职业技术学院）

　　　　　方振华　（海南职业技术学院）

　　　　　刘振湘　（湖南环境生物职业技术学院）

　　　　　严昌荣　（西藏职业技术学院）

　　　　　邱世华　（江苏畜牧兽医职业技术学院）

　　　　　张振仓　（西北农林职业技术学院）

　　　　　赵永旺　（江苏畜牧兽医职业技术学院）

主　　审　李建基　（扬州大学）

　　　　　郭志刚　（现代牧业集团）

序

在任何一种教育体系中，课程始终处于核心地位。高等职业教育是高等教育的一种重要类型，肩负着培养面向生产、建设、服务和管理第一线需要的高素质高技能人才的使命。职业教育课程是连接职业工作岗位的职业资格与职业教育机构的培养目标，即学生所获得相应综合职业能力之间的桥梁。而教材是课程的载体，高质量的教材是实现培养目标的基本保证。

江苏畜牧兽医职业技术学院是教育部、财政部确定的“国家示范性高等职业院校建设计划”骨干高职院校首批立项建设单位。学院以服务“三农”为宗旨，以学生就业为导向，紧扣江苏现代畜牧产业链和社会发展需求，动态灵活设置专业方向，深化“三业互融、行校联动”人才培养模式改革，创新“课堂—养殖场”、“四阶递进”等多种有效形式，积极探索和构建行业、企业共同参与教学管理运行机制，共同制定人才培养方案，推动专业建设，引导课程改革。行业、企业专家和学院教师在实践基础上，共同开发了《动物营养与饲料加工技术》等40多门核心工学结合课程，合作培养就业单位需要的人才，全面提高了教育教学质量。

三年来，项目建设组多次召开教材编写会议，认真学习高等职业教育课程开发理论，重构教材体系，形成了以下几点鲜明的特色。

第一，以就业为导向，明确课程建设指导思想。设计导向的职业教育思想，实践专家与专业教师结合的课程开发团队，突出综合职业能力培养的课程标准，学习领域“如何工作”的课程模式，涵盖职业资格标准的课程内容，贴近工作实践的学习情境，工学交替、任务驱动、项目导向和顶岗实习相协调的教学模式，实践性、开放性和职业性相统一的教学过程，校内成绩考核与企业实践考核相结合的评价方式，毕业生就业率与就业质量、“双证书”获取率与获取质量的教学质量指标等，构成了高等职业教育教学课程建设的指导思想。

第二，以工作为目标，系统规划课程设计。人的职业能力发展不是一个抽象的过程，它需要具体的学习环境。工学结合的人才培养过程是将“工作过程中的实践学习”和“为工作而进行的课堂学习”相结合的过程，课程开发必须将职业资格研究、个人职业生涯发展规划、课程设计、教学分析和教学设计结合在一起。按照行业企业对高职教育的需求分析、职业岗位工作分析、典型工作任务分析、学习领域描述、学习情境设计、课业文本设计等6个步骤系统规划课程设计。

第三，以需要为标准，选择课程内容。高等职业教育课程选择标准，应该以职业工作情境中的经验和策略习得为主、以适度够用的概念和原理理解为辅，即以过程性知识和操作性技能为主、陈述性知识和验证性技能为辅。为全程培养学生“知农、爱农、务农”的综合职业能力，以畜牧产业链各岗位典型工作任务为主线，引入行业企业核心技术标准和职业资格标准，分析学生生活经验、学习动机、实际需要和接受能力的基础上，针对实际的职业工作过程选择教学内容，设计成基于工作任务完成的职业活动课程。

第四，以过程为导向，序化课程结构。课程内容的序化是指以何种顺序确立课程内容涉及到的知识、技能和素质之间的关系及其发展。对所选择的内容实施序化的过程，也是重建课程内容结构的过程。学生认知的心理顺序是由简单到复杂的循序渐进自然形成的过程序列，能力发展的顺序是从能完成简单工作任务到完成复杂工作任务的过程序列，职业成长的顺序是从初学者到专家的过程序列，这三个序列与系统化的工作过程，构成了课程内容编排的逻辑形式。

第五，以文化为背景，突出技术应用。高等职业教育的职业性，决定了要在教育文化与企业文化融合的环境中培养具有市场意识、竞争意识的高素质人才。这套教材的编写以畜牧产业、行业、企业的文化为背景，系统培养学生在学校和企业两个不同学习场所的“学、做、用”技术应用的能力。

“千锤百炼出真知”。本套特色教材的出版是“国家示范性高等职业院校建设计划”骨干高职院校建设项目的重要成果之一，同时也是带动高等职业院校课程改革、发挥骨干带动作用的有效途径。

感谢江苏省农业委员会、江苏省教育厅等相关部门和江苏高邮鸭集团、泰州市动物卫生监督所、南京福润德动物药业有限公司、卡夫食品（苏州）有限公司、无锡派特宠物医院等单位在编写教材过程中的大力支持。感谢李进、姜大源、马树超、陈解放等职教专家的指导。感谢行业、企业专家和学院教师的辛勤劳动。感谢同学们的热情参与。教材中的不足之处恳请使用者不吝赐教。

是为序。

江苏畜牧兽医职业技术学院院长：何正东

2012 年 4 月 18 日于江苏泰州

前 言

本教材是在《教育部关于加强高职高专教育人才培养工作的意见》《关于加强高职高专教育教材的若干意见》《关于全面提高高等职业教育教学质量的若干意见》等文件精神的指导下，并集国家级示范性（骨干）高职院建设的成果编写而成的。

在编写过程中，编者结合中国农业产业结构调整的实际情况，针对高职学生的特点和就业方向，以强化应用、突出实践、阐明基本理论为重点，以适用、够用、实用为度，在内容上适当扩展知识面、增加信息量，并突出了生产实践环节。力争教材内容具有科学性、针对性、应用性和实用性，并能反映新知识、新方法和新技术。

教材注重理论知识和临床实践的密切结合，反映了兽医临床门诊、畜牧业养殖生产中最为常用的外科操作技能，多见、多发的动物外科及产科疾病，按照外科基本操作技术、动物饲养管理中的外科保健技术、动物常见外科病的诊断与处置技术、动物产科疾病的诊断与治疗技术等四大项目模块编排教材内容，阐述了常用的31项典型工作任务。本书不仅作为高职高专教材，也可作为广大动物养殖场、兽医临床门诊的兽医人员的参考用书。

本教材由全国9所高等农牧院校具有多年从事牛羊病防制和教学科研经历的13位教师、1名行业专家参加编写，由扬州大学兽医学院李建基教授、现代牧业集团兽医中心郭志刚主任主审。教材还引用了国内外同行已发表的论文、著作，在此谨向他们表示最诚挚的感谢！

限于编者的水平和经验有限，加之时间仓促，书中缺点和错误在所难免，恳请广大同行、师生多提宝贵意见。

编者

2012年6月

目　录

项目一　外科基本操作技术

【学习目标】

熟悉兽医外科操作基本技术相关的知识，掌握无菌技术、麻醉技术，正确使用外科器械，规范地进行组织分离、缝合、止血、拆线及绷带包扎技术。了解常用化学消毒药物间配伍禁忌。

任务一　无菌技术

【学习任务】

学会外科手术器械及辅料的常用消毒技术；学会对动物术部进行无菌处理；正确进行手术前的准备与手臂消毒。

【与其他学习任务的关系】

熟练掌握无菌技术是顺利完成手术，控制感染的重要措施。无菌术还是控制疫病传播的重要手段，与兽医微生物、传染病等相关任务联系紧密。

【资讯】

无菌术是在外科范围内防止伤口（包括手术创）发生感染的综合性预防性技术，又称为消毒，即采用物理和化学的方法来杀灭微生物或抑制微生物生命活动的措施。其目的是消除细菌、防止感染。习惯上所说的灭菌术是指用物理方法彻底杀灭一切微生物，如高压蒸汽灭菌。而使用各种化学消毒剂达到抗感染的目的称为抗菌术。在手术过程中通常把灭菌术和抗菌术配合起来应用，以达到抗感染的目的。

是指用物理的方法，彻底杀灭附在所有手术物品上的一切活的微生物。所用的物理方法包括：

1. 热力性灭菌

干热和湿热的灭菌，包括高压蒸汽灭菌和干燥灭菌箱灭菌。常用于手术器械、敷料等物品的灭菌。

2. 紫外线灭菌

用于杀灭空气中、水中和附着于物体表面的微生物，不能穿透衣物、食物等，故一般用于室内空气的灭菌。一般照射距离在1m以内，照射时间在2h以上。

3. 辐射灭菌

主要用于医用塑料、缝线、药物等的灭菌。

又称抗菌法，是指用化学药品消灭病原微生物和其他有害微生物，不要求清除和杀灭所有的微生物。常用于手术器械、手术室空气、手术人员手臂及术部皮肤的消毒。化学消毒剂种类繁多，理想的化学消毒剂应具备可杀灭细菌、芽胞、真菌等病原微生物而不损害人和动物正常组织的生理功能。外科领域常用的化学消毒剂有：乙醇、过氧化氢、碘酊、碘伏、聚乙烯酮碘、新洁尔灭、洗必泰等。

【决策】

按照完成此项任务的工作要求，针对不同畜种以及手术目的，设计常见消毒灭菌所需条件见表1－1所示。

表1－1 不同物品灭菌所需的压力、温度与时间

物品种类	压力（MPa）	温度（℃）	时间（min）
布类、敷料	0.102 9	121	45
金属器械、搪瓷	0.102 9	121	30
玻璃器皿	0.102 9	121	20
乳胶、橡胶物品、药液	0.102 9	121	15～20

【计划】

根据实践案例的描述，以及养殖户的要求，编制完成任务的计划如下：

1. 计划动物

马、牛、羊、猪、犬、猫。

2. 计划器材

高压蒸汽灭菌器等消毒器械、常规器械、辅料及常规消毒药品。

【实施】

一、手术器械、手术用品的灭菌与消毒

常用的基本手术器械有手术刀、手术剪、手术镊、止血钳、持针钳、缝针、创巾钳、肠钳、牵开器或拉钩等。手术用品包括手术衣、手术帽、口罩、灭菌手套、创巾、纱布、缝线等。

1. 煮沸灭菌法

可广泛地应用于手术器械和常用物品的消毒。可用一般铝锅、铁锅或特制的煮沸消毒器，用前刷洗干净，锅盖严密。一般用自来水加热，水沸后3～5min将金属器械放到煮锅内，待第二次水沸时计算时间，15min可将一般的细菌杀死，但不能杀灭芽胞。对可疑污

染细菌芽胞的器械或物品，必须煮沸 60min 以上。

2. 高压蒸气灭菌法

高压蒸气灭菌需用特制的灭菌器，如手提式、立式、卧式高压蒸气灭菌器。灭菌的原理都是利用蒸气在容器内积聚产生的压力。通常使用蒸气压大约为 0.1 ~ 0.137MPa，温度可达 121.6 ~ 126.6℃。维持 30min 左右，能杀灭所有的细菌和芽胞，是比较可靠的灭菌方法。

3. 化学消毒法

化学药品的消毒能力受到药物浓度、温度、作用时间等因素的影响，临床上常用的方法有以下几种。

①新洁尔灭浸泡法：使用时配成 0.1% 新洁尔灭溶液，常用于消毒手臂和其他可以浸湿的用品。浸泡器械，浸泡 30min，不再用灭菌水冲洗，可直接应用，对组织无损害，使用方便；稀释后的水溶液可以长时间贮存，但贮存一般不超过 4 个月。浸泡器械时为防止生锈，可按比例加入 0.5% 亚硝酸钠，即 1 000ml 的 0.1% 新洁尔灭溶液中加入医用亚硝酸钠 5g。环境中的有机物会使新洁尔灭的消毒能力显著下降，故应用时需注意不可带有血污或其他有机物；不可与肥皂、碘酊、高锰酸钾和碱类药物混合应用；应用过程中溶液颜色变黄后即应更换，不可继续再用。

②酒精：一般采用 70% 酒精，可用于浸泡器械，特别是有刃的器械，浸泡不少于 30min。

③福尔马林溶液：10% 福尔马林溶液用作金属器械、塑料薄膜、橡胶制品及各种导管的消毒，一般浸泡 30min。40% 福尔马林溶液可以作为熏蒸消毒剂。浸泡或熏蒸过的消毒器物，在使用前须用灭菌生理盐水充分清洗后方可应用。

二、手术室和手术场所的消毒

①有足够的面积和空间，天花板和墙壁平整光滑，便于清洁和消毒。地面防滑，并易于排水。

②良好的给、排水系统，尤其是排水系统管道应较粗，便于疏通，在地面上设有排水良好的地漏和排水沉淀池。

③照明设备良好。

④配备手术台、保定架及保定绳。

⑤麻醉药品齐全。

⑥通风系统良好，自然通风或强制通风。有条件的应装空调或中央空调。

手术室内制定和执行的一些规章制度，是顺利完成手术和减少手术创感染的重要条件。严格的使用和清洁消毒等规章制度，特别是平时的清洁卫生制度和消毒制度是绝对必要的。每次手术之后应立即清洁手术台，冲刷手术室地面和墙壁上的污物，擦拭器械台，及时清洗手术的各种用品，并分类整理好并摆放在固定的位置。每次手术后都进行消毒。随时检查规章制度执行情况，保证在清洁和无菌的条件下进行手术。

手术室常用紫外线灯照射消毒。也可用化学药物熏蒸消毒。例如，乳酸熏蒸法。使用乳酸原液 10～20ml/100ml，加入等量的常水，持续加热 60min。乳酸的沸点为 122℃，实验证明，乳酸在空气中的浓度为 0.004mg/L 时，持续 40s，可以杀死唾液飞沫中链球菌，有效率达 99%，但若浓度偏低（如小于 0.003mg/L），其杀菌效果显著降低。空气中的湿度以 60%～80% 时消毒效果为佳。

兽医出诊到牧场、养殖户家进行手术，要因地制宜，创造条件完成手术。选择避风、干净、光线好，排水方便、适于完成手术的场所进行手术。场地要用清水喷洒，防止尘土飞扬。

三、手术人员的消毒

手术人员在术前应穿着清洁的衣服，短袖上衣，戴好手术帽和口罩。手术帽应把头发全部遮住，帽的下缘达眉毛上方和耳根顶端。口罩完全遮住口和鼻，戴眼镜的手术人员为了避免因呼吸的水气使镜片模糊，可将口罩的上缘用胶布贴在面部，或者是在镜片上涂抹薄层肥皂（用干布擦干净）。

1. 手、臂的洗刷

用肥皂毛刷反复擦刷和用流水充分冲洗手、臂。按指甲缝、手指端、指间、手掌、掌背、腕背、前臂、肘部及其上部的顺序擦刷，刷洗 5～10min，然后用流水将肥皂沫充分洗去。

2. 手、臂的消毒

将擦刷过的手、臂拭干，浸泡在 70% 酒精或 0.1% 新洁尔灭溶液或洗必泰或 0.75% 碘伏或聚乙烯酮碘溶液中浸泡 5min，用酒精浸泡消毒后再用 2% 碘酊涂擦甲缘、指端后，再用 70% 酒精脱碘，穿手术衣和戴灭菌手套；用新洁尔灭浸泡消毒后的手臂，自然干燥后穿手术衣。穿手术衣时用两手拎起衣领部，放于胸前将衣服向上抖动，双手趁机伸入上衣的两衣袖内，助手协助手术人员在背后系上衣带，然后再戴灭菌手套（图 1－1）。双手放在胸前轻轻举起，妥善保护手臂，准备进行手术。

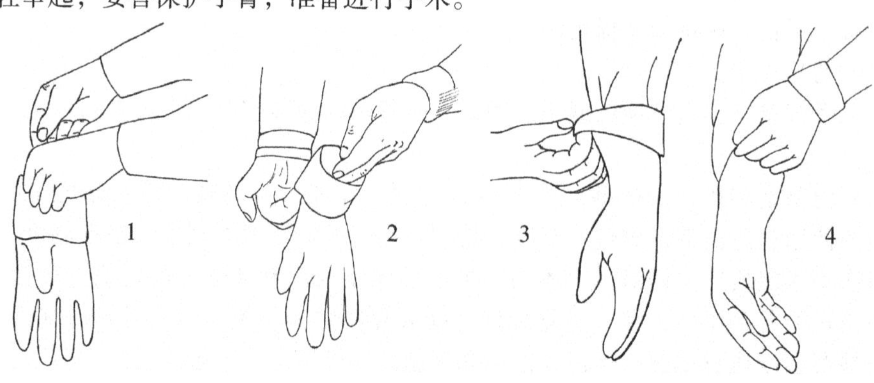

图 1－1　戴手套

四、患病动物的消毒

手术前用肥皂水刷洗术部及周围大面积的被毛，然后剃毛。剃毛的范围要超出切口周围 20～25cm，小动物可为 10～15cm。剃毛后，用肥皂反复擦刷并用清水冲净，最后用灭菌纱布拭干。

术部的皮肤消毒，常用的药物是5%碘酊、0.75%碘伏和70%酒精，在消毒时若为无菌手术，应由手术区中心部向四周涂擦（图1－2）；若是已感染的创口，则应由较清洁的四周向患处涂擦。消毒的范围要相当于剃毛区。碘酊消毒后稍待片刻，再以70%酒精将碘酊擦去，以免碘被带入创内造成组织刺激。

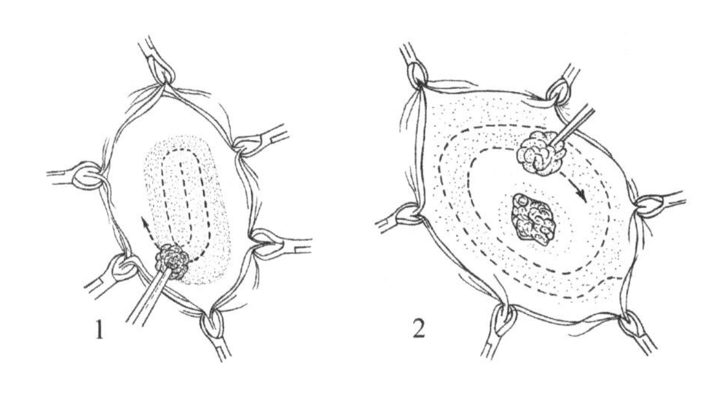

图1－2　术部消毒法

1. 无菌手术区涂擦碘酊路径　2. 感染术部或肛门部涂擦碘酊路径

对口腔、鼻腔、阴道、肛门等处黏膜的消毒不可使用碘酊，可用0.1%新洁尔灭、高锰酸钾溶液；眼结膜多用2%～4%硼酸溶液消毒；蹄部手术用2%煤酚皂溶液做蹄浴。

采用大块有孔手术巾覆盖于手术区，仅在中间露出切口部位，使术部与周围完全隔离。在全身麻醉侧卧保定下进行手术时，可用四块创单隔离术部（图1－3）；皮肤切开后，用小布单隔离皮肤创缘（图1－4）。

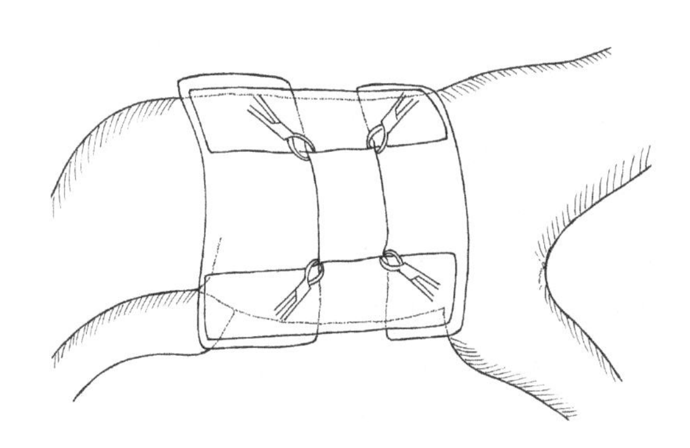

图1－3　术部四巾隔离法

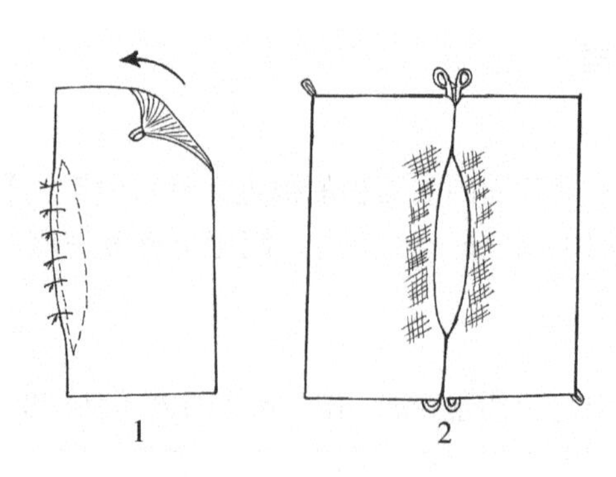

图1－4　皮肤创缘隔离法

【检查】

一、工作过程检查

根据“实施”步骤，验证并分析理论与实际工作的偏差。实施过程验证见表1－2所示。

表1－2　实施过程验证

<table>
<tr><td>实际工作中的要求</td><td>实际工作程序</td></tr>
<tr><td></td><td></td></tr>
<tr><td colspan="2">理论与实际工作的偏差分析</td></tr>
<tr><td colspan="2"></td></tr>
</table>

二、职业能力测试和职业资格测试

根据上述学习情况进行职业能力测试和职业资格测试，以检查你的学习掌握程度。

职业能力测试

1. 对手术辅料纱布等进行高压灭菌时一般维持时间为（　　）。

A. 15min　　B. 30min　　C. 40min

2. 新鲜创手术时，术部消毒的方法（　　）。

A. 由周围向中央消毒　　B. 由中央向周围消毒　　C. 两者均可

3. 橡胶手套及其他橡胶制品的消毒采用（　　）方法。

A. 煮沸消毒　　B. 高压蒸汽消毒　　C. 药液浸泡

（　　）1. 术部消毒时，无菌术与污染术均由中心部向周围涂擦。

（　　）2. 用75%酒精消毒效果好。而95%酒精消毒时，使细菌蛋白质发生凝固，酒精渗不到细菌内部，故达不到消毒效果。

(　　) 3. 高压灭菌时桶内消毒物品不宜装的过多过紧，否则影响消毒效果。

1. 高压蒸气灭菌器的使用?
2. 手术人员手臂消毒方法步骤?

职业资格测试

1. 无菌术概念
2. 煮沸消毒程序

1. 对瘤胃切开术手术器械进行高压蒸汽灭菌消毒。
2. 对施术动物进行术前准备。

【评价】

本学习任务评价主要由学院教师、企业技师、学生自评和小组互评共同完成，评价成绩均采用100分制，成绩评价表见表1－3所示，该成绩记入学生成长记录。

表1－3　成绩评价表

序号	能力维度	分值	学院教师	企业技师	学生自评	小组互评	得分
1	专业能力	30					
2	方法能力	40					
3	社会能力	30					
	合计						

任务二　麻醉技术

【学习任务】

能正确选择全身麻醉药物进行全身麻醉；会进行局部麻醉。

【与其他学习任务的关系】

麻醉是保证无菌术的重要手段，同时也是减少动物疼痛的必要手段。麻醉与动物药理、兽医临床诊断中相关工作任务联系紧密，必须具备相关工作技能才能熟练应用麻醉技术。

【资讯】

麻醉是在施行外科手术时，利用化学药物或其他手段，使动物的知觉或意识消失，或者局部痛觉暂时迟钝或消失，以便顺利进行手术的方法。麻醉是外科手术中不可缺少的一个组成部分，其主要目的在于安全有效地消除手术动物的疼痛感觉，防止剧烈疼痛而引起休克；避免人或动物发生意外损伤；保持动物安静，有利于安全和细致地进行手术操作；减少动物骚动，便于无菌操作。

现代的兽医外科麻醉方法种类繁多，如药物麻醉、电针麻醉、激光麻醉等，但仍以药物麻醉应用最为广泛。根据麻醉剂对机体的作用不同，可分为局部麻醉和全身麻醉两大类型。

总之，施术时选用麻醉方法时，应考虑麻醉的安全性、动物的种类、神经类型、性情好坏、动物机体各种不同的组织对疼痛刺激的敏感度及手术的繁简等因素，局部麻醉能达到目的者，无须施行全身麻醉。

一、局部麻醉

利用某些药物有选择性的暂时阻断神经末梢、神经纤维以及神经干的冲动传导，从而使其分布或支配的相应局部组织暂时丧失痛觉的一种麻醉方法。

1. 表面麻醉

利用麻醉药的渗透作用，经滴入、涂抹、填塞或喷雾等方法，使局部麻醉药透过黏膜而阻滞浅在的神经末梢，称为表面麻醉。

2. 局部浸润麻醉

沿手术切口线皮下注射或深部分层注射局部麻醉药，阻滞神经末梢，称局部浸润麻醉。

3. 传导麻醉

在神经干周围注射局部麻醉药，使其所支配的区域失去痛觉，称为传导麻醉。使用药物为2%盐酸利多卡因或2%～3%盐酸普鲁卡因。

4. 脊髓麻醉

将局部麻醉药注射到椎管内，阻滞脊神经的传导，使其所支配的区域无痛，称为脊髓麻醉。根据注入部位的不同，分为硬膜外腔麻醉和珠网膜下腔麻醉（图1－7）。临床上常用硬膜外腔麻醉。

在脊硬膜与椎管的骨膜之间有一较宽的间隙，称为硬膜外腔，内含疏松结缔组织、静脉和大量脂肪，两侧脊神经即在此经过。向此腔内注入麻醉药液，阻滞若干对脊神经的麻醉方法，称为硬膜外腔麻醉。

脊髓在腰荐部较粗大处形成腰膨大，腰膨大之后则逐渐缩小呈圆锥状，称脊髓圆锥，圆锥周围发出较细长的荐、尾神经，共同形成所谓的马尾。

二、全身麻醉前给药

麻醉前用药，可以提高麻醉的安全性，减少麻醉的副作用，消除麻醉和手术中的一些不良反应，使麻醉过程平稳。也可增强麻醉药的作用，使诱导平稳，并可以减少麻醉药的用量。

1. 氯丙嗪

马0.8～1mg/kg，静脉注射；1.5～2mg/kg，肌肉注射。通常在麻醉前30min肌肉注射给药。氯丙嗪可使动物安静，加强麻醉效果，减少麻醉药的用量。牛的用量与马相似；猪为

2～4mg/kg，但猪的用量个体差异明显；羊2～6mg/kg，犬1～2mg/kg，猫2～4mg/kg，熊2.5mg/kg，恒河猴2mg/kg，均为肌肉注射（禁止在食品动物上使用该药）。

2. 乙酰丙嗪

给药后可以产生轻度至中等程度的镇静，但其作用有时会不稳定。马5～10mg/100kg，牛、猪、羊0.5～1mg/kg，犬1～3mg/kg，猫1～2mg/kg。

3. 安定

用药后产生镇静、催眠和肌松作用。牛、羊、猪、犬、猫，肌肉注射0.5～1mg/kg，马0.1～0.6mg/kg。

单独给动物应用镇痛药，在我国还不普遍，因为许多镇痛药都有成瘾性，属于严格控制药品。

例如，吗啡小剂量时抑制，大剂量时可能兴奋。它作用于中枢神经系统的吗啡受体，镇痛作用很强，对手术中的切割痛、钝痛以及内脏的牵拉痛都有明显的镇痛作用。但在剖腹产和助产时不用，因其可以抑制新生仔畜的呼吸，要慎重。

哌替定（杜冷丁，盐酸哌啶）是人工合成的吗啡样药物。镇痛作用不如吗啡强，作用类似吗啡，具有镇静、镇痛和解痉作用。做为麻醉前用药，犬5～10mg/kg肌肉注射，马1mg/kg，猫3mg/kg。

常用阿托品，可松弛平滑肌，抑制腺体分泌，减少呼吸道黏液和唾液腺的分泌，有利于保持呼吸道通畅。此外，这类药物还有抑制迷走神经反射的作用，可使心率增快。

在麻醉前15～20min，将阿托品或与神经安定药等一并注射。马、牛、羊、猪、犬、猫的一次注射量为0.02～0.05mg/kg。

例如，氯化琥珀胆碱，它可以使骨骼肌失去原有的张力，有利于手术操作。肌松也有利于气管内插管的操作。此外，它还可作为化学保定药，用于保定、捕捉、运输野生动物。

本药的肌松剂量和致死量比较接近，所以要精确计算用量。在用药过程中应有专人对动物观测，注意肌松状况、呼吸、循环和瞳孔等的变化，若有过量中毒现象，应立即采取措施。本品用于马较安全，牛则比较差。在使用本品前最好先给予适量的阿托品，以防因呼吸道腺体分泌和唾液腺分泌过多而影响呼吸。

本品的肌松作用快，消失也快，给药后首先是头、眼部肌肉抽搐，进而影响喉部和胸腹部肌肉，再次是四肢肌肉，最后影响膈肌。由于本品在体内很快被水解，所以多次反复应用并无蓄积中毒和耐药现象。

用药过量的最大危险是呼吸肌麻痹导致呼吸停止而窒息死亡，一旦发生严重呼吸抑制或呼吸停止，应立即将舌拉出，进行人工呼吸或适当给氧。同时静脉或肌肉注射呼吸兴奋剂如尼可刹米、吗苯酪酮。心脏衰弱时可静脉注射安纳咖，或者是采用肾上腺素做静脉或心内直接注射。但关键的措施还是人工呼吸，如果能启用人工呼吸机效果更佳。禁用毒扁豆碱和新斯的明。

本品静脉注射，马0.1～0.15mg/kg，牛、羊0.016～0.02mg/kg，猪2mg/kg，

犬0.06～0.15mg/kg，猴1～2mg/kg，在马、牛、羊、猪等动物其肌肉注射量同静脉注射量。马鹿、梅花鹿为0.08～0.15mg/kg。

三、吸入性全身麻醉

是指气态或挥发性液态的麻醉药物经呼吸道吸入，在肺泡中被吸收入血液循环，作用神经中枢，使中枢神经系统产生麻醉效应。吸入麻醉因其良好的可控性和对机体的影响较小，被称为是一种安全的麻醉形式。吸入麻醉适用于各种大手术、疑难手术和危重病例的手术。常用的挥发性麻醉药有安氟醚、异氟醚、七氟醚、地氟醚等。

理想的吸入麻醉剂应是理化性质稳定，与强酸、强碱和其他药物接触以及在加热时，不产生毒性产物；蒸汽压与沸点能适用于常规蒸发器，无需昂贵的设备；非易燃易爆；在血液中溶解度低，诱导麻醉和苏醒快速，麻醉深度可控性强；对中枢神经系统的效应可很快逆转；麻醉作用强，从而避免缺氧；对循环系统、呼吸的影响尽可能小，对呼吸道无刺激性；有良好的镇痛、肌松作用；体内代谢率低，无毒性；既不污染环境，也无温室效应，不破坏臭氧层。异氟醚、七氟醚和地氟醚已接近理想吸入麻醉药。

临床应用时，应先将患畜做基础麻醉、气管插管后，再进行吸入麻醉。吸入麻醉开始时，可以2%～4%的浓度快速吸入，3～5min后以1.5%～2.0%的浓度维持所需麻醉深度。

1. 最低肺泡有效浓度（MAC）

即一个大气压条件下，麻醉药与纯氧同时吸入，在肺泡内形成一定的浓度，在这个浓度时可使50%的患者或动物在切皮时无痛。实际上，它反映肺泡、血液和脑组织中麻醉药的分压，MAC越小，其麻醉效能越强。

2. 血/气分配系数

在37℃101.32kPa条件下，1ml血液/肺泡气中所含该麻醉药气体的毫升数之比。血/气分配系数越大，动物进入麻醉或从麻醉中苏醒所用的时间越长。

1. 安氟醚

挥发性气体。是一种较新的吸入麻醉药，1981年用于马。化学性质稳定，与钠石灰接触不分解。血/气分配系数为1.91，麻醉作用类似于氟烷，MAC为1.70%～2.12%，诱导和苏醒快而平稳。常用浓度为0.5%～2%；诱导期为4%。低浓度吸入，对呼吸、心肌、肾脏和肝脏无损害或无抑制。肌松效果好，易用气管插管。本品对呼吸道、气管腺体、唾液腺的分泌无明显的增多作用。

2. 异氟醚

为安氟醚的同分异构体。理化特性与安氟醚相似，但麻醉性能好。MAC为1.15%～1.30%，血/气分配系数为1.4。诱导时间短，苏醒快，肌松好。常用浓度为0.5%～1.5%，诱导期为3%。本品是挥发性气体，不燃烧、不爆炸，对心血管抑制轻，仅有轻度潮气量减少，对肝、肾损害轻，副作用少。

3. 氧化亚氮（笑气）

分子式：N_2O。是无机气体，无爆炸性，但可助燃，若与乙醚或O_2混合，可引起爆炸。

血/气分配系数为0.47，MAC为101%～105%。具有毒性小、镇痛好、苏醒快、副作用少，但麻醉作用弱的特点。本品系与其他吸入麻醉药联用。例如，氟烷、安氟醚、异氟醚等。在不缺O_2时，对延脑中枢无抑制，各种反射存在，但肌松不好。吸入体内的N_2O，15min左右饱和，维持阶段进出平衡。在体内几乎不代谢，全部由肺呼出。对呼吸道无刺激性，不增加分泌物和喉部反射，对肝、肾的功能无影响，对血液循环无抑制，血压无变化。

最早应用于人医外科的是氧化亚氮、乙醚和氯仿，这些药物在兽医临床中也有应用，但目前兽医临床主要应用安氟醚和异氟醚。先以硫贲妥钠或异丙酚等作诱导麻醉，然后用安氟醚或异氟醚作维持麻醉。安氟醚用量为2%～3%，异氟醚用量为1.5%左右。

四、非吸入性全身麻醉

指全身麻醉药不经吸入方式而进入体内并产生麻醉效应的方法。优点是操作简便，不需特殊的设备，无明显的兴奋期。缺点：不易控制麻醉深度和维持时间，安全性差。给药途径：静脉、肌肉、皮下、腹腔、口服、直肠灌注等。药物用量有种间差异，个体差异，体况差异等，禁止用药过量。

1. 赛拉嗪（隆朋、麻保静）

其化学名称为2，6-二甲苯胺噻嗪，为α2受体激动剂，它具有中枢性镇静、镇痛和肌松作用，此药对反刍动物，特别是牛很敏感，用量小，作用迅速。该药现已广泛用于马、牛、羊、犬、猫、兔等多种动物，同时也有效地用于各种野生动物的临床检查及各种手术，也用于许多动物的保定、运输等。临床上常以其盐酸盐配成2%～10%水溶液供肌肉注射、皮下注射或静脉注射。

本品根据使用剂量的不同，可出现镇静、镇痛、肌肉松弛或麻醉作用。但增加剂量时对镇静作用的加深往往不如镇静时间的延长显著。本品用作麻醉药物，在一般使用剂量下，实际上并不能使动物达到完全的全身麻醉程度，而仅能使动物精神沉郁、嗜睡或呈熟睡状态。动物对外界刺激虽然反应迟钝，但仍能保持防卫能力和清醒的意识。大剂量时也能使动物进入深麻醉状态，此时往往会出现不良反应。通常出现心跳和呼吸次数减少，静脉注射后出现一过性房室传导阻滞（尤其在马），出现暂短的血压升高，随即下降至较正常稍低的水平。为预防房室传导阻滞的出现，可于用药前注射阿托品，1～2mg/100kg。

一般在肌肉注射后7～15min，静脉注射后3～5min即出现作用，镇静可维持1～2h，而镇痛作用的延续则为15～30min。当给幼驹高镇静量能产生窒息，是由于软腭或咽肌松弛，必须做气管内插管建立畅通的呼吸道；反刍动物妊娠后期禁止使用，可引起流产。主要经肾脏排泄，在麻醉过程中动物出现排尿时，则预示动物很快要苏醒。

以本品作为麻醉前给药，再施以吸入麻醉，对牛、马等均可用。本品是α2肾上腺受体激动剂，而α2受体颉颃剂有颉颃其药理作用的效能，如1%苯唔唑溶液（回苏3号），以及育亨宾等均有逆转隆朋药效的作用。

2. 赛拉唑（静松灵，2，4-二甲苯胺噻唑）

它是我国自行合成的产品。通过药理实验和临床实践，表明本品有与隆朋相同的药理作用和特点。本品对反刍动物可引起明显的流涎，对犬科动物在麻醉诱导期可引起呕吐，为此，在给药前10~15min，注射阿托品。具有中枢性镇静、镇痛和肌松作用，较小的剂量就可产生镇静和镇痛作用，大剂量时中枢性抑制作用明显，尤其在牛。马肌肉注射为2.2mg/kg，静脉注射为1.1mg/kg。牛肌肉注射为0.3mg/kg，一般不超过0.6mg/kg。羊肌肉注射量为1~2mg/kg，波尔山羊敏感。犬肌肉注射1~3mg/kg。猫2~3mg/kg。与氯胺酮联合应用，麻醉效果良好。

3. 速眠新

为复合麻醉剂，每毫升含静松灵与EDTA等量混合物60mg，双氢埃托啡4μg，氟哌啶醇2.5mg。在犬麻醉诱导期常出现呕吐，为此在麻醉前10~15min，应用阿托品。

4. 水合氯醛

它是马属动物和猪的首选麻醉药。它在空气中徐徐挥发，易溶于水、醇、氯仿和乙醚。本品不耐高热，故宜密封避光保存于阴凉处。临床多用静脉注射方式给药，口服及直肠给药也都容易吸收。

水合氯醛是一种良好的催眠剂，但作为麻醉剂其镇痛效力较差。应用催眠剂量，能产生数小时的睡眠。本品对呼吸有一定抑制作用，大剂量则抑制延髓的呼吸中枢和血管运动中枢，出现呼吸抑制，心动徐缓，血压下降。其麻醉剂量（马4~6g/50kg）与中毒致死剂量（10~15g/50kg）相差较小，进行深麻醉时其安全范围小。水合氯醛首先抑制大脑皮质的运动区，使动物运动失调，但对感觉区（尤其痛觉）影响较迟，因而常出现兴奋不安的现象。

水合氯醛对局部组织刺激性强，如果静脉注射时漏出血管外，可引起剧烈炎症，并导致化脓或坏死。静脉注射用药浓度为5%~10%。用本品内服或灌肠时，应配成加有黏糊剂（淀粉或粥汤等）的1%~3%溶液，以减轻对胃肠黏膜的刺激。水合氯醛可引起大量流涎（在牛、羊特别显著），麻醉前用阿托品可以减轻流涎现象。用本品进行全麻时的一个重要缺点是苏醒期常延至数小时，临床上采用浅麻醉辅以局部麻醉进行手术以减少其用量。采用安定药氯丙嗪作为麻醉前用药，可减少水合氯醛用量，使诱导期平静，减少苏醒期的挣扎。如果手术时间长，患畜有苏醒表现时，可追加水合氯醛用量，但剂量一般不宜超过原来注射量的1/3。水合氯醛因能降低新陈代谢，抑制体温中枢，尤其与氯丙嗪合并应用时，可显著降低体温，因此，麻醉时和麻醉后都要注意保温。

这类药物都是巴比妥酸（丙酰脲）的衍生物，口服、直肠给药都容易吸收，其钠盐的溶解度好，可作为注射剂使用。药物进入脑组织的速度与该药物本身脂溶性的高低有密切关系。脂溶性比较低的如苯巴比妥钠进入脑组织的速度甚慢，而脂溶性高者如硫贲妥钠极易透过血脑屏障，发生作用较快，静脉注射后30s就产生作用，但很快又从脑中和血液中移向骨骼肌，最后又多进入脂肪组织中，而脑中的浓度很快下降。所以一次给药作用持续的时间很短，仅仅十几分钟。在麻醉剂量时则明显抑制呼吸中枢，过量时常可招致呼吸肌麻痹而死亡。

在兽医临床上与神经安定药或其他麻醉药协同用做复合麻醉的有硫贲妥钠、硫戊巴比妥钠和戊巴比妥钠等。反刍兽对巴比妥类药物的代谢明显地不及马属动物，对反刍兽应该限制最小的剂量；反刍兽和猪在麻醉前必须常规给予阿托品。

1. 硫贲妥钠

硫贲妥钠静脉注射的麻醉诱导和麻醉持续时间以及苏醒时间均较短，一次用药后的持续时间可以从2～30min不等。这与剂量和注射速度密切相关。麻醉的深度与注射速度有关系，注射愈快，麻醉愈深，维持时间也愈短。在静脉注射时，应将全量的1/3～1/2在30s内迅速注入，然后观察30～60s。如果麻醉体征显示麻醉的深度不够，再将剩余量在1min左右注入，同时边注射边观察动物的麻醉体征，尤应注意呼吸的变化，一经达到所需麻醉程度即停止给药。以硫贲妥钠作为维持麻醉，可在动物有觉醒表现时，如呼吸加快、体动等，再追加给药。

2. 戊巴比妥钠

本品易透过胎盘影响胎儿，甚至会造成胎儿死亡。故在孕畜或是行剖腹产手术时不能用本品做麻醉。作为麻醉剂量会对呼吸有明显的抑制现象。同时也影响循环系统，减少心排量。静脉注射戊巴比妥钠时速度宜慢。当动物进入浅麻醉之后应稍暂停注射，并仔细观察呼吸和循环的变化，然后再决定是否继续给药。临床给犬静脉注射戊巴比妥钠进行麻醉时，在苏醒阶段不可静脉注射葡萄糖溶液（因有些病例需要术后输液），因为有的犬在给静脉注射葡萄糖后又会重新进入麻醉状态，即所谓“葡萄糖反应”，有的甚至造成休克死亡。临床上适用于做中、小动物的全麻，或者作为基础麻醉给药。一般不用于马、牛，更多的是用于猪、羊和犬等。本药的麻醉持续时间平均在30min左右，但种属间有较大的差别，犬为1～2h，山羊20～30min，绵羊可稍长，猫的持续时间较长，可长达72h之久，故应慎重。

3. 异戊巴比妥钠（阿米妥钠）

其药理作用和作用时间等均与戊巴比妥钠相似。

4. 硫戊巴比妥钠

本品属于超短时作用型的巴比妥类，用做短时间的静脉麻醉。其作用很相似于硫贲妥钠，使用剂量稍低于硫贲妥钠。快速静脉注射显著抑制呼吸，但对心脏的影响则较轻，蓄积作用也较小。常用剂量下对肝、肾的影响较轻，但肝功能不正常时则可增强其毒性。静脉注射给药30s可产生麻醉效应。根据用量的不同，可维持10～30min，常用4%溶液给小动物做静脉麻醉用。如犬静脉注射17.5mg/kg时，可维持外科麻醉15min，3h后完全苏醒。复合应用安定药和肌松药，可明显延长麻醉时间。在大动物如马、牛等，可作为吸入麻醉的诱导用药。是属于比较安全的静脉麻醉药。

【决策】

按照完成此项任务的工作要求，针对不同畜种以及手术目的，设计常见手术所需采用的麻醉方法见表1－4所示。

表1－4　不同手术所需采用的麻醉方法

动物	手术部位	麻醉方法	麻醉剂量	持续时间
牛				
羊				
猪				
马				

【计划】

根据实践案例的描述，以及养殖户的要求，编制完成任务的计划如下。

1. 计划动物

马、牛、羊、猪、犬、猫。

2. 计划器材

麻醉机、注射器麻醉器械等及各种麻醉药品。

【实施】

一、局部麻醉

1. 表面麻醉

眼结膜和角膜用0.5%丁卡因或2%利多卡因；鼻、口腔、直肠黏膜用1%～2%丁卡因或2%～4%利多卡因；每隔5min用药一次，共2～3次。

2. 局部浸润麻醉

常用药物为0.5%～1%盐酸普鲁卡因或0.25%～0.5%利多卡因。分为直线浸润、菱形浸润、扇形浸润、基部浸润、分层浸润（图1－5）。

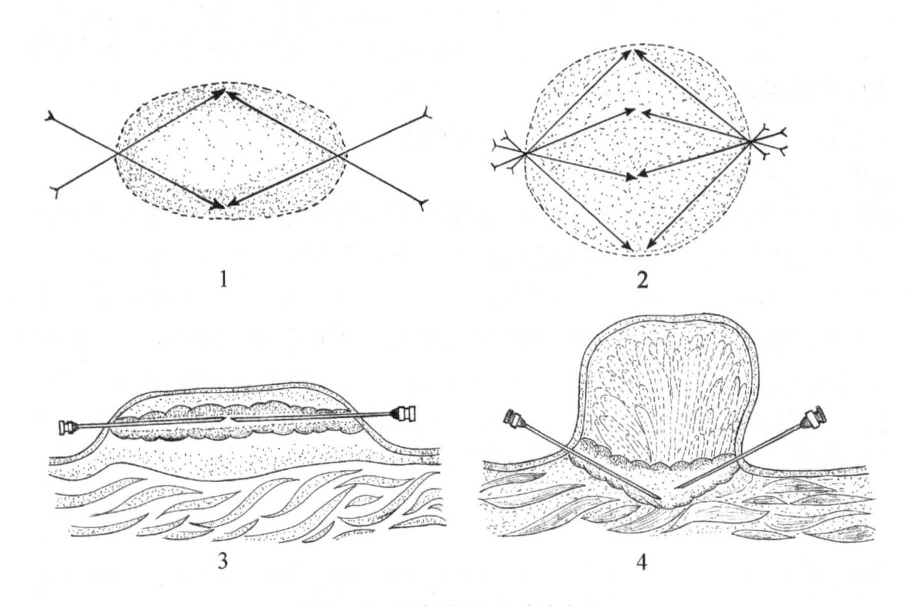

图1－5　局部浸润麻醉的方法

1. 菱形浸润　2. 扇形浸润　3. 直线浸润　4. 基部浸润

3. 传导麻醉

马、牛腰旁神经传导麻醉：是同时传导麻醉最后肋间神经、髂腹下神经与髂腹股沟神经（图1－6）。最后肋间神经刺入点：马、牛刺入点相同，用手触摸第一腰椎横突游离端前角，垂直皮肤进针，深达腰椎横突前角骨面，将针尖沿前角骨缘，再向前下方刺入0.5～0.7cm，注射3%盐酸普鲁卡因液10ml，以麻醉最后肋间神经的腹支。然后提针至皮下，再注入 10ml 药液，以麻醉最后肋间神经的浅支。营养良好的动物也可在最后肋骨后缘 2.5cm、距背中线 12cm 处进针。

髂腹下神经的刺入点：马、牛刺入点相同，用手触摸第二腰椎横突游离端后角，垂直皮肤刺入进针，深达横突骨面，将针沿横突后角骨缘，再向下刺入 0.5～1cm，注射药液 10ml，然后将针退至皮下注射 10ml，以麻醉第一腰神经。

髂腹股沟神经刺入点：马与牛的刺入部位不同。马在第三腰椎横突游离端后角进针，牛在第四腰椎横突游离端前角进针，其操作方法和药液注入量参见髂腹下神经的刺入点。

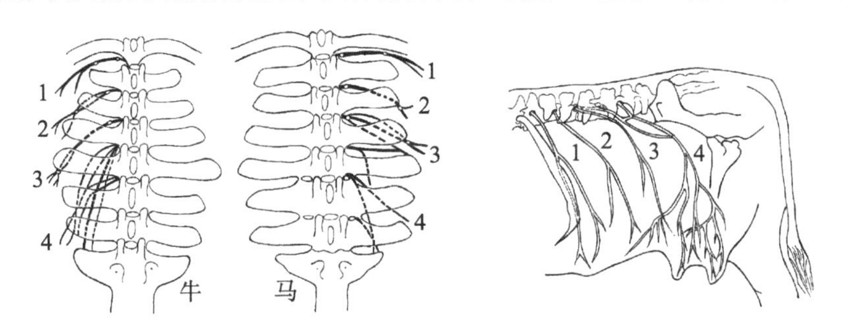

图 1－6　腰旁神经传导麻醉

1. 牛的最后肋间神经　2. 髂腹下神经　3. 髂腹股沟神经　4. 精索外神经分布区域

4. 脊髓麻醉

硬膜外腔麻醉的注射部位有三处，即第一、第二尾椎间隙；荐骨与第一尾椎间隙；腰、荐椎间隙，其中以第一、第二尾椎间隙最为常用。腰荐间隙处椎管位置较深，操作不便，但在此间隙麻醉后，可用于腹部手术（图 1－7）。

确定第一、第二尾椎间隙位置最简便的方法是用一手举尾，上下晃动，用另一手的指端抵于尾根背部中线上，可探知尾根的固定部分与活动部分之间的横沟（即第一、第二尾椎间隙），在横沟与中线的相交点为刺入点。针头垂直刺入皮肤后，再以 45°～60°角向前下方推进针头，当感到阻力突然减退时，即可停止进针，确定在硬膜外腔后即可注入药液。注射剂量为：马、牛 2% 盐酸普鲁卡因 10～15ml 或 1%～2% 盐酸利多卡因溶液 5～10ml。

腰荐间隙硬膜外腔刺入点：马沿背中线与两侧髂骨内角的连线的交点即为注射点；牛在背中线与两侧髂骨外结节的连线的交点稍后方。

注射方法：用手术刀在穿刺点皮肤上切一小口，用腰椎穿刺针自此小口徐徐推进针头，在穿过棘上韧带、棘间韧带和黄韧带时可感到第一阻力突然消退，穿刺针即进入了硬膜外腔，即可注入药液。2% 盐酸普鲁卡因，马 70～100ml；牛 80～120ml。药液的注入速度为每分钟 15～20ml。

判定针头在硬膜外腔的方法：①穿刺针通过黄韧带时有阻力突然消失感。当穿刺针芯抵达黄韧带时，使穿刺针连接生理盐水注射器，术者一面用力推动注射器针栓，一面将穿刺针缓慢向前推进，待穿刺针及注射器内的阻力突然变小时即表示针尖已进入硬膜外腔。②在穿刺针的针尾上滴一滴生理盐水，由于负压作用，水滴将被吸进去。③向硬膜外腔注入药液时，不觉得有阻力，也无脑脊液抽出。

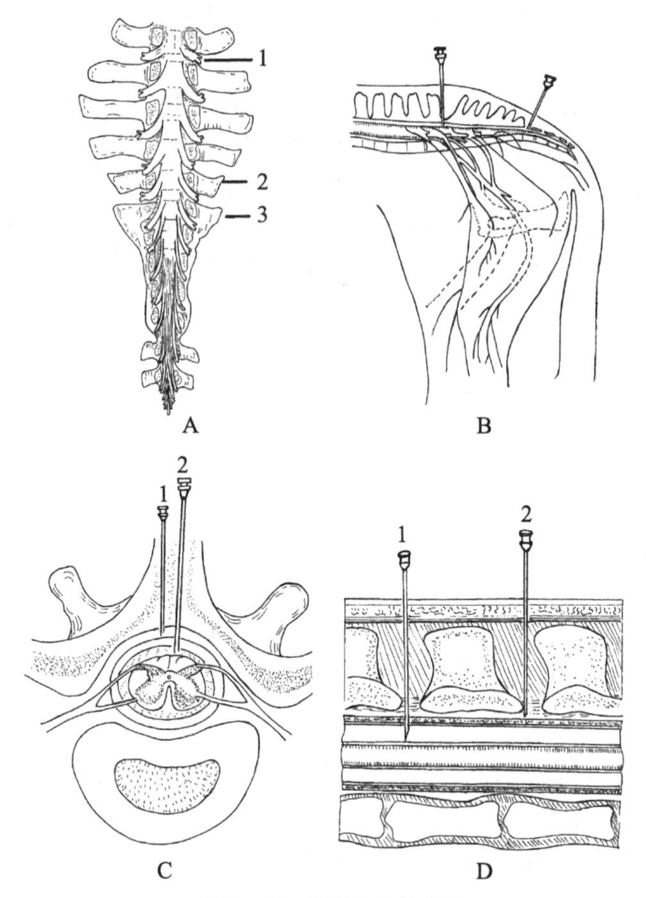

图1－7　脊髓麻醉的方法

A. 腰神经的组成（1. 腰神经　2. 腰椎横突　3. 第一荐椎）B. 腰荐结合部注射点与荐尾结合部注射点 C、D. 进针深度（1. 蛛网膜下腔麻醉　2. 硬膜外麻醉）

二、吸入麻醉

1. 开放法

常用于小型动物全麻，或者中型动物在非吸入麻醉后期骚动的控制，如猪、羊、犬、大鼠、小鼠等。优点是方便，无需特殊设备，不易缺 O_2。缺点是：浪费药物，污染环境，且不安全，引起燃烧或爆炸。

在金属内支架式口罩的外面覆盖若干层纱布，药液滴在纱布上，动物吸气时即吸入麻醉药。

2. 半开放式

适用于小动物，麻醉药呼出呼吸道后直接逸至体外。施行人工供 O_2，吸气与呼气分开行走。

3. 半关闭式

有部分麻醉药复吸入。安装 CO_2 吸收装置和呼吸囊（图1－8）。剩余气体自排气阀排出管道系统。

4. 循环紧闭法（关闭式）

麻醉药品完全复吸入，关闭排气阀。

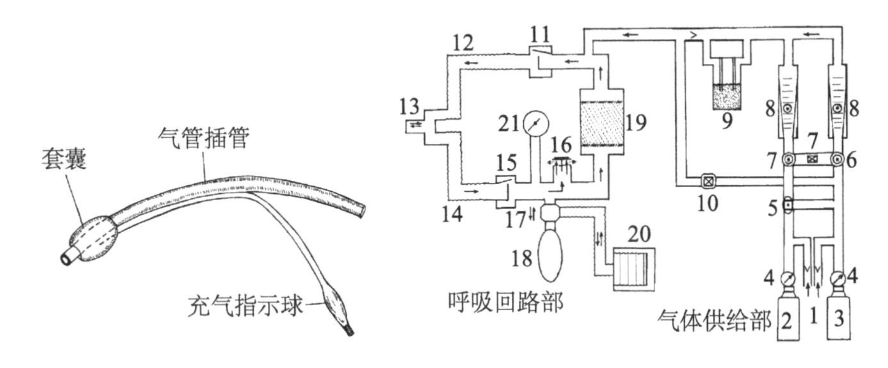

图1－8 吸入麻醉装置示意图

1. 配气中心 2. 笑气（氧化亚氮）瓶 3. 氧气瓶 4. 笑气、氧气减压阀及压力表 5. 笑气直接通路开关 6. 气体流量调节阀 7. 低氧气预防开关 8. 笑气、氧气流量表 9. 麻醉剂汽化剂 10. 氧气直接通路开关 11. 吸气阀 12. 吸气侧蛇形管 13. 患畜（Y形管连接头）14. 呼气侧蛇形管 15. 呼气阀 16. 剩余气体排气阀 17. 自动切换阀门 18. 呼吸囊 19. 二氧化碳吸收罐 20. 人工呼吸机 21. 回路内压力表

内容包括一般症状、呼吸系统、循环系统、中枢神经系统的观察。

①呼吸道的通畅度、呼吸频率、呼吸幅度、胸部的动作、鼻孔的大小、黏膜的色泽、潮气量、血pH值、HCO^{3-}等：反映呼吸系统的变化。

②心跳的次数、心音的强弱、可视黏膜的色泽、脉搏的强弱、齿龈黏膜的充盈情况、心电图、血压等，反映心脏的功能状态。

③眼球位置、瞳孔大小、角膜反射、呼吸幅度、肌松程度等，反映麻醉的深度和全身情况。深麻醉时，眼球固定在中间不动，瞳孔散大，角膜反射消失，呼吸幅度极小，腹壁肌肉松弛，结膜苍白，血压下降，脉搏细弱。

吸入麻醉时，维持麻醉药的用量（浓度）一般为1.2～1.5倍MAC，每隔10min经挤压呼吸囊做几次深呼吸，加强气体的交换与流通。

三、外科麻醉期动物的主要表现

1. 浅麻醉

麻醉逐渐向皮层下中枢扩散。表现为骨骼肌张力和运动反射逐渐减退，动物站立不稳，皮肤反射尚存，眼睑反射消失，眼球震颤，角膜反射明显，呼吸深而规律，胸腹式呼吸，脉搏加快，瞳孔无变化。

2. 中麻醉

皮肤反射减弱并逐渐消失，骨骼肌松弛，肛门反射消失，尾无力，阴茎脱出或松弛，舌拉出不能自回，瞳孔开始扩大，角膜反射仍存在，呼吸无明显变化，眼球固定。

3. 深麻醉

角膜反射消失，腹部肌肉开始松弛，肋间肌开始出现麻痹，说明脊髓胸段已被抑制，胸壁的起伏落后于腹壁，血压下降，脉数增加，瞳孔散大，眼球固定中央不动，体温明显下降。

四、全身麻醉并发症与处理措施

小动物麻醉的初期，反刍动物深麻醉时，易发生呕吐或胃内容物返流。处理方法是，头颈部稍抬高，口朝下，舌拉至口腔外并用湿纱布包裹。呕吐后，将口腔清理干净，或者在麻醉时插气管导管。

小动物多见，舌阻塞喉部，引起呼吸困难，发现后立即将舌拉至口腔外。

麻醉过深，瞳孔散大，创内出血呈暗红色。处理方法是立即停止麻醉，拉出舌头，人工呼吸或辅助、控制呼吸。注射尼可刹米、安钠咖、樟脑油等。吗乙苯吡酮对主动脉体和颈动脉体的化学感受器有兴奋作用，可兴奋呼吸中枢。

深麻醉，瞳孔散大，创内出血停止。处理方法为心脏按摩，体外或体内。静脉或心内注射0.1%肾上腺素，马、牛3~5ml，犬、猫0.1~0.3ml。

【检查】

一、工作过程检查

根据“实施”步骤，验证并分析理论与实际工作的偏差。实施过程验证见表1-5所示。

表1-5　实施过程验证

<table>
<tr><td>实际工作中的要求</td><td>实际工作程序</td></tr>
<tr><td></td><td></td></tr>
<tr><td colspan="2">理论与实际工作的偏差分析</td></tr>
<tr><td colspan="2"></td></tr>
</table>

二、职业能力测试和职业资格测试

根据上述学习情况进行职业能力测试和职业资格测试，以检查你的学习掌握程度。

职业能力测试

1. 肿瘤切除时，局部麻醉应采用（　　）。

A. 扁形麻醉法　　B. 多角形麻醉法　　C. 锥形麻醉法

2. 盐酸普鲁卡因用于浸润麻醉时适宜的浓度为（　　）。

A. 0.5%~1%　　B. 2%~3%　　C. 5%~7%

3. 下列药物不宜作表面麻醉的是（　　）。

A. 盐酸普鲁卡因　　B. 盐酸利多卡因　　C. 盐酸丁卡因

4. 下列哪种麻醉药属于分离麻醉药（　　）。

A. 氯胺酮　　B. 846 合剂　　C. 水合氯醛　　D. 丁卡因

（　　）1. 牛在麻醉前应停食，给予阿托品等减少唾液腺和支气管腺体分泌的药物。

（　　）2. 为了提高局部麻醉效果，局麻药的浓度越高越好。

对将进行瘤胃切开术的牛进行麻醉

职业资格测试

1. 试述牛腰旁神经干传导麻醉的部位、神经及操作方法。
2. 浸润麻醉。

1. 进行牛的腰旁神经传导麻醉操作。
2. 局部浸润麻醉的操作。

【评价】

本学习任务评价主要由学院教师、企业技师、学生自评和小组互评共同完成，评价成绩均采用 100 分制，成绩评价表见表 1－6 所示，该成绩记入学生成长记录。

表 1－6　成绩评价表

序号	能力维度	分值	学院教师	企业技师	学生自评	小组互评	得分
1	专业能力	30					
2	方法能力	40					
3	社会能力	30					
	合计						

任务三　组织分离、止血与缝合

【学习任务】

能正确选择手术器械进行组织分离，分离方法恰当；正确进行手术前的预防出血，手术过程中能正确进行止血；会选择适当的缝合器材进行缝合；能适时地并正确拆线。

【与其他学习任务的关系】

在组织分离、止血与缝合过程中如何保证无菌操作；如何合理使用麻醉技术，确保整个组织分离、止血与缝合过程的安全；任何手术都离不开组织分离、止血及缝合等基本操作技术，在不同手术中要合理应用，还要熟练掌握动物解剖、动物药理等相关工作技能。

【资讯】

一、常用外科手术器械的使用

外科手术器械是施行手术必需的工具。手术器械的种类、式样和名称虽然很多，但其中有一些是各类手术都必须使用的常用器械。熟练地掌握这些器械的使用方法，对于保证手术基本操作的正确性关系很大，它是外科手术的基本功。

有手术刀、手术剪、手术镊、止血钳、持针钳、缝针、创巾钳、肠钳、牵开器、有沟探针等，现分述如下。

1. 手术刀

主要用于切开和分离组织，常用活动刀柄手术刀，是由刀柄和刀片两部分构成。装刀方法是将刀片装置于刀柄前端的槽缝内。

刀片和刀柄有不同的规格，常用的刀柄规格为 4 号、6 号、8 号，这三种型号刀柄只安装 19 号、20 号、21 号、22 号、23 号、24 号大刀片；3 号、5 号、7 号刀柄安装 10 号、11 号、12 号、15 号小刀片。按刀刃的形状可分为圆刃手术刀、尖刃手术刀和弯形尖刃手术刀等。执刀的姿势和动作的力量，根据不同的需要有下列几种：

①指压式：为常用的一种执刀法。以手指按刀背后 1/3 处，用腕与手指力量切割。适用于切开皮肤、腹膜及切断钳夹组织。

②执笔式：类似于执钢笔。动作涉及腕部，力量主要在手指，适用于小力量短距离精细操作，用于切割短小切口，分离血管、神经等。

③全握式：力量在手腕。用于切割范围广、用力较大的切开，如切开较长的皮肤切口、筋膜、慢性增生组织等。

④反挑式：刀刃刺入组织内由内向外挑开组织，以免损伤深部组织，如切开腹膜（图 1 –9）。

手术刀的使用范围，除了刀刃用于切割组织外，还可以用刀柄作组织的钝性分离，或者代替骨膜分离器剥离骨膜。在手术器械数量不足的情况下，也可代替手术剪用于切开腹膜，切断缝线等。

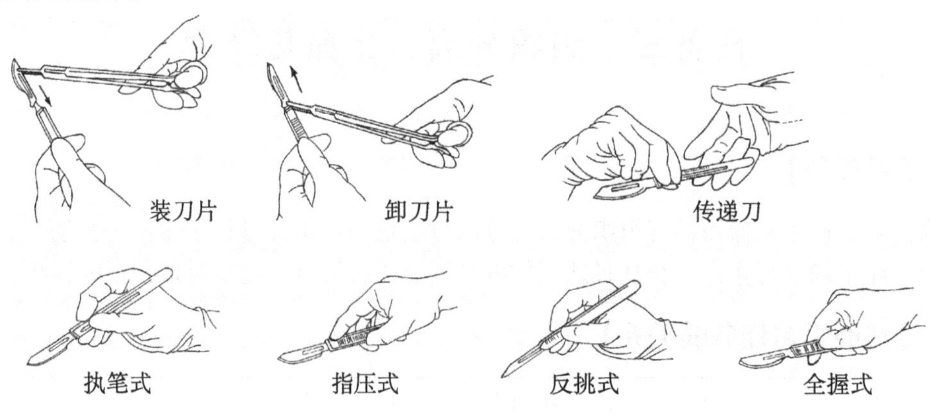

图 1 –9　手术刀的使用方法

2. 手术剪

依据用途不同，手术剪可分为两种：一种是沿组织间隙分离和剪断组织的，叫组织剪；另一种是用于剪断缝线，叫剪线剪。组织剪的尖端较薄，剪刃要求锐利而精细。为了适应不同性质和部位的手术，组织剪分大小、长短和弯、直几种，直剪用于浅部手术操作，弯剪用于深部组织分离，使手和剪柄不妨碍视线，从而达到安全操作之目的。剪线剪的头钝而直，刃较厚，有时也用于剪断较硬或较厚的组织。

正确的执剪法是以拇指和第四指插入剪柄的两环内，食指轻压在剪柄和剪刀交界的关节处，中指放在第四指环的前外方柄上，准确地控制剪的方向和剪开的长度（图 1 – 10）。

3. 手术镊

用于夹持、稳定或提起组织以利切开及缝合。镊的尖端分有齿及无齿（平镊），又有短型、长型、尖头与钝头之别，可按需要选择。有齿镊损伤性大，用于夹持坚硬组织。无齿镊损伤性小，用于夹持脆弱的组织及脏器。精细的尖头平镊对组织损伤较轻，用于血管、神经、黏膜手术。执镊方法是用拇指对食指和中指执拿，执夹力量应适中（图 1 – 10）。

4. 止血钳

又叫血管钳，主要用于夹住出血部位的血管或出血点，以达到直接钳夹止血，有时也用于分离组织、牵引缝线。止血钳一般有弯、直两种，大小不一。直钳用于浅表组织和皮下止血，弯钳用于深部止血。最小的蚊式止血钳，用于眼科及精细组织的止血。用于血管手术的止血钳，齿槽的齿较细、较浅，弹力较好，对组织压榨作用和对血管壁及其内膜的损伤亦较轻，称“无损伤”血管钳。止血钳尖端带齿者，叫有齿止血钳，多用于夹持较厚的坚韧组织。骨手术的钳夹止血亦多用有齿止血钳。

执拿止血钳的方式与手术剪相同（图 1 – 10）。松钳方法：用右手时，将拇指及第四指插入柄环内捏紧使扣分开，再将拇指内旋即可；用左手时，拇指及食指持一柄环，第三、第四指顶住另一柄环，二者相对用力，即可松开。

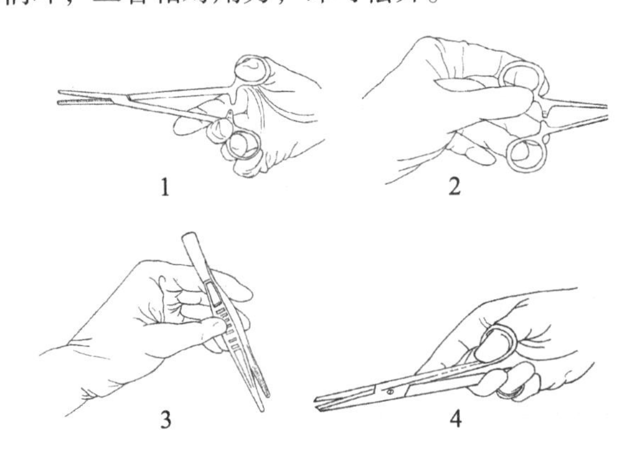

图 1 – 10　止血钳、手术镊、手术剪的使用方法

1. 右手持钳与松钳　2. 左手松钳　3. 持手术镊　4. 持手术剪

5. 持针钳

又叫持针器，用于夹持缝针缝合组织，普通持针钳有两种类型，即握式持针钳和钳式持针钳。使用持针钳夹持缝针时，缝针应夹在靠近持针钳的尖端前 1/3，若夹在齿槽床中间，则易将针折断。一般应夹在缝针的针尾 1/3 处，缝线应重迭 1/3，以便操作（图 1 – 11）。

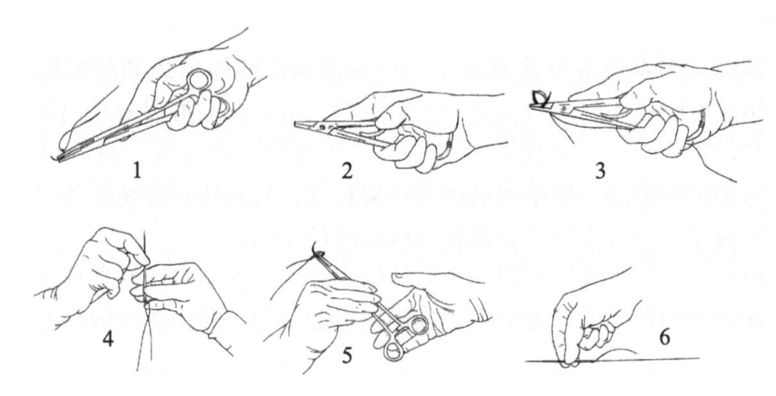

图 1－11　持针钳与缝针的使用方法

6. 缝合针

主要用于闭合组织或贯穿结扎。缝合针分为两种类型，一是带线缝合针或称无眼缝合针，缝线已包在针尾部，针尾较细，仅单股缝线穿过组织，缝合孔道小，对组织损伤小，又称为“无损伤缝针”。多用于血管、肠管缝合。另一是有眼缝合针，这种缝合针能多次再利用。有眼缝合针以针孔不同分为两种。一种为穿线孔缝合针，缝线由针孔穿进；另一种为弹机孔缝合针，针孔有裂槽，缝线由裂槽压入针眼内，穿线方便、快速。

缝合针规格分为直型、1/2 弧型、3/8 弧型和半弯型。缝合针尖端分为圆锥形和三角形。三角形针有锐利的刃缘，能穿过较厚较致密组织。三角形针分为传统弯缝合针，针切缘刃沿针体凹面；翻转弯缝合针切缘刃沿针体凸面，这种缝合针比传统弯缝合针有两个优点，即对组织损伤较小，增加针体强度。

直型圆针用于胃肠、子宫、膀胱等脏器的缝合，用手指直接持针操作。弯针有一定弧度，操作灵便，适用深部组织缝合。缝合部位愈深，空间越小，针的弧度应愈大。弯针需用持针器操作；三角针适用于皮肤、腱、筋膜及瘢痕组织缝合。

7. 牵开器

又称拉钩，用于牵开术部表面组织，加强深部组织的显露，以利于手术操作。根据需要有各种不同的类型，可分为手持牵开器和固定牵开器两种。

8. 巾钳

用以固定手术巾，使用时连同手术巾一起夹住皮肤，防止手术巾移动。

9. 肠钳

用于肠管手术，以阻断肠内容物的移动、溢出或肠壁出血。肠钳结构上的特点是齿槽薄，弹性好，对组织损伤小。

在实施手术时，手术器械需按照一定的方法传递。器械的整理和传递是由器械助手负责，器械助手在手术前应将所用的器械分门别类依次放在器械台的一定位置上。传递时器械助手需将器械之握持部递交在术者或第一助手的手掌中。例如，传递手术刀时，器械助手应握住刀柄与刀片衔接处的背部，将刀柄端送至术者手中，切不可将刀刃传递给术者，以免刺伤。传递剪刀、止血钳、肠钳、持针钳等，器械助手应握住钳、剪的中部，将柄端递给术者。在传递直针时，应先穿好缝线，拿住缝针前部递给术者，术者取针时应握住针尾部，切不可将针尖传递给操作人员。

高频电刀能够切割组织和凝固小血管。通过高频电的热作用切割组织和产生微凝固组织蛋白的作用。

1. 电极选择

切割组织选择针样电极，刀刃锐利。凝血作用选择小球形电极。

2. 仪器

必须有良好的接地装置。

3. 切割组织

应用针样电极，在切割点上几毫米，由电火花达到组织，保持垂直于组织。一个组织面在切割时一次性通过，避免多次重复切割。高频电刀只能用于切割浅表组织，不能做深层组织切割，因为深层组织切割时，电极易造成周围组织损伤。皮肤、筋膜应用高频电极切割时比较容易，而脂肪组织、皮下组织最好选择手术刀分离。切割肌肉组织时，避免应用低频电流，因为切割时容易产生肌肉收缩，出现不规则的切口。

4. 凝固血管

应用小球形电极，直接触及小血管断端或直接触及钳夹的血管断端。大于1mm直径的血管应该结扎，电凝效果不佳。

5. 高频电刀

操作时，需使电极接触组织面积最小，触及组织后，立即离开。延长凝固时间会增大组织破坏直径，增加术后感染的机会。操作时，必须做好对周围组织的保护，减少周围组织损伤。血液和等渗电解质溶液能传播电极的输出，组织面不需要干燥，而需要适宜的湿度，应该使用湿润海绵保持创面的湿度。

二、组织分离

组织切开是显露手术野的重要步骤。切口的选择应该符合下列要求。

①切口需接近病变部位，最好能直接到达手术区，并能根据手术需要，便于延长扩大切口。

②切口在体侧、颈侧以垂直于地面或斜行的切口为宜，体背、颈背和腹下，沿体正中线或靠近正中线的矢状线做纵行切口。

③切口避免损伤大血管、神经和腺体的输出管，以免影响术部组织或器官的机能。

④切口应便于创液排出，特别是脓汁的排出。

⑤二次手术时，避免在瘢痕上切开，因为瘢痕组织再生力弱，易发生弥漫性出血。

按上述原则选择切口后，在切开时需要注意下列问题。

①切口大小适当。切口过小，不能充分显露；作不必要的大切口，组织损伤过多。

②按解剖层次分层进行切开，并注意保持切口从外到内的大小相同。切口两侧用无菌巾覆盖、保护。

③必须整齐切开组织，力求一次切开。手术刀与皮肤、肌肉垂直，防止斜切或多次在同一平面上切割，造成不必要的组织损伤。

④切开深部筋膜时，为了预防深层血管和神经的损伤，可先切一小口，用止血钳一边分离，一边切开。

⑤切开肌肉时，要沿肌纤维方向用刀柄或手指分离，少作切断，以免影响肌肉功能。

⑥切开腹膜、胸膜时，要防止损伤内脏。

⑦切割骨组织时，先切割分离骨膜，尽可能地保存其健康部分，以利于骨组织愈合。

在进行手术时，还需要借助拉勾帮助显露。负责牵拉的助手要随时注意手术过程，并按需要调整拉勾的位置、方向和力量。利用大纱布垫将其他脏器与手术区域隔离开，以增加显露。

三、止血

手术中完善的止血，可以预防失血的危险和保证术部良好的显露。因此，手术中的止血必须迅速而可靠，在术前采取预防性止血措施，以减少术中出血。

按照受伤血管的不同，出血分为以下 4 种。

1. 动脉出血

出血的特征为血液鲜红，呈喷射状流出，喷射线出现规律性起伏并与心脏搏动一致。动脉出血一般自血管断端的近心端流出，指压动脉管断端的近心端，则搏动性血流立即停止。但具有吻合支的小动脉管破裂时，近心端及远心端均能出血。大动脉的出血须立即采取有效止血措施，否则可导致出血性休克，甚至引起动物死亡。

2. 静脉出血

血液以较缓慢的速度从血管中呈均匀不断地泉涌状流出，颜色为暗红或紫红色。一般血管远心端的出血较近心端多，指压出血静脉管的远心端，则出血停止。

静脉出血的转归不同，小静脉出血一般能自行停止，或经压迫、填塞后而停止出血，但若深部大静脉受损如腔静脉、股静脉、髂静脉、门静脉等出血，则常由于迅速大量失血而引起动物死亡。体表大静脉受损，还可因空气栓塞而死亡。

3. 毛细血管出血

其色泽介于动、静脉血液之间，多呈渗出性点状出血。一般可自行止血或稍加压迫即可止血。

4. 实质出血

见于实质器官、骨松质及海绵组织的损伤，为混合性出血，即血液自动脉与小静脉内流出，血液颜色和静脉血相似。由于实质器官中含有丰富的血窦，而血管的断端又不能自行缩入组织内，因此不易形成断端的血栓，而易产生大失血威胁动物的生命，故应予以高度重视。

四、缝合材料与打结

缝合是将已切开、切断或因外伤而分离的组织、器官进行对合或重建其通道，保证良好愈合的方法。在愈合能力正常的情况下，愈合是否完善与缝合的方法有一定的关系。正确而牢固地打结是结扎止血和缝合的重要环节，熟练地打结，不仅可以防止结扎线的松脱，而且可以缩短手术时间。

缝合材料种类很多，选择适宜的缝合材料是很重要的，选择缝线应根据缝线的生物学和物理学特性、创伤所在的组织类型和创伤的局部状态以及各种组织创伤的愈合速度来决定。

缝合材料分类

缝合材料按照在动物体内吸收的情况分为吸收性缝合材料和非吸收性缝合材料。缝合材料在动物体内，60d 内发生变性，其张力强度很快丧失者，称为吸收性缝合材料。缝合材料在动物体内 60d 以后仍然保持其张力强度者，称为非吸收性缝合材料。缝合材料按照其材料来源分为天然缝合材料和人造缝合材料。

①吸收性缝合材料：肠线是由羊肠黏膜下组织或牛的小肠浆膜组织制成。肠线分为 A、B、C、D 4 种类型。C 型为中度铬盐处理型，植入体内 20d 被吸收，是手术常用的肠线。D 型为超级铬盐处理型，植入体内 40d 被吸收。

肠线先在组织内因酸的水解作用和溶胶原作用使其分子键离断，导致肠线张力强度丧失；其次，肠线植入体内后期，在蛋白分解酶作用下，肠线被消化和吸收。当肠线缝合胃时，在酸和胃蛋白酶的作用下，吸收速度加快；在被感染的创伤和血管丰富的组织可看到肠线过早地被吸收。蛋白质缺乏的衰竭患畜，肠线吸收也加速。

使用肠线注意事项：从贮存液内取出的肠线质地较硬，须在温生理盐水中浸泡片刻，待柔软后再用，但浸泡时间不宜过长，以免肠线膨胀、易断。不可用持针钳、止血钳夹持肠线，也不要将肠线扭折，以致皱裂、易断。肠线经浸泡吸水后发生膨胀，较滑，在结扎时，线结易松脱，需用三叠结。剪断后留的线尾应较长，以免滑脱。由于肠线是异体蛋白，在吸收过程中可引起明显的组织炎症反应，因此，肠线一般多用于连续缝合，以免线结太多致使手术后异物反应显著。在不影响手术效果的前提下，尽量选用细肠线。

肠线适用于胃肠、泌尿生殖道的缝合，不能用于胰脏手术，因肠线易被胰液消化吸收。

②人造可吸收缝合材料：聚乙醇酸缝线，该缝线是非成胶质人造吸收缝线，是羟基乙酸的聚合物。吸收的方式是酯酶作用下被水解而吸收。试验观察，聚乙醇酸水解产物有很有效的抗菌物质。吸收过程、炎症反应很轻微。在碱性溶液中水解作用很快，试管内观察，在尿液中过早被吸收。聚乙醇酸缝线完全吸收为 100 ~ 120d。

③非吸收性缝合材料：丝线，丝线是蚕茧的连续性蛋白质纤维，是传统的、广泛应用的非吸收性缝线。丝线有型号编制，使用时应根据组织的类型，选用适宜的型号。粗线为 7 ~ 9 号，抗张力为 2.7 ~ 4.5kg，适用于大血管结扎，筋膜或张力较大的组织缝合；中等线为 3 ~ 4 号，抗张力为 1.65kg，适用于皮肤、肌肉、肌腱等组织缝合；细线为 0 ~ 1 号，抗张力为 0.9kg，适用于皮下、胃肠道组织的缝合；3 - 0 ~ 4 - 0 号细线，抗张力为 0.5kg，适用于血管、神经缝合。

丝线刺激组织产生炎症反应，因为丝线具有较大固着球蛋白的能力，导致急性炎症反应。高压蒸气灭菌、煮沸时间过长，丝线抗张能力减弱。

缝合空腔器官时，如果丝线露出腔内，易产生溃疡；缝合膀胱、胆囊时，易形成结石。因此，丝线不能用于空腔器官的黏膜层缝合，不能缝合被污染或感染的创伤。

聚丙烯，非吸收性聚丙烯缝线是单股无涂层的未染色或染蓝色缝线，分为带针和不带针两种。规格从 3 - 0 ~ 8 - 0。用于一般软组织的缝合与结扎，适用于心血管，神经外科和眼外科手术。

不锈钢丝，适用于制作不锈钢丝的材料是铬镍不锈钢，有单丝和多丝不锈钢丝。

尼龙缝线，尼龙缝线分为单丝和多丝两种。其生物学特性为惰性，植入组织内对组织反应很小，张力强度较强。

1. 缝合材料张力强度的保持时间应大于被缝合组织获得张力强度的时间

皮肤张力强，愈合慢，缝合材料强度要求较强；缝线植入组织内，其强度要求保持时间较长；非吸收性缝线适用于皮肤缝合。胃、肠组织脆弱，愈合快，缝线强度可以较小，植入组织内保持张力强度在14～21d，适合使用吸收性缝线适用于这些组织。

2. 缝线的生物学作用能改变创伤愈合过程

缝线的物理学和化学性质，影响缝合组织抵抗创伤感染的能力。同样的缝合材料，单丝缝线比多丝缝线耐受污染创伤。人造缝线抵抗创伤感染能力强于天然缝线。聚乙醇酸缝线、单丝尼龙等用于污染组织，感染率低；应用丝线缝合膀胱、胆囊，易形成结石。

3. 缝线的特性应与被缝合的组织特性相适应

聚丙烯和尼龙缝线适用缝合具有伸延性组织，例如皮肤；而肠线和聚乙醇酸缝线适用于较脆弱组织，例如肠管、子宫等。

4. 不同的组织使用不同的缝合材料

皮肤缝合使用丝线、尼龙等非吸收性缝线。皮下组织使用人造可吸收性缝线。腹壁和许多其他部位的筋膜张力强度较大，愈合慢，需要缝线强度较强，应用中等粗细尼龙等非吸收性缝线。但对张力较小部位的筋膜，可应用人造可吸收性缝线。肌肉缝合应用人造可吸收性或非吸收性缝线。空腔器官缝合应用肠线、聚乙醇酸缝线和单丝非吸收性缝线。腱的修补通常应用尼龙、不锈钢丝等。血管缝合需要最小致凝血酶原性缝线，聚丙烯缝线、尼龙缝线用于血管缝合。神经缝合要考虑对缝合组织无反应性，应用尼龙和聚丙烯缝线。

常用的结有方结、三叠结和外科结（图1－12）。

1. 方结

是手术中最常用的一种，用于结扎较小的血管和各种缝合时的打结，不易滑脱。

2. 三叠结

是在方结的基础上再加一个结，共3个结。线结较牢固，但遗留于组织中的结扎线较多。三叠结常用于有张力部位的缝合，大血管结扎和肠线打结。

3. 外科结

打第一个结时绕两次，使线摩擦面增大，在打第二个结时其不易滑脱和松动。此结牢固可靠，多用于大血管、张力较大的组织和皮肤缝合。

4. 假结（斜结）

此结易松脱。

5. 滑结

打方结时，两手用力不均，只拉紧一根线，结果形成滑结，而非方结，亦易松脱。

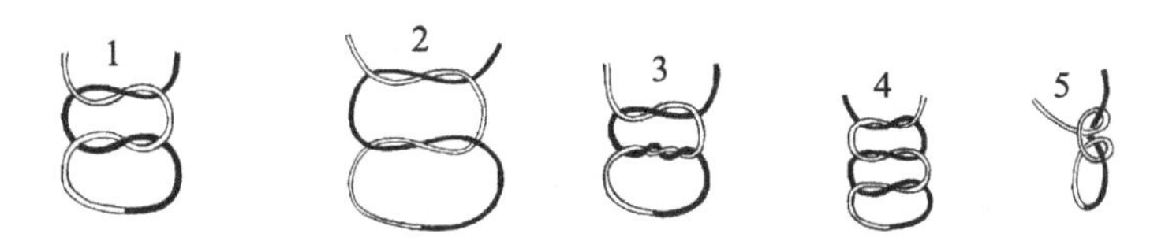

图 1－12　线结的种类

1. 方结　2. 假结　3. 外科结　4. 三重结　5. 滑结

五、缝合的基本原则

①严格遵守无菌操作。

②缝合前必须彻底止血，清除凝血块、异物及无生机的组织。

③进针的边距合理，以防缝线割断组织。

④缝针刺入和穿出部位应彼此相对，针距相等，否则易使创伤形成皱襞和裂隙。

⑤凡无菌手术创或轻污染的新鲜创经外科处理后，可作对合密闭缝合。具有化脓腐败过程以及具有深创囊的创伤可不缝合，必要时作部分缝合。

⑥在组织缝合时，一般是同层组织相缝合，除非特殊需要，不允许把不同类的组织缝合在一起。缝合时不宜过紧，否则将造成组织缺血或拉穿组织。

⑦创缘、创壁应互相均匀对合，皮肤创缘不得内翻，创伤深部不应留有死腔、积血和积液。在条件允许时，可作多层缝合。

⑧缝合的创伤，若在手术后出现感染症状，应迅速拆除部分缝线，以便排出创液。

六、拆线

拆线是指拆除皮肤缝线。拆除的时间一般是在手术后 7～8d 进行。凡营养不良、贫血、老龄动物、缝合部位活动性较大、创缘呈紧张状态等，应适当延长拆线时间，但创伤已化脓或创缘已被缝线撕断不起缝合作用时，可根据创伤治疗需要随时拆除部分或全部缝线。

七、引流

1. 引流用于治疗的适应症

①皮肤和皮下组织切口严重污染，经过清创处理后，仍不能控制感染时，在切口内放置引流物，使切口内渗出液排出，一般需要引流 24～72h。

②创道较深的化脓创、脓肿切开排脓后，放置引流物，可使脓液或分泌物不断排出，使脓腔逐渐缩小而治愈。

2. 引流用于预防的适应症

①大的手术创或创腔较深内有渗出液时，在创口内放置引流管，可排除渗出液，以免形成血肿、积液或继发感染。一般引流管需要放置 24～48h。

②愈合缓慢的创伤。

③手术或吻合部位有内容物漏出的。

④胆囊、胆管、输尿管、膀胱等器官手术，有漏出刺激性物质的部位。

1. 纱布条引流

应用灭菌的干纱布条涂布抗生素软膏，放置在创腔内，排出腔内液体。纱布条引流在几小时内吸附创液饱和，创液和血凝块凝集在纱布条上，阻止进一步引流，需要及时更换纱布条。

2. 胶管引流

应用薄壁乳胶管，管腔内径0.6～2.5cm。在插入创腔前用剪刀在引流管上剪数个小孔。引流管小孔能引流其周围的创液。这种引流管对组织的刺激作用小，在组织内不变质，引流能减少术后血液、创液的蓄留。

【决策】

按照完成此项任务的工作要求，针对不同畜种以及手术目的，设计不同组织所需采用的组织分离、止血与缝合方法见表1－7所示。

表1－7　不同组织所需采用的组织分离、止血与缝合方法

手术部位	组织分离	止血	缝合方法
皮肤			
皮下组织			
肌肉			
骨骼			
内脏器官			

【计划】

根据实践案例的描述，以及养殖户的要求，编制完成任务的计划如下：

1. 计划动物

马、牛、羊、猪、犬、猫。

2. 计划器材

常见外科手术器械、缝线及各种止血药品。

【实施】

一、组织分离的方法

1. 锐性分离

用刀或剪刀进行。用刀分离时，以刀刃沿组织间隙作垂直的、轻巧的、短距离的切开。用剪刀时以剪刀尖端伸入组织间隙内，不宜过深，然后张开剪柄，分离组织，在确定没有重要的血管、神经后，再予以剪断。锐性分离对组织损伤较小，术后反应也少，愈合较快，但必须熟悉解剖，在直视下辨明组织结构时进行。动作要准确、精细（图1－13）。

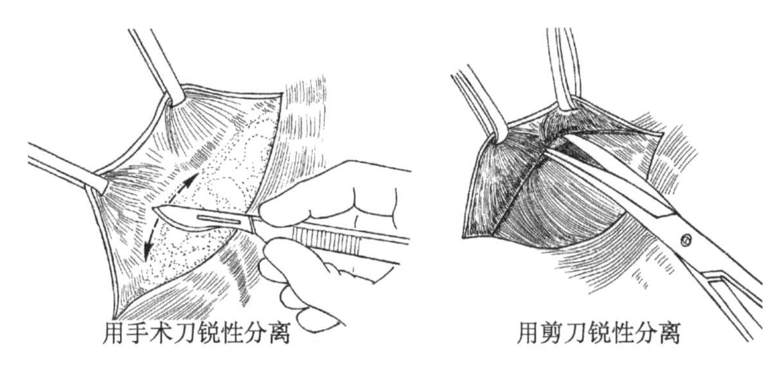

图1-13　组织锐性分离法

2. 钝性分离

用刀柄、止血钳、剥离器或手指等进行。方法是将这些器械或手指插入组织间隙内，用适当的力量，分离周围组织（图1-14）。这种方法最适用于正常肌肉、筋膜和良性肿瘤等的分离。钝性分离时，组织损伤较重，往往残留许多失去活性的组织细胞。因此，术后组织反应较重，愈合较慢。在瘢痕较大、粘连过多或血管、神经丰富的部位，不宜采用。

根据组织性质不同，组织切开分为软组织（皮肤、筋膜、肌肉、腱）和硬组织（软骨、骨、角质）切开。

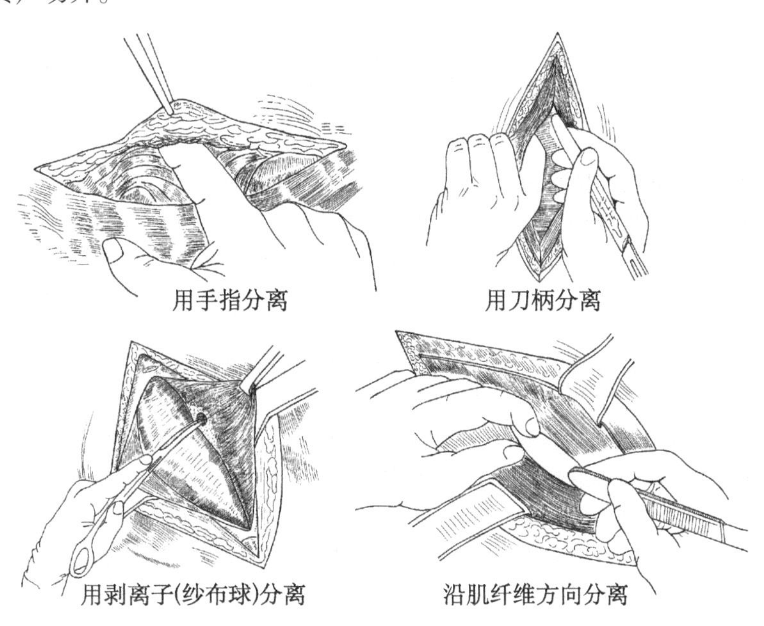

图1-14　组织钝性分离法

3. 皮肤切开法

常用两种切开方法。

①紧张切开：由于皮肤的活动性较大，切皮时易造成皮肤和皮下组织切口不一致。皮肤切口应由术者与助手用手在切口两旁或上、下将皮肤展开固定，或者由术者用拇指及食指在切口两旁将皮肤撑紧并固定，刀刃与皮肤垂直，用力均匀地一刀切开皮肤及皮下组

织，必要时也可补充运刀，但要避免多次切割，重复刀痕和切口边缘参差不齐或出现锯齿状的切口（图 1－15）。

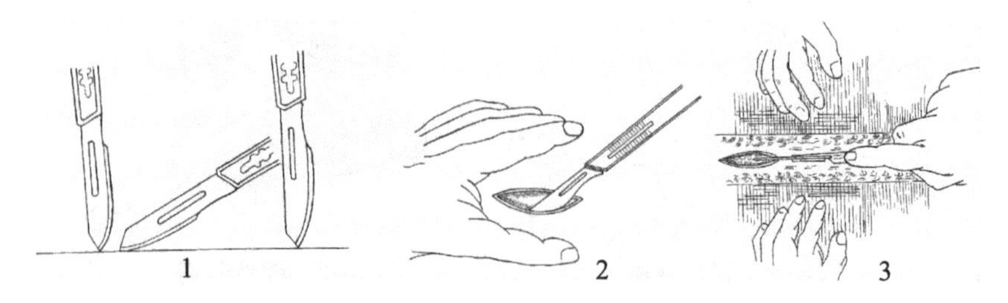

图 1－15　皮肤紧张切开法

1. 运刀方法　2. 单手紧张切开法　3. 双手紧张切开法

②皱襞切开：在切口的下面有大血管、大神经、分泌管和重要器官，而皮下组织较为疏松，为了使皮肤切口位置正确且不误伤其下部组织，术者和助手应在预定切线的两侧，用手指或镊子提拉皮肤呈垂直皱襞，并进行垂直切开（图 1－16）。

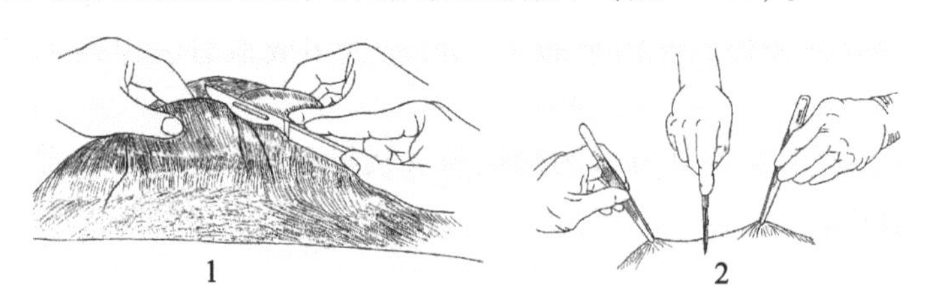

图 1－16　皮肤皱襞切开法

1. 厚皮的切开方法　2. 薄皮的切开方法

4. 皮下组织及其他组织的分离

切开皮肤后组织的分割宜用逐层切开的方法，以便识别组织，避免或减少对大血管、大神经的损伤。

①皮下疏松结缔组织的分离：皮下结缔组织内分布有许多小血管，故多用钝性分离。方法是先将组织刺破，再用手术刀柄、止血钳或手指进行剥离。

②筋膜和腱膜的分离：用刀在其中央作一小切口，然后用弯止血钳在此切口上、下将筋膜下组织与筋膜分开，沿分开线剪开筋膜。筋膜的切口应与皮肤切口等长。若筋膜下有神经、血管，则用手术镊将筋膜提起，用反挑式执刀法作一小孔，经小切口伸入镊子，在其引导下切开。

③肌肉的分离：一般是沿肌纤维方向作钝性分离。方法是用刀柄、止血钳或手指顺肌纤维方向剥离，扩大到所需要的长度，但在紧急情况下，或者肌肉较厚并含有大量腱质时，为了使手术通路广阔和排液方便，也可横断肌纤维。横过切口的血管可用止血钳钳夹，或者用细缝线从两端结扎后，从中间将血管切断。

④腹膜的分离：腹膜切开时，为了避免伤及内脏，可用组织钳或止血钳提起腹膜作一小切口，利用食指和中指或镊子引导，再用手术刀或剪刀切开（剪开）腹膜（图 1－17）。

⑤肠管的切开：肠管侧壁切开时，一般用于大肠纵带或小肠对肠系膜侧纵行切开，并应避免损伤对侧肠壁（图 1－18）。

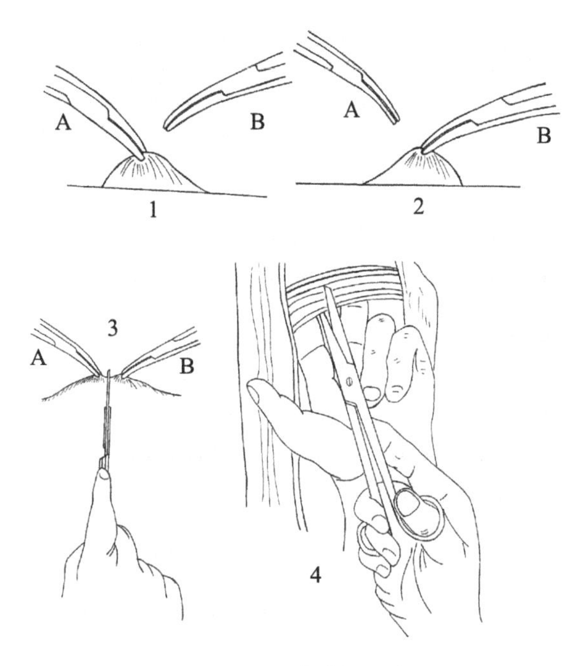

图1－17　腹膜切开法

1. 用A钳夹起腹膜　2. 在A钳附近用B钳夹起腹膜褶的同时松去A钳　3. 在B钳附近用A钳再次夹起腹膜褶，在两把钳之间切开腹膜　4. 用两手指做保护，在两指之间扩大腹膜切口

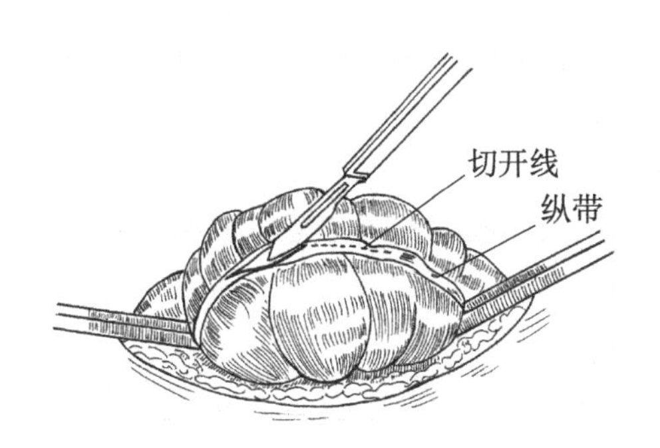

图1－18　大肠切开法

⑥索状组织的分离：索状组织（如精索）的分割，除了可应用手术刀（剪）作锐性切割外，尚可用刮断、拧断等方法，以减少出血。

⑦良性肿瘤、放线菌病灶、囊肿及内脏粘连部分分离，宜用钝性分离：分离的方法是：对未机化的粘连可用手指或刀柄直接剥离；对已机化的致密组织，可先用手术刀切一小口，再用钝性剥离。剥离时手的主要动作应是前后方向或略施加压力于一侧，使较疏松或粘连较小部分自行分离，然后将手指伸入组织间隙，再逐步深入。在深部非直视下，手指左右大幅度的剥离动作，易导致组织及脏器的严重撕裂或大出血，应少用或慎用。对某些不易钝性分离的组织，可将钝性分离与锐性分离结合使用，一般是用弯剪伸入组织间隙，即将剪尖微张，轻轻向前推进，进行剥离。

5. 骨组织的分割

首先应分离骨膜，然后再分离骨组织。先用手术刀切开骨膜（“十”字形或“工”字形切开），然后用骨膜分离器分离骨膜。骨组织的分离一般是用骨剪剪断或骨锯锯断。当锯（剪）断骨组织时，不应损伤骨膜。为了防止骨的断端损伤软部组织，应使用骨锉锉平断端锐缘，并清除骨片。分离骨组织常用的器械有圆锯、线锯、骨钻、骨凿、骨钳、骨剪、骨匙及骨膜剥离器等。

6. 蹄和角质的分离

对于蹄角质可用蹄刀、蹄刮挖除，浸软的蹄壁可用柳叶刀切开。闭合蹄壁上的裂口可用骨钻、锔子钳和锔子等工具和材料。截断牛羊角时可用骨锯或断角器。

二、常用的止血方法

1. 全身预防性止血法

是在手术前给动物注射增高血液凝固性的药物和血液，借以提高机体抗出血的能力，减少手术过程中的出血。常用下列几种方法。

①输血：在术前30～60min，输入同种同型血液，牛、马500～1 000ml，猪、羊200～300ml，犬50～100ml。

②注射增高血液凝固性以及血管收缩的药物。例如，维生素K、安络血、止血敏、对羟基苄胺、凝血酶等。

③应用肾上腺素。利用肾上腺素收缩血管的作用，达到减少手术局部出血之目的，其作用可维持20min至2h。但手术局部有炎症病灶时，因高度的酸性反应，可减弱肾上腺素的作用。此外，在肾上腺素作用消失后，小动脉管扩张，若血管内血栓形成不牢固，可能发生二次出血。在1 000ml生理盐水溶液中加入0.1%肾上腺素溶液2ml，用纱布浸药后敷于创面。

2. 局部预防性止血法

止血带预防性止血，适用于四肢、阴茎和尾部手术。可暂时阻断血流，减少手术中的失血，有利于手术操作。用橡皮管止血带或绳索、绷带时，局部应垫以纱布或手术巾，以防损伤软组织、血管及神经。

橡皮管止血带的安置方法，用足够的压力（以止血带远侧端的脉搏消失为度），于手术部位上方缠绕数周固定，其保留时间不得超过40～60min，在此时间内如手术尚未完成，可将止血带临时松开10～30s，然后重新缠扎。松开止血带时，宜用多次“松、紧、松、紧”的办法，严禁一次松开。

3. 手术过程中止血法

①压迫止血：是用纱布或泡沫塑料压迫出血的部位，并借以清除术部的血液。在毛细血管渗血和小血管出血时，如机体凝血机能正常，压迫片刻，出血即可自行停止。为了提高压迫止血的效果，可选用温生理盐水、1%～2%麻黄素、0.1%肾上腺素、2%氯化钙溶液浸湿后扭干的纱布块作压迫止血。在止血时，必须是按压，不可用擦拭，以免损伤组织或使血栓脱落。

②钳夹止血：利用止血钳最前端夹住血管的断端，钳夹方向应尽量与血管垂直，钳住的组织要少，切不可作大面积钳夹（图1－19）。

③钳夹捻转止血：用止血钳夹住血管断端，扭转止血钳1～2周，轻轻去钳，则断端闭合止血（图1－20）。如经钳夹捻转不能止血时，则应予以结扎，此法适用于小血管出血。

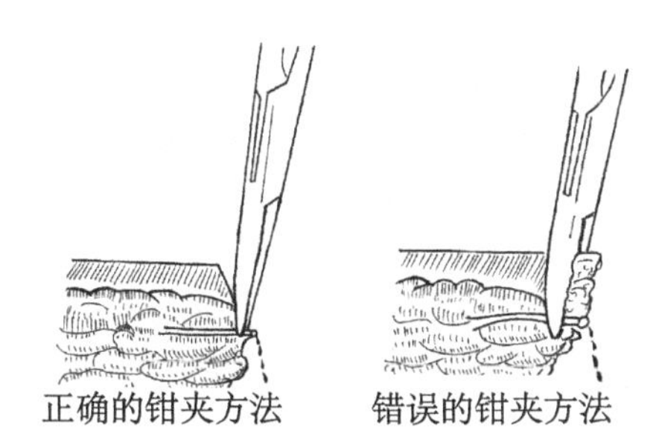

图1－19　钳夹止血

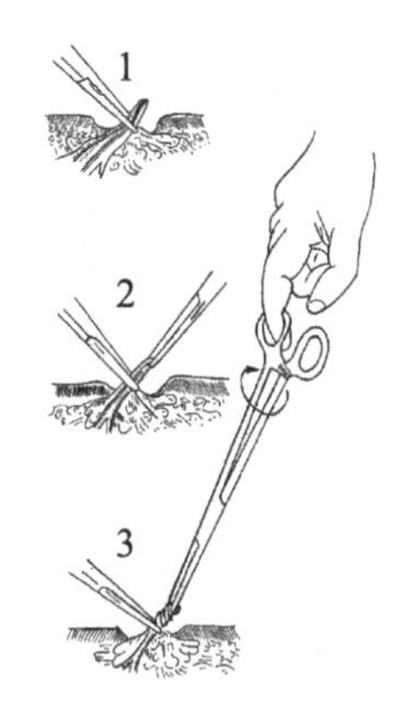

图1－20　钳夹捻转止血

1. 横向钳夹出血的血管　2、3. 纵向钳夹出血端并捻转

④钳夹结扎止血：是常用而可靠的基本止血法，多用于明显而较大血管出血的止血。其方法有两种。

单纯结扎止血：用缝线绕过止血钳所夹住的血管及少量组织而结扎。在拉紧结扣的同时，由助手放开止血钳，使结扣收紧于被夹闭的血管（图1－21）。适用于一般部位的止血。

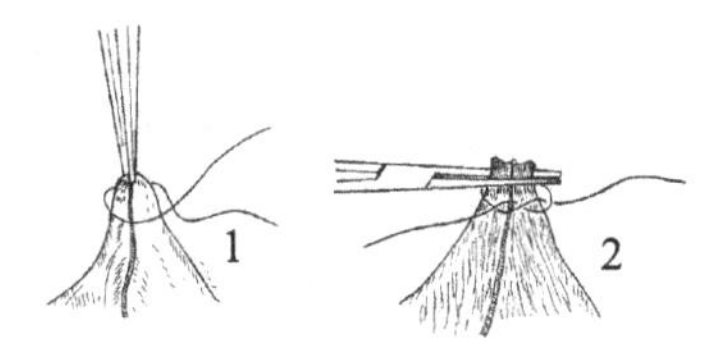

图1－21　钳夹结扎止血

1. 钳夹出血点，用一短线缠绕出血处的组织　2. 平放止血钳，钳尖微翘，打结、结扎

贯穿结扎止血：将结扎线用缝针穿过所钳夹组织（勿穿透血管）后进行结扎。常用的方法有“8”字缝合结扎及单纯贯穿结扎两种（图1－22）。贯穿结扎止血的优点是结扎线不易脱落，适用于大血管或重要部位的止血。

⑤创内留钳止血：用止血钳夹住创伤深部血管断端，并将止血钳留在创伤内24～48h。为了防止止血钳移动，可用绷带将止血钳的柄环部拴在动物的体躯上。创内留钳止血法，多用于大动物去势后继发精索内动脉的大出血。

⑥填塞止血：本法是在深部大量出血，一时找不到血管断端，钳夹或结扎止血困难

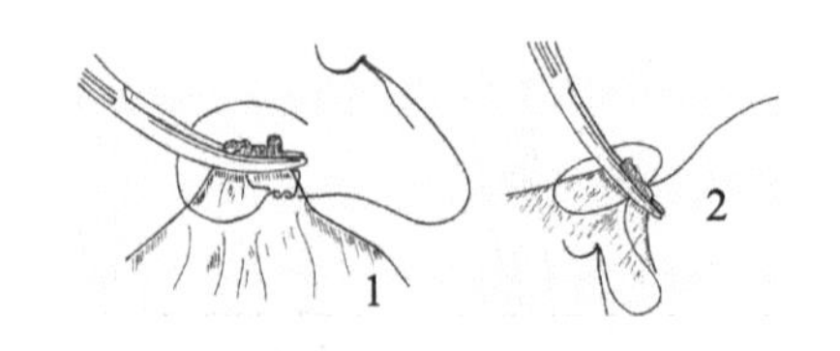

图 1－22　贯穿结扎止血

1. 单纯贯穿结扎法　2. "8"字缝合贯穿结扎法

时，用灭菌纱布紧塞于出血的创腔或解剖腔内，压迫血管断端以达到止血之目的。在填入纱布时，必须将创腔填满，以便有足够的压力压迫血管断端。填塞止血留置的敷料通常在12～48h后取出。

⑦电凝止血：利用高频电流凝固组织达到止血目的。使用方法是用止血钳夹住血管断端，向上轻轻提起，擦干血液，将电凝器与止血钳接触，待局部发烟即可。电凝时间不宜过长，否则烧伤范围过大，影响切口愈合。在空腔脏器、大血管附近及皮肤等处不可用电凝止血，以免组织坏死，发生并发症。对较大的血管仍应以结扎止血为宜，以免发生继发性出血。

⑧烧烙止血：是用电烧烙器或烙铁烧烙，使血管断端收缩封闭而止血。其缺点是损伤组织较多，兽医临诊上多用于弥漫性出血、羔羊断尾术和某些摘除手术后的止血。使用烧烙止血时，应将电阻丝或烙铁烧得微红，才能达到止血的目的，但也不宜过热，以免组织炭化过多，使血管断端不能牢固堵塞。烧烙时，烙铁在出血处稍加按压后即迅速移开，否则组织黏附在烙铁上，当烙铁移开时而将组织扯离。

⑨局部化学及生物学止血法：麻黄素或肾上腺素，用1%～2%麻黄素溶液或0.1%肾上腺素溶液浸湿的纱布进行压迫止血（见压迫止血）。临床上也常用上述药品浸湿系有棉线绳的棉包作鼻出血、拔牙后齿槽出血的填塞止血，待止血后拉出棉包。

明胶海绵，多用于一般方法难以止血的创面出血，实质器官、骨松质及海绵体出血．使用时将止血海绵铺在出血面上或填塞在出血的伤口内，即能达到止血的目的，如果在填塞后加以组织缝合，更能发挥优良的止血效果。止血明胶海绵的种类很多，如纤维蛋白海绵、氧化纤维素、白明胶海绵及淀粉海绵等。它们止血的基本原理是促进血液凝固和提供凝血时所需要的支架结构．止血海绵能被组织吸收和使受伤血管日后保持贯通。

用活组织填塞止血，如用自体组织如网膜，填塞于出血部位。通常用于实质器官的止血，如肝损伤用网膜填塞止血，或者用取自腹部切口的带蒂腹膜、筋膜和肌肉瓣，牢固地缝在损伤的肝上。

骨蜡止血，外科临床上常用市售骨蜡制止骨质渗血，用于骨的手术和断角术。

4. 输血疗法

输血疗法是给病畜静脉输入保持正常生理功能的同种属动物血液。给病畜输入血液可部分或全部地补偿机体所损失的血液，扩大血容量，同时补充了血液的细胞成分和某些营养物质。输入血液能激化肝、脾、骨髓等各组织的功能，并能促使血小板、钙盐和凝血活酶进入血流中。这对促进血液凝固有重要作用。

（1）适应症及禁忌症

适用于大失血、外伤性休克、营养性或溶血性贫血、严重烧伤、大手术的预防性止血等。供血者应该是健康、体壮的成年动物，无传染病及血原虫病的动物。禁忌症为严重的心血管系统疾病、肾脏疾病和肝病等。

（2）血液相合性试验

临床上常用的方法有：玻片凝集试验法及生物学试验法。两者结合应用，更为安全可靠。每次确定输血时，最好先将供血者的少量血液（马、牛 150～200ml，犬 20～30ml）注入受血者静脉内，注入后 10min，若受血者的体温、脉搏、呼吸及可视黏膜等无明显变化，即可将剩余的血液全部输入。马、牛一次输血量为 1～2L，犬为 5～7ml/kg。输血速度宜缓慢，不宜过快，马、牛输注 1L 血液需 20min 以上。

（3）副作用及抢救

发热反应：输血后 15～30min，受血者出现寒颤和体温升高，应停止输血。过敏反应：呼吸急迫、痉挛，皮肤有荨麻疹等症状，应停止输血；肌肉注射苯海拉明或 0.1% 肾上腺素溶液。溶血反应：受血者在输血过程中突然不安，呼吸、脉搏增数，肌肉震颤，排尿频繁，高热、可视黏膜发绀等，应停止输血，配合强心、补液治疗。

三、打结方法

1. 单手打结

为常用的一种方法，简便迅速，左右手均可打结。虽各人打结的习惯常有不同，但基本动作相似（图 1－23）。

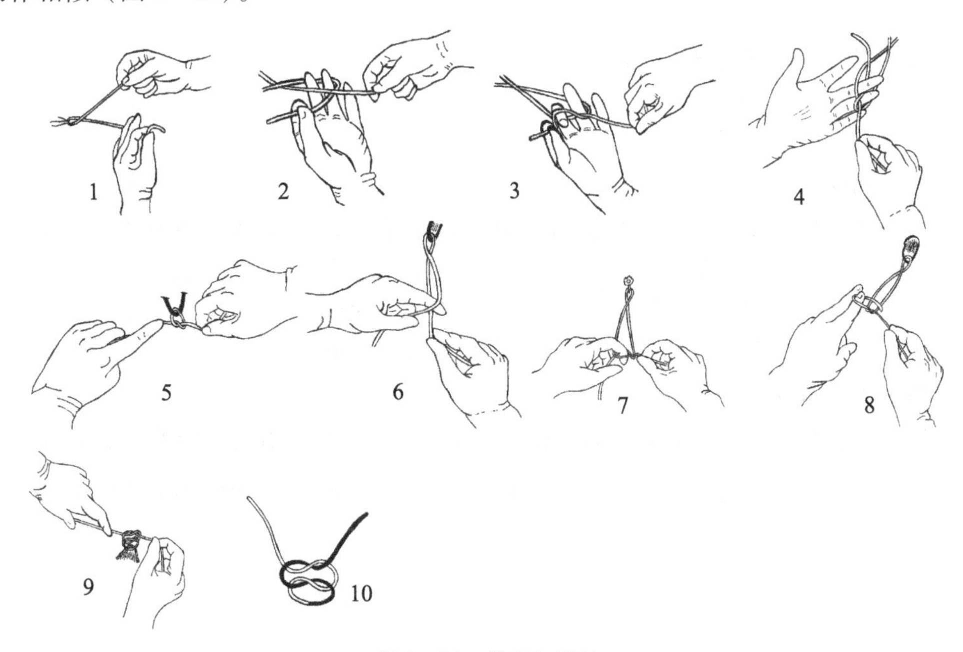

图 1－23　单手打结法

2. 器械打结

用持针钳或止血钳打结。适用于结扎线过短、狭窄的术部、创伤深处和某些精细手术的打结（图 1－24）。结扎线用器械引导（图 1－25）。

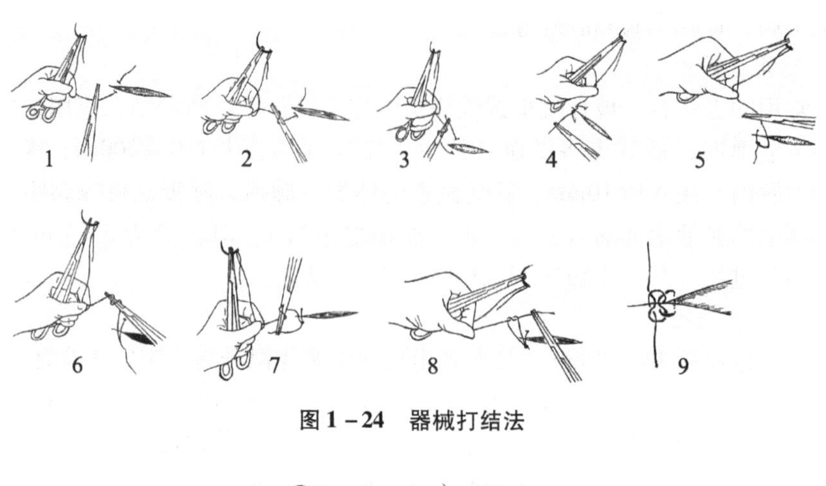

图 1－24　器械打结法

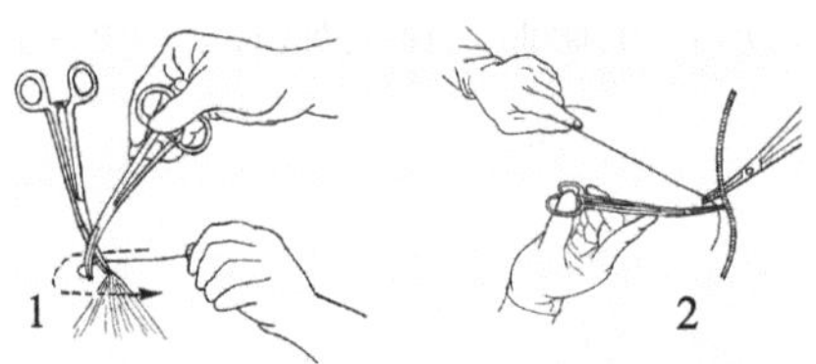

图 1－25　器械引线法

1. 用止血钳夹持结扎线　2. 用止血钳自结扎组织下方传递、引导结扎线

1. 打结收紧时要求三点成一线

即左、右手的用力点与结扎点成一直线，不可成角向上提起，否则使结扎点容易撕脱或结松动。

2. 用力均匀

两手的距离不宜离得太远，特别是深部打结时，最好用两手食指伸到结旁，以指尖顶住双线，两手握住线端，徐徐拉紧，否则易松脱。埋在组织内的结扎线头，在不引起结扎松脱的原则下，尽量剪短以减少组织内的异物。丝线一般留 3～5mm，较大血管的结扎应略长，以防滑脱，肠线留 4～6mm，不锈钢丝 5～10mm，并应将钢丝头扭转埋入组织中。

3. 剪线方法正确

术者结扎完毕后，将双线尾提起略偏术者的左侧，助手用稍张开的剪刀尖沿着拉紧的结扎线滑至结扣处，再将剪刀稍向上倾斜，然后剪断，倾斜的角度取决于要留线头的长短。

四、缝合方法

1. 对接缝合

①单纯间断缝合：单纯间断缝合也称为结节缝合。缝合时，将缝针引入 15～25cm 缝线，于创缘一侧垂直刺入，于对侧相应的部位穿出打结。每缝一针，打一次结。缝线距创缘距离（边距），根据缝合的组织来定，如缝合皮肤时根据皮肤厚度来定，小动物 3～5mm，大动物 0.8～1.2cm；或者与皮肤厚度相等。缝线间距要根据创缘张力来决定，使

创缘彼此对合，一般间距0.5～1.5cm或缝合皮肤时1～1.5个皮厚。打结在切口一侧，防止压迫切口（图1-26）。用于皮肤、皮下组织、筋膜、黏膜、血管、神经、胃肠道缝合。

优点：操作容易，迅速。在愈合过程中，即使个别缝线断裂，其他邻近缝线不受影响，不致整个创口裂开。能够根据各种创缘的伸延张力正确调整每个缝线张力。如果创口有感染可能，可拆除少数缝线进行排液。对切口创缘血液循环影响较小，有利于创伤的愈合。

缺点：需要较多时间，使用缝线较多，组织内异物多。

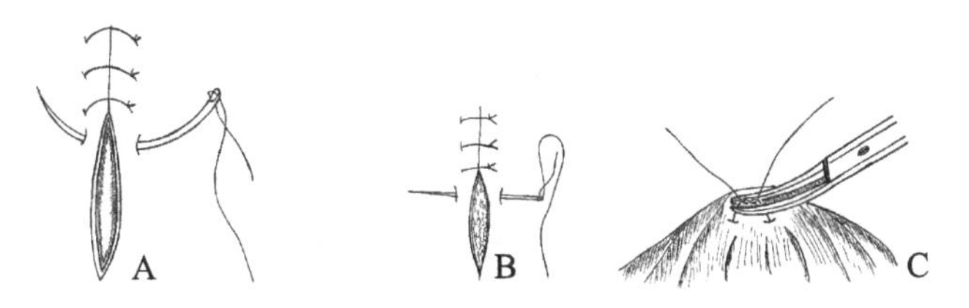

图1-26　单纯间断缝合

A. 用弯针缝合　B. 用直针缝合　C. 钳夹第一线结防松开

②单纯连续缝合：单纯连续缝合是用一条长的缝线自始至终连续地缝合一个创口，最后打结（图1-27）。常用于缝合具有弹性、无太大张力的较长创口。用于皮肤、皮下组织、筋膜、血管、胃肠道缝合。

其优点是节省缝线和时间，密闭性好。但若一处断裂，全部缝线拉脱，创口哆开。

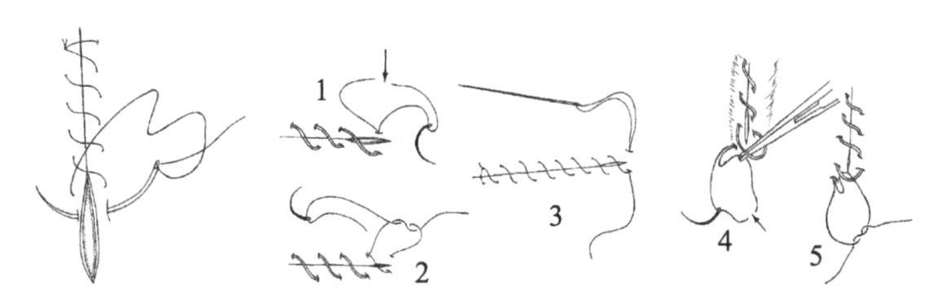

图1-27　单纯连续缝合

1、2. 剪断一股缝线，用单股缝线继续缝合一针，然后打结　3. 拉长线尾，用双股线缝合一针后打结

4、5. 剪断一股缝线并将其与双股缝线交叉后打结

③表皮下缝合：这种缝合适用于小动物的皮肤缝合（图1-28）。缝合在切口一端开始，应用连续水平褥式缝合。平行切口进针，缝针刺入真皮下，再翻转缝针刺入另一侧真皮，在组织深处打结。最后缝针翻转刺向对侧真皮下与线尾打结，线结埋置在深部组织内。一般选择可吸收性缝合材料。

其优点是能消除普通缝合针孔的小瘢痕。操作快，节省缝线。但具有连续缝合的缺点，且张力强度较差。

④压挤缝合法：压挤缝合用于较细肠管吻合的单层间断缝合（图1-29）。缝针刺入浆膜、肌层、黏膜下层和黏膜层进入肠腔。在越过切口前，从肠腔再刺入黏膜到黏膜下层。越过切口，转向对侧，从黏膜下层刺入黏膜层进入肠腔；在同侧从黏膜层、黏膜下层、肌层到浆膜刺出肠表面。两端缝线拉紧、打结。

⑤十字缝合法：第一针缝针从一侧到另一侧作结节缝合，第二针平行第一针从一侧到

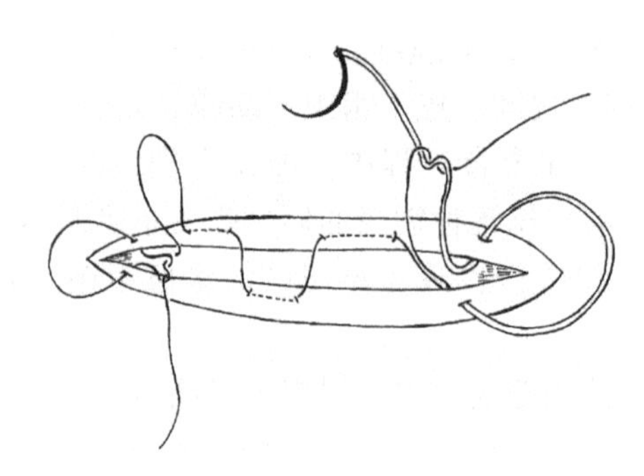

图 1－28 表皮下缝合

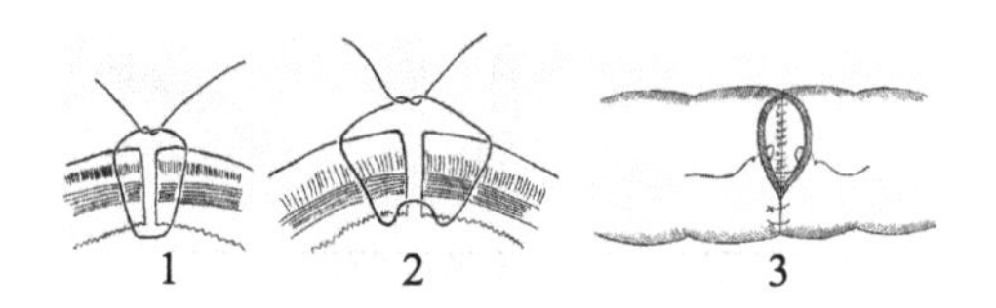

图 1－29 压挤缝合法

1. “V”字形压挤缝合法，适合于瘤胃壁等厚壁组织的闭合 2、3. “凹”字形压挤缝合法

另一侧穿过切口，缝线的两端在切口上交叉形成 X 形，拉紧打结（图 1－30）。用于张力较大的皮肤缝合。

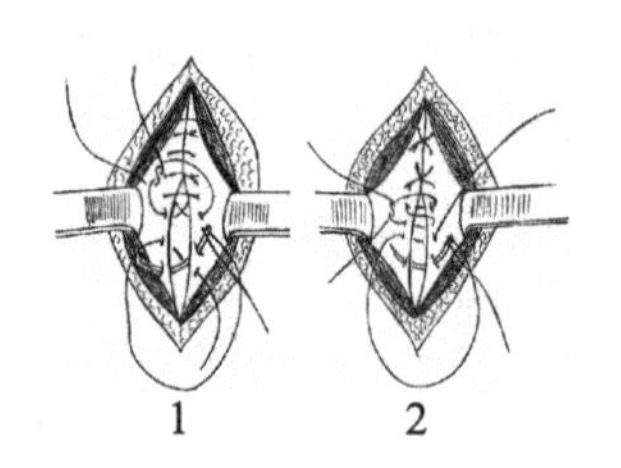

图 1－30 十字缝合法

1. 内十字缝合法 2. 外十字缝合法

⑥连续锁边缝合法：这种缝合方法与单纯连续缝合基本相似。在缝合时每次将缝线交锁（图 1－31）。此种缝合能使创缘对合良好，并使每一针缝线在进行下一次缝合前就得以固定。多用于皮肤直线形切口及薄而活动性较大的部位缝合。

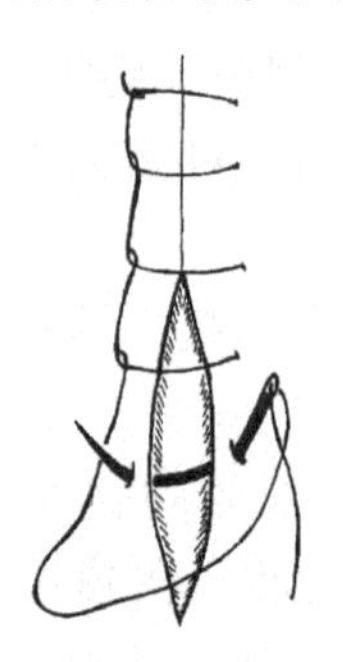

图 1－31 连续锁边缝合法

2. 内翻缝合

内翻缝合适用于胃肠、子宫、膀胱等空腔器官的缝合。

①伦勃特氏缝合法：伦勃特氏缝合法又称为垂直褥式内翻缝合法，分为间断与连续两种（图1-32，图1-33）。在胃肠切开闭合或肠吻合时，用以缝合浆膜肌层。

间断伦勃特氏缝合法，缝线分别穿过切口两侧浆膜及肌层即行打结，使部分浆膜内翻对合，用于胃肠道的外层缝合。

连续伦勃特氏缝合法，于切口一端开始，先作一浆膜肌层间断内翻缝合，再用同一缝线作浆膜肌层连续缝合至切口另一端。其用途与间断内翻缝合相同。

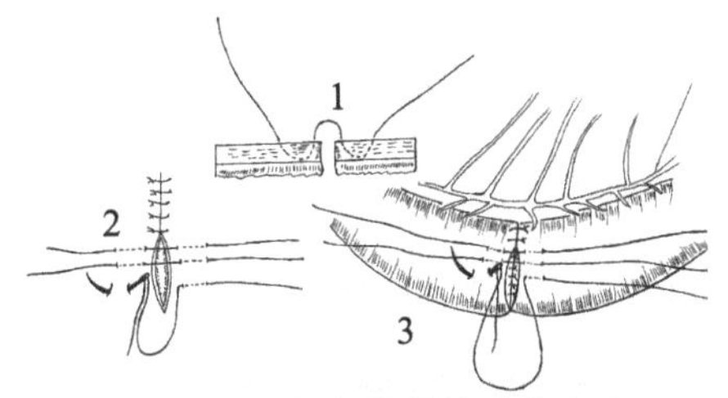

图1-32　间断伦勃特氏缝合法

1. 针穿至浆膜肌层　2. 空腔器官的第一层缝合（针至黏膜下层）　3. 空腔器官的第二层缝合

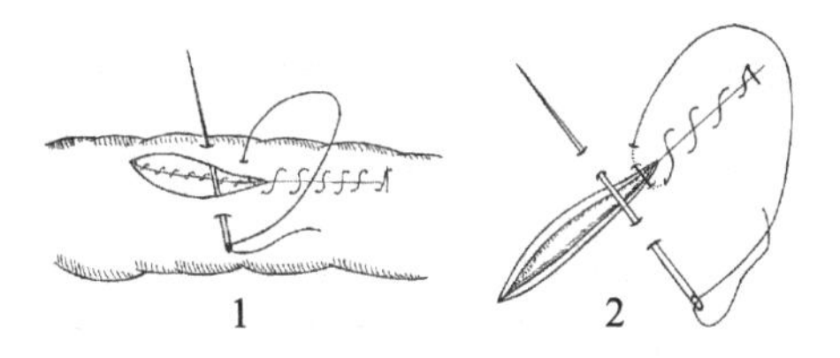

图1-33　连续伦勃特氏缝合法

1. 空腔器官的第二层缝合　2. 空腔器官的第一层缝合（针至黏膜下层）

②库兴氏缝合法：又称连续水平褥式内翻缝合法，这种缝合法是从伦勃特氏连续缝合演变来的。缝合方法是于切口一端开始先做一浆膜肌层间断内翻缝合，再用同一缝线平行于切口做浆膜肌层连续缝合至切口另一端（图1-34）。适用于胃、子宫浆膜肌层缝合。

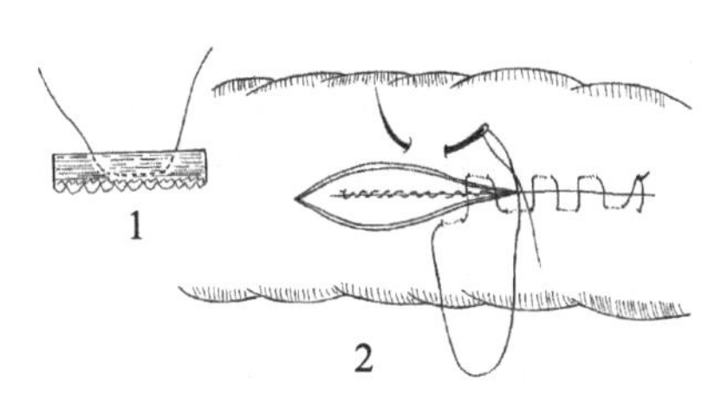

图1-34　库兴氏缝合法

1. 针穿至浆膜肌层　2. 空腔器官的第一层（针至黏膜下层）或第二层缝合

③康奈尔氏缝合法：这种缝合法与连续水平褥式内翻缝合相似，仅在缝合时缝针要贯穿全层组织；当将缝线拉紧时，腔壁切面即翻向腔内（图1-35）。多用于胃、肠、子宫壁切口的缝合。

④荷包缝合：即作环状的浆膜肌层连续缝合（图1-36）。主要用于胃肠壁上小范围的内翻缝合，如缝合小的胃肠穿孔。此外还用于胃肠、膀胱造瘘等引流管固定的缝合。

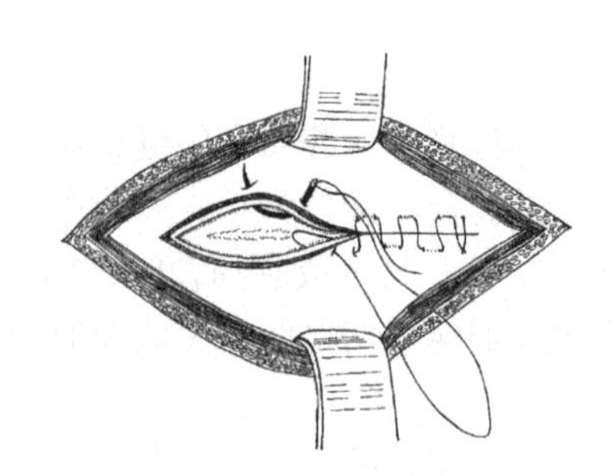

图1－35　康奈尔氏缝合法

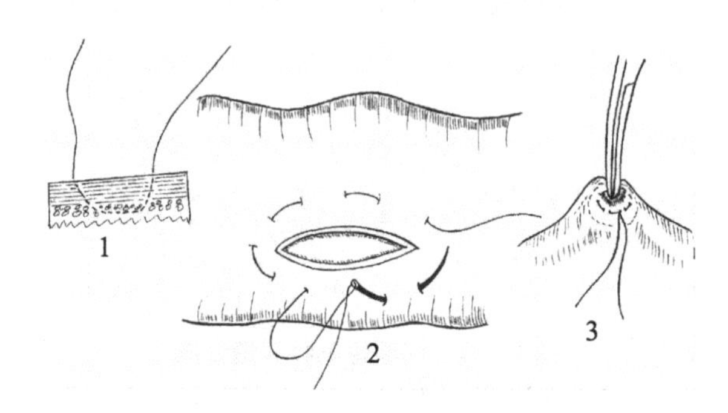

图1－36　荷包缝合

1. 针穿至黏膜下层　2. 沿创口做一周缝合　3. 下压创缘使其内翻

3. 张力缝合

①间断垂直褥式缝合：针距离创缘约8mm刺入皮肤，创缘相互对合，越过切口到相应对侧刺出皮肤，然后缝针翻转在同侧距切口约4mm刺入皮肤，越过切口到相应对侧距切口约4mm刺出皮肤，与另一端缝线打结（图1－37）。该缝合要求缝针刺入皮肤时针至真皮下，靠近切口的两侧刺入点要求接近切口边缘，这样皮肤创缘对合良好，不能外翻。

该缝合方法比水平褥式缝合具有较强的抗张能力，对创缘的血液供应影响较小，但缝合时，需要较多时间和较多的缝线。

②间断水平褥式缝合：适用于皮肤缝合。针距创缘2～3mm刺入皮肤，创缘相互对合，越过切口到对侧相应部位刺出皮肤，然后缝针与切口平行向前约8mm，再刺入皮肤，越过切口到相应对侧刺出皮肤，与另一端缝线打结。该缝合缝针刺入皮肤时，要求刺在真皮下，不能刺入皮下组织，这样皮肤创缘对合才能良好，不出现外翻。

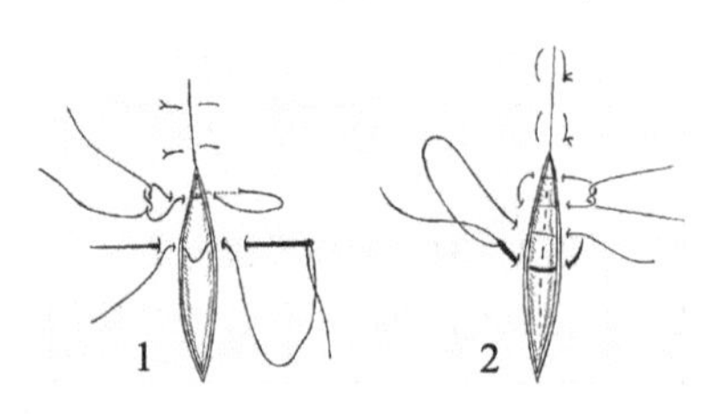

图1－37　减张缝合

1. 垂直减张缝合法　2. 水平减张缝合法

对于张力较大的皮肤，可在缝线上放置胶管或纽扣，增加抗张力强度。使用缝线较节省，操作速度较快。但根据水平褥式缝合的几何图形，该缝合能减少创缘的血液供应。

1. 皮肤的缝合

皮肤采用间断缝合，在创缘侧面打结，打结不能过紧。缝合前创缘必须对好，缝线要在同一深度将两侧皮下组织拉拢，以免皮下组织内遗留空隙。皮肤缝合完毕后，必须再次将创缘对好。

2. 皮下组织的缝合

缝合时要使创缘两侧皮下组织相互接触，消除组织空隙。使用可吸收性缝线，打结应埋置在组织内。

3. 筋膜的缝合

筋膜的切口方向与张力线平行，而不能垂直于张力线。所以，筋膜缝合时，要垂直于张力线，使用间断缝合。大量筋膜切除或缺损时，缝合时使用垂直褥式张力缝合法。

4. 肌肉的缝合

肌肉缝合要求将纵行纤维紧密连接，瘢痕组织生成后，不能影响肌肉收缩功能。缝合时，应用结节缝合分别缝合各层肌肉。肌肉一般是纵行分离而不切断，张力小的部位、肌肉组织可不缝合。对于横断肌肉，因其张力大，应该在麻醉或使用肌松剂的情况下连同筋膜一起缝合，进行结节缝合或水平褥式缝合。

5. 腹膜的缝合

马、羊的腹膜薄且不耐受缝合，应连同部分肌肉组织缝合腹膜。牛、犬的腹膜可以考虑单独缝合腹膜。腹膜缝合必须密闭闭合，不能使网膜或肠管漏出或嵌闭在缝合切口处。

6. 神经的缝合

神经缝合应操作轻柔，有精细的缝合器械，神经横断面要准确对合，避免神经鞘内和神经周围出血，且不能损伤神经组织。

神经断裂后，远侧端神经变性，神经断端缝合后，近端神经轴伸入远端，近端神经纤维在没有瘢痕、血块、异物时开始伸入远端，恢复神经的传导功能。

神经缝合依损伤程度不同，可分为端端缝合和部分端端缝合两种。

①端端缝合：用以修复完全断裂的神经干。对新鲜损伤，经清创后，用利刃修切神经干两断端使断面整齐，然后在神经两端的内外侧各缝一针，作固定牵引线，按2～3mm左右的针距，2mm左右的边距用尼龙或聚丙烯缝线作结节缝合（图1－38）。前侧缝合完毕后，调换固定缝线，使神经翻转180°，以同法缝合后侧。缝合后，神经置于健康肌肉或皮下组织内覆盖。

②部分端端缝合：用于修复部分断裂的神经干，对新鲜的神经部分切割断面整齐者，可直接作结节缝合。反之，用利刃切除损伤部分，再行部分端端缝合。

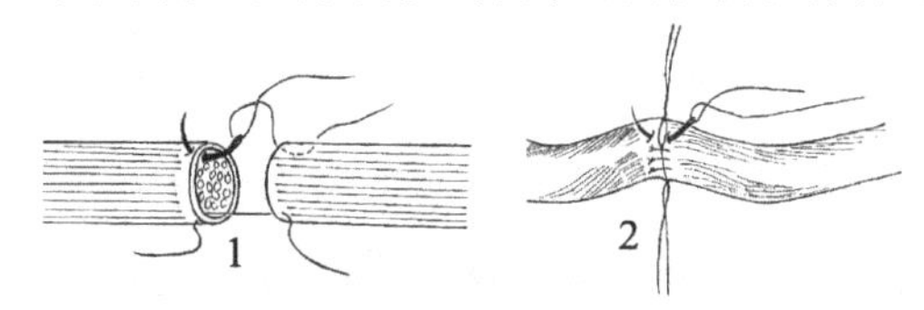

图1－38 神经的缝合

1. 先做对位固定缝合，使断端对合 2. 牵引两侧的固定缝合线尾，做两侧的间断缝合

7. 腱的缝合

腱的断端应紧密连结，如果末端间有裂缝被结缔组织填补，将影响腱的功能。腱的缝合要求保留腱鞘或重建，腱、腱鞘和皮肤缝合部位，不要相互重叠，以减少腱周围的粘连。腱的缝合使用白奈尔氏（Bunnell）缝合，缝线放置在腱组织内，保持腱的滑动机能（图1－39）。腱鞘缝合使用非吸收性缝合材料结节缝合，特别应使用特制的细钢丝做缝合。缝合后肢体固定，至少要固定肢体三周，使缝合的腱组织没有任何张力。

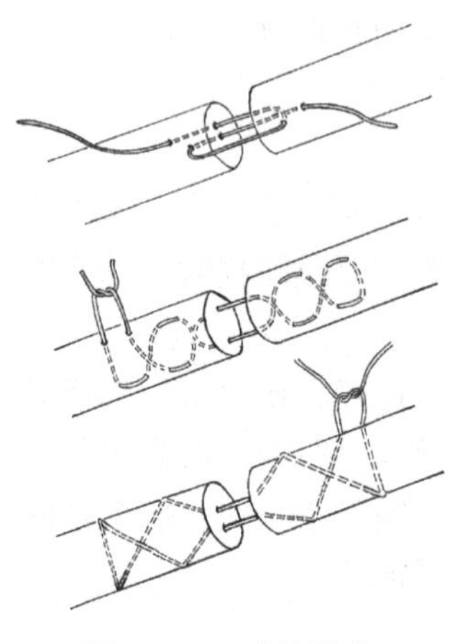

图1－39　腱的缝合

8. 空腔器官缝合

根据空腔器官（胃、肠、子宫、膀胱）的生理解剖学和组织学特点，缝合时要求良好的密闭性，防止内容物泄漏；保持空腔器官的正常解剖组织学结构和蠕动收缩机能。

①胃或真胃的缝合：胃内具有高浓度的酸性内容物和消化酶。缝合时要求良好的密闭性，缝线要保持一定的张力强度，因此，第一层作连续水平褥式内翻缝合。第二层采用浆肌层间断或连续内翻缝合。

②小肠的缝合：小肠血液供应好，肌肉层发达，其解剖特点是低压力管腔，而不是蓄水囊。内容物是液态的，细菌含量少。小肠缝合后3～4h，纤维蛋白覆盖密封在缝线上，产生良好的密闭条件，术后肠内容物泄漏发生率较小。由于小肠肠腔较细，缝合时要防止肠腔狭窄。马的小肠缝合可以使用内翻缝合，但是要避免较多组织内翻引起肠腔狭窄。小动物（犬、猫）的小肠缝合使用单层对接缝合，常用压挤缝合法。

③大肠的缝合：大肠内容物是固态，细菌含量多。大肠缝合并发症是内容物泄漏和感染。内翻缝合是唯一安全的方法。第一层采用全层或连续水平褥式内翻缝合，第二层采用浆肌层间断垂直褥式内翻缝合。内翻缝合部位血管受到压迫，血流阻断，术后第3d黏膜水肿、坏死，第5d内翻组织脱落。黏膜下层、肌层和浆膜保持接合强度。术后14d左右瘢痕形成，炎症反应消失。

④子宫的缝合：如果因为子宫扭转实行剖腹取胎术，怀疑子宫血管有血栓形成，应该做子宫活力试验。子宫活力试验是静脉注射催产素，观察子宫是否出现收缩。如果整个子宫出现收缩，证明子宫活力正常，如果局部不出现收缩，证明局部出现血栓，丧失活力，需作子宫摘除术。

因为马的子宫内膜很松散地附着在肌层上，大的内膜下静脉不能自然止血。因此，需要在子宫缝合前对子宫切口边缘用肠线作全层连续压迫缝合。

子宫缝合，首先在子宫切口一端作一针浆膜肌层内翻缝合，浆膜面作斜行刺口，使第一个线结埋置在内翻的组织内，然后用库兴氏缝合，但缝针穿至黏膜下层，不穿透子宫内膜。而连续缝合的最后一个结也要求埋置在组织内，不使其暴露在子宫浆膜表面。

聚乙醇酸缝线，具有一定张力强度，有特定的吸收速率，不易受蛋白水解酶或感染影响，操作方便。但不宜暴露到膀胱和尿道内。铬制肠线也常用于胃肠道手术，但是不能暴露到胃肠道内，否则易受到胃酶、肠酶的作用很快丧失张力强度。丝线常用于空腔器官缝合，操作方便，打结确实，但易发生感染。丝线用于膀胱和胆囊缝合时，不要暴露到膀胱和胆囊内，以防诱发结石形成。

9. 实质器官缝合

实质器官包括肝、肾、脾等组织。脾组织非常脆弱，如果脾损伤时，不能缝合，只有实行脾摘除术。肝脏的缝合分为两种情况：浅表裂创，创面无活动性出血，可用 1 ~0 号可吸收缝线作结节缝合修补，每针相距 1 ~1.5cm。较深裂创，可作褥式缝合。肝组织小范围缺损，可在创面填塞带蒂大网膜后，再以 1 ~0 号可吸收缝线作创口两侧贯穿缝合，缝线先穿过大网膜，后穿过肝实质。肝组织完全断裂，创面有活动性出血，应该先结扎出血点，将血管从创面钝性分离，结扎。然后以 1 ~0 号可吸收缝线平行创缘作一排褥式缝合，再在上述褥式缝合外方，以 1 ~0 号可吸收缝线作两侧贯穿缝合，使创口对合（图 1 –40）。

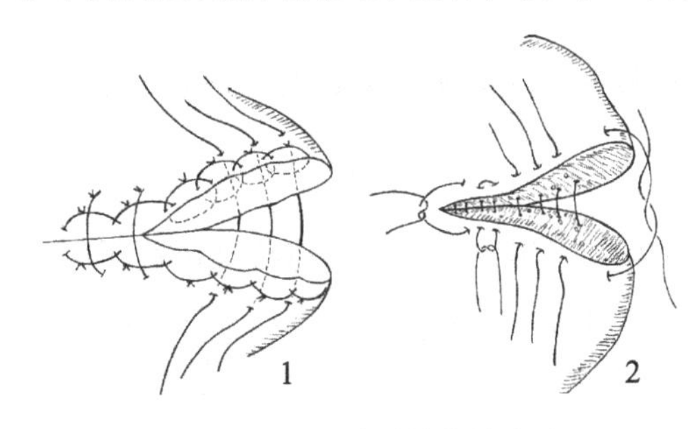

图 1 –40　肝破裂的修补方法

1. 水平褥式交叉间断缝合两侧断面，间断缝合闭合创口　2. 间断或纽扣缝合闭合创口

肾脏缝合，肾组织切开后，对小的出血点，压迫止血即可，然后用手指将两瓣切开肾组织紧密对合，轻轻压迫，由纤维蛋白胶接起来，不需要作肾组织褥式缝合，只需要连续缝合肾被膜。外伤引起的肾破裂，多需进行肾摘除手术。

血管缝合常见的并发症是出血和血栓形成。操作要轻巧、细致，血管伤口的边缘必须外翻，让内膜接触，外膜不得进入血管腔（图 1 –41）。缝合处不宜有张力，血管不能有扭转。缝合处要有软组织覆盖。

骨缝合是应用不锈钢丝或其他金属丝进行全环扎术和半环扎术。

1. 全环扎术

全环扎术是应用不锈钢丝紧密缠绕 360°，固定骨折断端。全环扎术适用于斜骨折斜面长度大于骨直径两倍以上，不适用短斜面的斜骨折。骨折断片能充分整复。例如股骨、肱

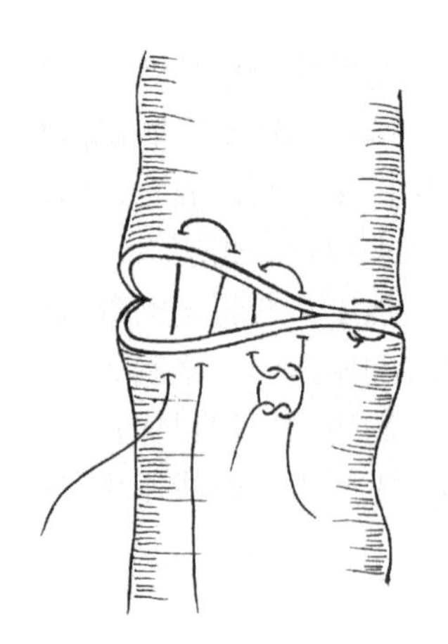

图1－41　外翻缝合法

骨、胫骨等。在骨皮质上作成缺口可防止滑脱。配合骨髓针内固定，效果更好。一个金属丝不能同时固定邻近的两个骨，例如桡骨和尺骨。全环扎术必须同时由两个金属丝固定，间距不少于1cm，距骨折断端不少于5mm。

2. 半环扎术

金属丝通过每个骨断片上钻成的小孔，将骨折端连接、固定，称为半环扎术。金属丝从皮质穿入骨髓腔，由对侧骨折断片皮质穿出，然后两个金属丝末端拧紧。这种方法容易出现骨断片旋转。配合螺钉固定，可以避免骨断片旋转。

五、拆线方法

用碘酊消毒创口、缝线及创口周围皮肤后，将线结用镊子轻轻提起，剪刀插入线结下，紧贴针眼将线剪断，然后拉出缝线（图1－42）。拉线方向应向拆线的一侧，动作要轻巧，如强行向对侧硬拉，则可能将伤口拉开。然后，再次用碘酊消毒创口及周围皮肤。

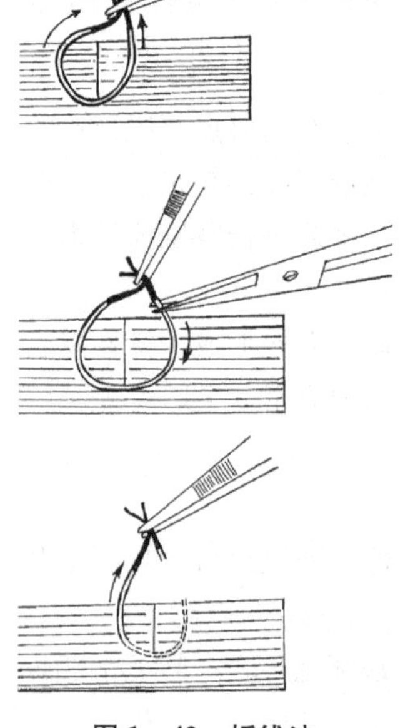

图1－42　拆线法

六、引流的应用

创伤缝合时，引流管插入创内深部，创口缝合，引流管的外部一端缝到皮肤上。在创内深处一端，由缝线固定。引流管不要由原来切口处引出，而在其下方单独切一辅助小口引出引流管。引流管要每天清洗。引流管在创内时间放置越长，引起感染的机会越多，如果认为引流管已经失去引流作用，应尽快取出。

注意事项：

①放置引流的位置要正确，一般脓腔和体腔内引流出口尽可能放在低位。不要直接压迫血管、神经和脏器，防止发生出血、麻痹或瘘管等并发症。手术切口内引流应放在创腔的最低位。体腔内引流最好不要经过手术切口引出体外，以免发生刀口感染。应在其手术切口一侧另造一小创口引出。切口的大小要与引流管的粗细相适宜。

②引流管要妥善固定，不论深部或浅部引流，都需要在体外固定，防止滑脱、落入体腔或创伤内。

③保持引流管畅通，不要压迫、扭曲引流管。防止引流管被血凝块、坏死组织堵塞。

④放置引流后要每天检查和记录引流情况，引流取出的时间，除根据不同引流适应症外，主要根据引流流出液体的数量来决定。引流液体减少时，应及时取出引流物。

【检查】

一、工作过程检查

根据“实施”步骤，验证并分析理论与实际工作的偏差。实施过程验证见表 1－8 所示。

表 1－8　实施过程验证

实际工作中的要求	实际工作程序
理论与实际工作的偏差分析	

二、职业能力测试和职业资格测试

根据上述学习情况进行职业能力测试和职业资格测试，以检查你的学习掌握程度。

职业能力测试

1. 阴囊疝、脐疝及腹壁疝手术时最适宜的切开法为（　　）。

A. 紧张切开法　　B. 皱襞切开法　　C. 反挑法

2. 脾脏破裂发生出血，应采用（　　）止血法。

A. 缝合止血法　　B. 钳夹止血法　　C. 压迫止血

3. 拆线一般在术后（　　）天进行。

A. 5～6d　　B. 7～9d　　C. 10d 以上

4. 肌肉的分离可选择下列何种方法（　　）。

A. 钝性分离法　　B. 锐性分离法　　C. 钝性或锐性分离法

5. 对于直肠脱出或子宫脱出，你认为最佳的缝合方法是（　　）。

A. 荷包式缝合　　B. 内翻式缝合　　C. 库兴氏缝合

（　　）1. 二次手术时，应该尽量在瘢痕上切开，以减少手术切口。

（　　）2. 对皮肤进行缝合时，应用羊肠线作结节式缝合。

（　　）3. 对胃壁进行缝合时，可用三棱缝针作内翻式或连续性缝合。

1. 徒手进行打结。

2. 对动物进行开腹术。

职业资格测试

1. 组织切开的原则有哪几点？

2. 手术中常用的止血方法有哪些？

3. 缝合的原则有哪些？

熟练完成开腹术过程中的组织分离、止血及缝合。

【评价】

本学习任务评价主要由学院教师、企业技师、学生自评和小组互评共同完成，评价成绩均采用100分制，成绩评价表见表1－9所示，该成绩记入学生成长记录。

表1－9　成绩评价表

序号	能力维度	分值	学院教师	企业技师	学生自评	小组互评	得分
1	专业能力	30					
2	方法能力	40					
3	社会能力	30					
	合计						

任务四　包扎技术

【学习任务】

能正确选择适宜的包扎材料和包扎方法进行包扎。熟练完成术部及全身各部的包扎。

【与其他学习任务的关系】

要想做好包扎技术，必须熟练掌握动物解剖、动物组织生理等相关知识。

【资讯】

一、包扎的概念

包扎是利用敷料、卷轴绷带、复绷带、夹板绷带、支架绷带及自凝绷带等材料包扎止血，保护创面，防止自我损伤，吸收创液，限制活动等。

1. 干绷带法

又称干敷法。是临床上最常用的包扎法。凡敷料不与其下层组织粘连的均可用此法包扎。本法可减轻局部肿胀，吸收创液，保持创缘对合，提供干净的环境，促进愈合。

2. 湿敷法

对于严重感染、脓汁多和组织水肿的创伤，可用湿敷法。此法有助于除去创内湿性组织坏死，降低分泌物黏性，促进引流等。根据局部炎症的性质，可采用冷敷、热敷包扎。

3. 硬绷带法

指夹板、石膏绷带、玻璃纤维绷带等。这类绷带可限制局部器官的活动，减轻疼痛，降低创伤应激，缓解缝线张力，防止创口裂开和术后肿胀等。根据绷带使用的目的，分为多种类型。例如；阻断或减轻出血及制止淋巴液渗出，预防水肿和创面肉芽过剩为目的局部加压绷带，称为压迫绷带；为防止微生物侵入伤口和避免外界刺激而使用的绷带，称为创伤绷带；当骨折或脱臼时，为固定肢体或躯体某部，以减少或制止肌肉和关节不必要的活动而使用的绷带，称为制动绷带等。

1. 敷料

常用敷料有纱布、海绵纱布及棉花、胶带等。

①纱布：纱布要求质软、吸水性强、透气性好、多选用医用的脱脂纱布。根据需要剪叠成不同大小的纱布块。其纱布块四边要光滑，没有脱落棉纱，并用双层纱布包好，高压蒸汽灭菌后备用。用以覆盖创口、止血、填充创腔和吸液等。

②海绵纱布：是一种多孔皱褶的纺织品（一般是棉制的）。质地柔软，吸水性比纱布好，其用法同纱布。

③棉花：选用脱脂棉花。棉花不能直接与创面接触，应先放纱布块，棉花则放在纱布外侧。棉花或用成品棉花绷带也是四肢骨折外固定的内衬垫敷料。使用前应高压消毒灭菌。

2. 绷带

多由纱布、棉布等制作成圆筒状。根据绷带的临床用途及其制作材料的不同，还有其他绷带，如复绷带、夹板绷带、石膏绷带、玻璃纤维绷带等。

二、卷轴绷带

卷轴绷带通常称为绷带或卷轴带，是将布料剪成狭长的带条，用卷绷带机或手卷成。

按其制作材料，卷轴带种类可分纱布绷带、棉布绷带、弹力绷带和胶带等数种。

1. 纱布绷带

有多种规格。长度一般4～6m，宽度有3cm、5cm、7cm、10cm和15cm等。纱布绷带质地柔软，压力均匀，价格便宜，但在使用时易起皱、滑脱。

2. 棉布绷带

用本色棉布按上述规格制作。因其原料厚，坚固耐洗，施加压力不变形或不断裂，常用以固定夹板、肢体等。

3. 弹力绷带

是一种弹性网状织品，质地柔软，包扎后有伸缩力，不与皮肤、被毛粘连。常用于烧伤、关节损伤等。

4. 胶带

目前多数胶带是多孔的，能让空气进入其下层纱布、创面，免除导致创口潮湿。在局部剪剃被毛、盖上敷料后，用胶布条粘贴在敷料及皮肤上将其固定。也可在使用纱布或棉布绷带后，再用胶带缠绕固定。

三、结系绷带

又称缝合包扎，是用缝线代替胶带固定敷料的一种保护手术创口或减轻伤口张力的绷带。

四、夹板绷带

夹板绷带是借助于夹板保持患部安静，避免加重损伤、移位和使伤部进一步复杂化的制动绷带，可分为临时夹板绷带和预制夹板绷带两种。前者通常用于骨折、关节脱位时的紧急救治，后者可作为较长时期的制动。

临时夹板绷带可用胶合板、普通薄木板、竹板、树枝等作为夹板材料，小动物亦选用压舌板、硬纸壳、竹筷子作为夹板材料。预制夹板绷带用金属丝、薄金属板、木料、塑料板等制成适合四肢解剖形状的各种夹板。另外，在小动物，厚层棉花和绷带的包扎也起夹板作用。无论临时夹板绷带还是预制夹板绷带，皆由衬垫的内层、夹板和各种不同的固定材料构成。

五、硬化绷带

石膏绷带是在淀粉液浆制过的大网眼纱布上加上煅制石膏粉制成的，这种绷带用温水浸后质地柔软，可塑制成任何形状敷于伤肢，一般十几分钟后开始硬化，干燥后成为坚固的石膏夹。根据这一特性，石膏绷带应用于整复后的骨折、关节脱位的外固定或矫形等。

热熔可塑性塑料绷带，是将塑料浸满在网孔的纺织物上。玻璃纤维绷带，为一种树脂黏合材料。绷带浸泡冷水中10～15s就起化学反应，随后在室温条件下几分钟则开始热化和硬固。玻璃纤维绷带主要用于四肢的圆筒铸型，也可以用作夹板。具有重量轻、硬度强、多孔及防水等特性。

【决策】

按照完成此项任务的工作要求，针对不同畜种以及手术目的，设计常见部位包扎方法见表 1－10 所示。

表 1－10　不同部位包扎方法的选择

包扎部位	卷轴绷带	结系绷带	夹板绷带	硬质绷带
四肢				
头部				
尾部				
胸腹部				
蹄部				

【计划】

根据实践案例的描述，以及养殖户的要求，编制完成任务的计划如下。

1. 计划动物

马、牛、羊、猪、犬、猫。

2. 计划器材

卷轴绷带、夹板、硬化绷带、脱脂棉及其辅料。

【实施】

一、基本包扎法

卷轴带多用于动物四肢游离部、尾部、头角部、胸部和腹部等部位的包扎。包扎时，一般以左手持绷带的开端，右手持绷带卷，以绷带的背面紧贴肢体表面，由左向右缠绕。当第一圈缠好之后，将绷带的游离端反转盖在第一圈绷带上，再缠第二圈压住第一圈绷带。然后根据需要进行不同形式的包扎法缠绕。无论用何种包扎法，均应以环形开始并以环形终止。卷轴绷带的基本包扎有如下几种（图 1－43）。

1. 环形包扎法

用于其他形式包扎的起始和结尾，以及用于系部、掌部、跖部等较小创口的包扎。方法是在患部把卷轴带呈环形缠数周，每周盖住前一周，最后将绷带末端剪开打结或以胶布加以固定。

2. 螺旋形包扎法

以螺旋形由下向上缠绕，后一周遮盖前一圈的 1/3～1/2、用于掌部、跖部及尾部等部位的包扎。

3. 折转包扎法

又称螺旋回返包扎。用于上粗下细、粗细不一致的部位，如前臂部和小腿部。方法是由下向上做螺旋形包扎，每一圈均应向下回折，逐圈遮盖前一圈的 1/3～1/2。

4. 蛇形包扎

又称蔓延包扎。斜行向上延伸，各圈互不遮盖，用于固定外固定的衬垫材料。

5. 交叉包扎法

又称“8”字形包扎。用于腕、跗、球关节等部位，方便关节屈曲。包扎腕关节是在关节下方做一环形带，然后在关节前面斜向关节上方，在此处做一周环形带后再斜行经过关节前面至关节下方。如上操作至患部完全被包扎后，最后以环形带结束。

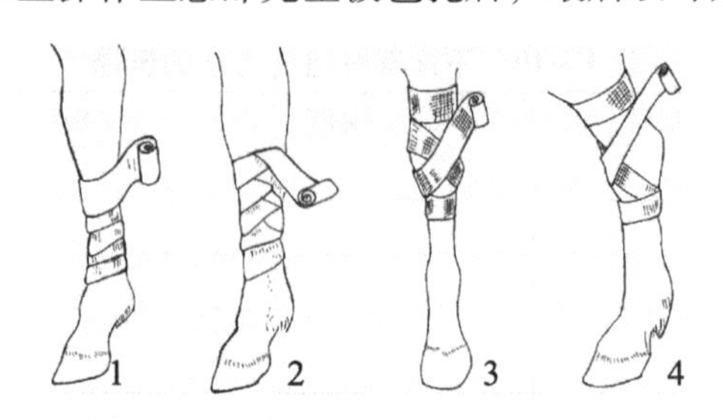

图 1－43　绷带包扎法

1. 螺旋带　2. 折转带　3. 腕关节交叉带　4. 跗关节交叉带

二、各部位包扎法

1. 蹄包扎法

方法是将绷带的起始部留出约 20cm 作为缠绕的支点，在系部做环形包扎数圈后，绷带由一侧斜经蹄前壁向下，折过蹄尖经过蹄底至踵壁时与游离部分扭缠，以反方向由另一侧斜经蹄前壁做经过蹄底的缠绕，同样操作至整个蹄底被包扎，最后与游离部打结，固定于系部（图 1－44）。为防止绷带被沾污，可在外部加上帆布套。

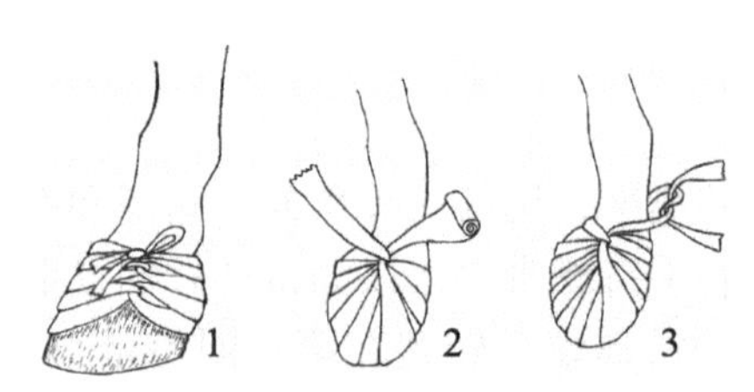

图 1－44　蹄与蹄冠包扎法

1. 包扎蹄冠部　2、3. 包扎蹄底部

2. 蹄冠包扎法

包扎蹄冠时，将绷带两个游离端分别卷起，并以两头之间背部覆盖于患部，包扎蹄冠，使两头在患部对侧相遇，彼此扭缠，以反方向继续包扎。每次相遇均行相互扭缠，直至蹄冠完全被包扎为止，最后打结于蹄冠创伤的对侧。

3. 角包扎法

用于角壳脱落和角折。包扎时先用一块纱布盖在断角上，用环形包扎固定纱布，再用另一角作为支点，做 8 字形缠绕，最后在健康角根处环形包扎打结（图 1－45）。

4. 尾包扎法

用于尾部创伤或用于后躯、肛门、会阴部施术前、后固定尾部。先在尾根做环形包扎，然后将部分尾毛向上转折，在原处再做环形缠绕，包住部分转折的尾毛；部分未被包住的尾毛再向下转折，绷带做螺旋向下缠绕，包住下转的尾毛。继续环形包扎下一个上下

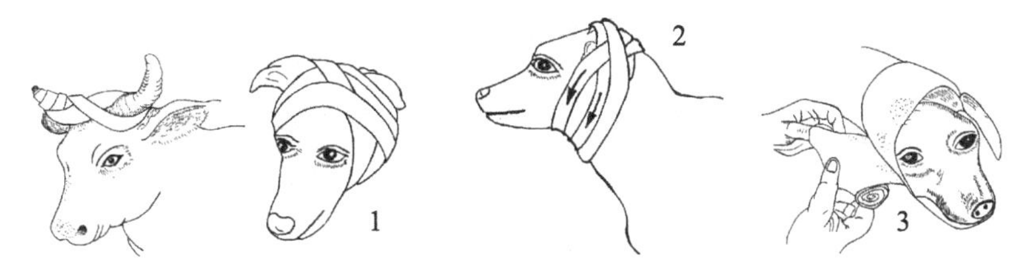

图 1-45　头部包扎法

1、2. 露出一耳包扎法（8 字缠绕法）　3. 垂耳包扎法（背侧折叠法）

转折的尾毛。当绷带螺旋缠绕至尾尖时，将尾毛全部折转做数周环形包扎，绷带末端通过尾毛折转所形成的圈内，抽紧（图 1-46）。

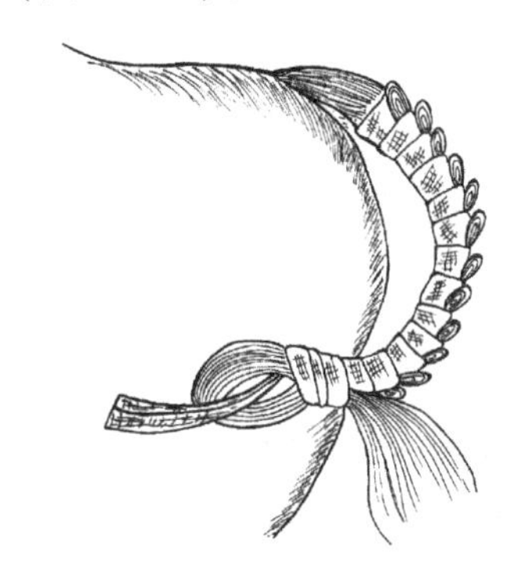

图 1-46　尾包扎法

5. 犬四肢屈曲固定法

用于限制肢体运动或负重（如肩关节、髋关节的制动），利于创伤的愈合（图 1-47，图 1-48）。

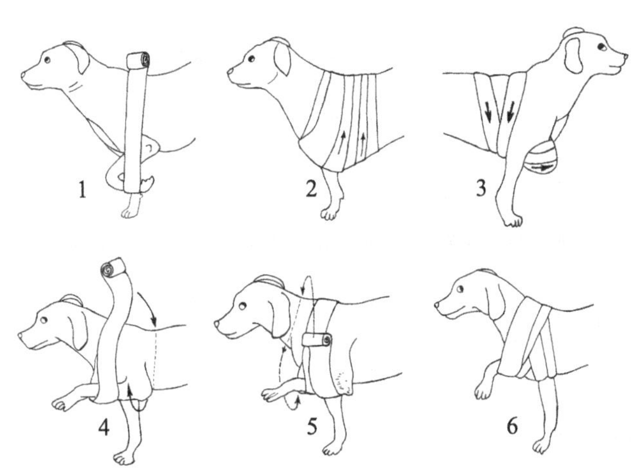

图 1-47　犬前肢的屈曲固定法

1. 前肢屈曲固定　2. 前肢屈曲固定的患侧　3. 前肢屈曲固定的健侧

4. 前肢抬起固定法　5、6. 前肢抬起固定包扎法

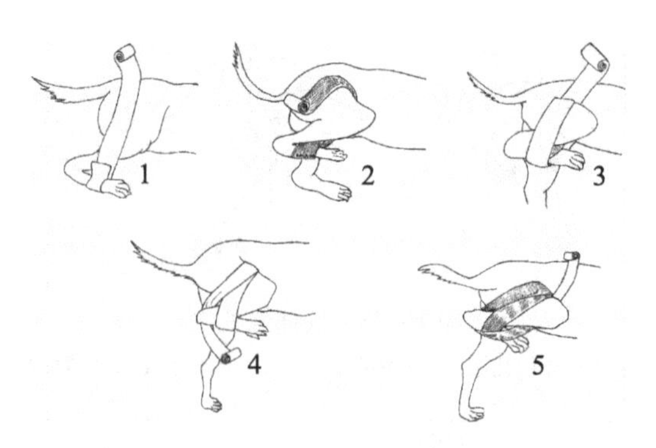

图 1-48　犬后肢的屈曲固定法

三、结系绷带装置方法

结系绷带可装在畜体的任何部位，其方法是缝针穿过皮肤表皮层和纱布，利用游离的线尾将若干层灭菌纱布固定在创口表面上。

四、夹板绷带装置方法

夹板绷带的包扎方法是先将患部皮肤刷净，包上较厚的棉花、纱布棉花垫或毡片等衬垫，并用蛇形螺旋形包扎法加以固定，然后再装置夹板。夹板的宽度视需要而定，长度既应包括骨折部上下两个关节，使上下两个关节同时得到固定，又要短于衬垫材料，避免夹板两端损伤皮肤。最后用绷带或细绳加以捆绑固定（图 1-49）。

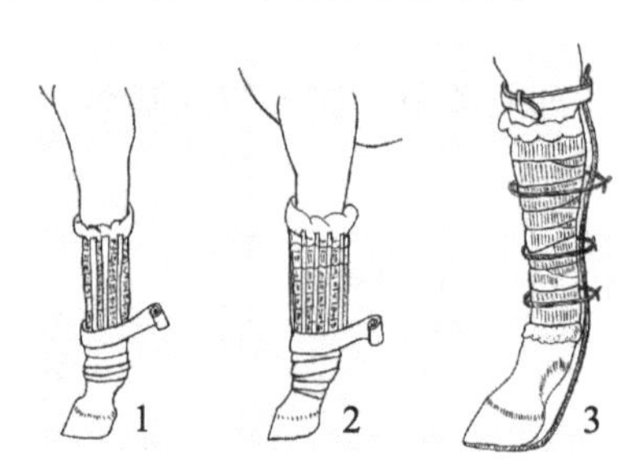

图 1-49　夹板绷带的安装

1 胶合板夹板绷带　2. 木质板夹板绷带　3. 支撑夹板绷带

五、硬化绷带装置方法

1. 石膏绷带的用法

应用石膏绷带治疗骨折时，可分为无衬垫和有衬垫两种。一般认为无衬垫石膏绷带疗效较好。骨折整复后，消除皮肤上泥灰等污物，涂布滑石粉，然后于肢体上、下端各绕一圈薄纱布棉垫，其范围应超出装置石膏绷带的预定范围。根据操作时的速度逐个地将石膏绷带卷轻轻地横放到盛有 30～35℃的温水中，使整个绷带卷被淹没。待不出气泡后，两手握住石膏绷带圈的两端取出，用两手掌轻轻对挤，除去多余水分。从病肢的下端先做环形包扎，后做螺旋包扎向上缠绕，直至预定的部位。每缠一圈绷带，在其表面上均匀地涂抹石膏泥，使绷带紧密结合。骨的突起部，应放置棉花垫加以保护。石膏绷带上下端不能超过衬垫物，并且松紧适宜。根据伤肢重力和肌肉牵引力的不同，可缠绕6~8层（大动物）或2~4层（小动物）。在包扎最后一层时，必须将上、下衬垫向外翻转，包住石膏绷带的边缘，最后表面涂石膏泥，待数分钟后即可成型（图1-50）。马、骡四肢装置石膏绷带应从蹄匣部开始，否则易造成蹄冠褥疮。犬、猫石膏绷带应从第二、第四指（趾）近端开始。

当开放性骨折或伴发创伤的其他四肢疾病时，为了观察和处理创伤，常应用有窗石膏绷带。“开窗”的方法是在创口上覆盖灭菌的纱布块，将大于创口的杯子或其他器皿放于纱布上，杯子固定后，绕过杯子按前法缠绕石膏绷带，在石膏未硬固之前用刀切割做窗，取下杯子即成窗口，窗口边缘用石膏泥涂抹平。若窗孔过大，往往影响绷带的坚固性。为了满足治疗的需要以及不影响绷带的坚固性，可采用桥形石膏绷带。其制作方法是用5~6层卷轴石膏绷带缠绕于创伤的上、下部，作为窗孔的基础，待石膏硬化后于无石膏绷带部分的前后左右各放置一条弓形金属板即“桥”，代替一段石膏绷带的支持作用，金属板的两端放置在患部上下方绷带上，然后再缠绕3~4层卷轴石膏绷带加以固定。

在兽医临床上有时为了加强石膏绷带的硬度和固定作用，可在卷轴石膏绷带缠绕后的第三、第四层（大动物）或第一、第二层（小动物）暂停缠绕，修整平滑并置入夹板材料，使之成为石膏夹板绷带。

2. 包扎石膏绷带时应注意的事项

①将一切物品备齐，然后开始操作，以免临时出现问题，延误时间。由于水的温度直接影响石膏硬化时间（水温降低会延缓硬化过程），应予以注意。

②病畜必须保定确实，必要时可做全身或局部麻醉。

③装置前必须将病肢整复到解剖位置，使其主要力线和肢轴尽量一致。为此，在装置前最好应用X线摄片检查。

④长骨骨折时，为了达到制动目的，一般应固定上下两个关节。

⑤骨折发生后，使用石膏绷带做外固定时，必须尽早进行。若在局部出现肿胀后包扎，则在肿胀消退后，皮肤与绷带间出现空隙，达不到固定作用。此时将其拆除，重新包扎石膏绷带。

⑥缠绕时要松紧适宜，过紧会影响血流循环，过松会失去固定作用。缠绕的基本方法是把石膏绷带“贴上去”，而不是拉紧“缠上去”。

⑦未硬化的石膏绷带不要指压，以免向下凹陷压迫组织，影响血液循环，发生溃疡、坏死。

⑧石膏绷带敷缠完毕后，为了使石膏绷带表面光滑美观，有时用干石膏粉少许加水调成糊，涂在表面，使之光滑整齐。石膏夹两端的边缘，应修理光滑并将石膏绷带两端的衬垫翻到外面，以免摩擦皮肤。

3. 石膏绷带的拆除

石膏绷带拆除的时间，应根据不同的病畜和病理过程而定。一般大动物为6~8周，

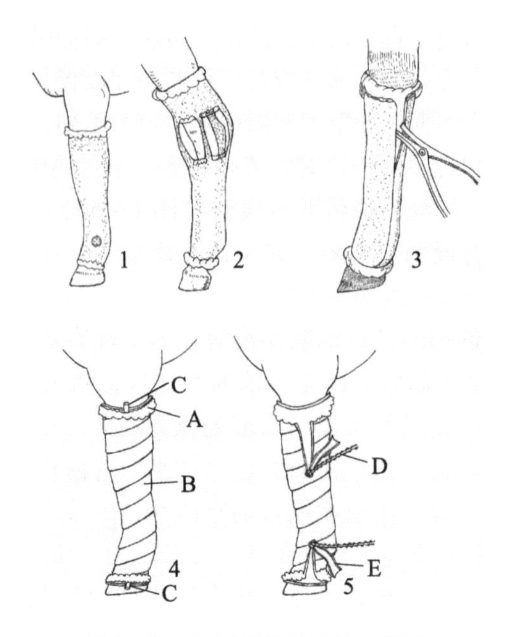

图 1－50　石膏绷带的安装与拆除

1. 开窗石膏绷带　2. 桥型石膏绷带　3. 石膏绷带拆除法　4. 玻璃纤维绷带
5. 玻璃纤维绷带或石膏绷带线锯拆除法　A. 棉衬料　B. 纤维绷带
C. 引锯胶管的上下口　D. 线锯　E. 被锯开的胶管

小动物 3～4 周。但遇下列情况，应提前拆除或拆开另行处理。①石膏夹内有大出血或严重感染。②病畜出现原因不明的高热。③包扎过紧，肢体受压，影响血流循环。病畜表现不安，食欲减少，末梢部肿胀，蹄（指）部变凉。④肢体萎缩，石膏夹过大或严重损坏失去作用。

拆除石膏绷带时用专门工具，包括锯、刀、剪、石膏分开器等。拆除的方法是：先用热醋、双氧水或饱和食盐水在石膏夹表面划好拆除线，使之软化，然后沿拆除线用石膏刀切开或石膏锯锯开，或者石膏剪逐层剪开。为了减少拆除时可能发生的组织损伤，拆除线应选择在较平整和软组织较多处。可用石膏剪沿石膏绷带近端外侧缘纵行剪开，然后用石膏分开器将其分开。石膏剪向前推进时，剪的两臂应与肢体的长轴平行，以免损伤皮肤（图 1－50）。

①热熔可塑性塑料绷带装置时，将其放在水中加热至 71～77℃，则变得很软，并可产生黏性。然后置室温冷却，几分钟后就可硬化。可用作小动物的硬化夹板。

②玻璃纤维绷带安装方法是：在皮肤伤口上敷上包扎绷带，整个塑模区域的皮肤表面敷上衬垫或棉垫，特别是关节或隆突部位，以免发生褥疮。在安装绷带区域的两侧纵向放置带内导线的输液器管，以备拆除绷带时用于引导线锯。术者戴乳胶手套，打开绷带包装袋，将绷带卷浸入 21～23℃水中，轻轻挤压 3～4 次，取出绷带卷，在 30～60s 内完成绷带安装。待拆除绷带时，用输液器管内的内导线引导线锯，锯开硬化的玻璃纤维绷带（图 1－50）。

【检查】

一、工作过程检查

根据“实施”步骤，验证并分析理论与实际工作的偏差。实施过程验证见表 1－11 所示。

表 1－11　实施过程验证

实际工作中的要求	实际工作程序
理论与实际工作的偏差分析	

二、职业能力测试和职业资格测试

根据上述学习情况进行职业能力测试和职业资格测试，以检查你的学习掌握程度。

职业能力测试

1. 如何使用卷轴绷带？
2. 如何装置石膏绷带？

职业资格测试

1. 常见的包扎技术有哪些？
2. 蛇形包扎和螺旋包扎区别在哪里？

1. 对做完立耳术的犬装置耳绷带。
2. 对前臂骨骨折的犬，如何进行包扎？

【评价】

本学习任务评价主要由学院教师、企业技师、学生自评和小组互评共同完成，评价成绩均采用 100 分制，成绩评价表见表 1－12 所示，该成绩记入学生成长记录。

表 1－12　成绩评价表

序号	能力维度	分值	学院教师	企业技师	学生自评	小组互评	得分
1	专业能力	30					
2	方法能力	40					
3	社会能力	30					
	合计						

任务五　手术组织与手术计划的制订

【学习任务】

能正确组织手术，拟订手术计划，会进行手术记录。

【与其他学习任务的关系】

熟练掌握各项手术所包含的各个环节，对动物解剖、动物生理、动物药理、动物临床诊断等相关专业技能要能灵活应用。

【资讯】

一、手术计划的制订

手术计划的制订是术前的必备工作，根据全身检查的结果，订出手术实施方案。手术计划是外科医生判断力的综合体现，也是检查判断力的依据。在手术进行中，有计划和有秩序的工作，可以减少手术中失误，即使出现某些意外，也能设法应付，不致出现忙乱，造成遗误，对初学者尤为重要。但遇到紧急情况，不可能有时间拟订完整的计划。在这种情况下，如果能争取由术者召集有关人员进行简短而必要的交换意见，作出手术分工，对于顺利进行手术也是很有帮助的。

二、手术工作的组织

外科手术是一项集体活动，手术的完成，是集体智慧和劳动的结果，绝非一个人能完成的。为了手术的顺利进行，要求参加手术的成员，术前要有良好的分工。充分理解手术计划，既要明确分工，又要互相配合。以便于在手术期间各尽其职，有条不紊地工作。术者和手术人员在手术时要了解每个人的职责，切实做好准备工作。

三、手术记录

完整的手术记录是总结手术经验，提高手术的技术水平，为临床、教学及科研的重要资料。因此术者在或助手在手术过程中或手术后要详细填写手术记录。

手术记录的主要内容包括：病畜登记、病史、病症摘要及诊断，手术名称、日期、保定及麻醉的方法；手术部位、术式、手术用药的种类及数量；患畜病灶的病理变化与手术前的诊断是否相符合；术后病畜的症状、饲养、护理及治疗措施等。

【决策】

按照完成此项任务的工作要求，针对不同畜种以及手术目的，设计常见手术计划如下表1－13所示。

表 1－13　手术记录

手术号　　　　　　　　　　　　　　　　　　　　　　　　　　手术日期：　　年　　月

畜主姓名		住　址				电　话	
畜　别		性　别		年　龄		体　重	
初诊日期				术前诊断			
病史摘要							
术前检查							
手术名称			手术时间	时　分～　时　分		术后诊断	
手术者		助　手					
保定方法：							
麻醉方法及效果：							
手术方法：							
术后处理：							
医　嘱：							

兽医师：

【计划】

根据实践案例的描述以及养殖户的要求，编制完成任务的计划如下。

①根据手术需要制订手术计划。

②组织手术实施，做好手术记录，术后及时总结得失。

【实施】

一、手术计划内容

手术计划可根据每个人的习惯制订，不强求一律，但一般应包括如下内容。

①手术人员的分工。

②手术保定方法和麻醉种类的选择（包括麻前给药）。

③手术通路及手术进程。

④术前应作的事项，如术前给药、禁食、导尿、胃肠减压等。

⑤手术方法及术中应注意事项。

⑥可能发生的手术并发症、预防和急救措施，如虚脱、休克、窒息、大出血等。

⑦手术所需器材和特殊药品的准备。

⑧术后护理、治疗和饲养管理。

手术人员都要参与手术计划的制订，明确手术中各自责任，以保证手术的顺利进行。手术结束后管理器械的助手要清点器械。全体手术人员都要认真总结手术的经验教训，以提高手术水平及治愈率。

二、手术分工

常见的外科手术，一般可作如下分工。

1. 术者

是手术治疗的组织者。负责术前对患病动物的确诊，提出手术方案并组织有关人员讨论决定，确定分工及术前准备工作。术者应将手术计划详告畜主，取得畜主同意和支持。术者是手术的主要主持者，对手术应承担主要责任。术后负责撰写手术病历、制订术后治疗和护理方案。

2. 手术助手

按手术大小和种类又分为第一、第二、第三助手。第一助手主要协助术者进行术前准备、手术操作和术后处理的各项工作。术者在术中因故不能完成手术时，第一助手须负责将手术完成。第二、第三助手主要协助显露术部，参加止血、传递更换器械与敷料以及剪线等工作。在术者的指导下做一些切开、结扎、缝合等基本技术操作。

3. 麻醉助手

要全面掌握患病动物的体质状况，对手术和不同麻醉方法的耐受性，作出较客观的估计，使麻醉既可靠又安全。手术过程中，密切监护患病动物全身状况，定时记录体温、脉搏、呼吸、血压等指数。患病动物全身情况发生突然变化，应及时报告术者，并负责采取抢救措施。术中输液、输血等工作，也由麻醉助手负责。

4. 保定助手

负责患病动物的保定。根据手术计划和术者的要求，对患病动物采取合理的体位姿势进行保定或解除保定。必要时，可要求畜主协助进行。作好手术场所的消毒工作。术后协助清点器械、敷料。

5. 器械助手

为手术准备器械，术中及时给术者传递器械者。具体要求如下。

①器械助手要有高度的责任心，严格执行无菌操作，并应熟悉各种手术步骤。根据手术进行情况，随时准备好即将需用的器械，操作要迅速敏捷。

②器械助手应比其他手术人员提前半小时洗手。铺好器械台，并将手术器械分类放在台面灭菌布上。常用器械置于近身处，拿取方便。与巡回助手共同核点纱布、纱布垫与缝针数量。手术开始前，将局部麻醉药吸入注射器内，药液量备足待用。手术中止血结扎用的针线宜先穿好数针，这样术中可节省时间。手术巾、巾钳随时准备好待用。

③传递器械时须将柄端递给术者。暂时不用的器械切忌留置在畜体身上或手术台上，应迅速取回归还原处。

④切皮后，应立即将用过的手术刀与拭过皮肤的小纱布收回，另放置冷水盆内，更换手术刀及纱布作肌层分离。腹膜或胸膜切开后，用温盐水纱布或纱布垫保护内脏。血液沾污的器械，及时用生理盐水洗净或用灭菌纱布擦拭干净待用。

⑤注意保护缝针及缝线，勿使受污染或脱落。剪断的缝线残端不要留在器械或手术巾上，以免误入伤口内。

⑥手术台面要保持整齐、清洁。在缝合手术前，应与巡回助手仔细清点纱布、纱布垫和缝

针数目，以防遗留在伤口内。手术结束后，将器械、手术巾与纱布泡在冷水内，以便清洗。

6. 巡回助手

①准备及检查手术前后各种需要的药品及医疗设备。如无影灯、配电盘、电动手术台、电动吸引器等，以免在使用时发生故障。

②准备洗手与泡手药液，检查酒精棉、碘酒棉等。

③协助麻醉助手静脉给药，测量各种临床检查数据，协助输液。

④负责参加手术人员的衣服穿着，主动供应器械助手一切急需物品，注意施术人员情况，夏天应特别注意擦汗。

⑤除特殊情况外，不得离开手术室。随时注意室内整洁，调节灯光。

⑥熟悉各种药械放置地方，术中一旦急需特殊药械，应迅速供应。术中负责补充各种灭菌器械与敷料。

上述的分工，对不同的手术不是相同的，要根据手术的大小和繁简、患病动物的种类、疾病的程度等决定。原则是既不浪费人力，又要有利于手术的进行。如小的手术只要术者 1 人即可完成，一般的手术 2 ~3 人，只有在做大手术时才需要配套齐全的手术人员。

【检查】

一、工作过程检查

根据“实施”步骤，验证并分析理论与实际工作的偏差。实施过程验证见表 1 – 14 所示。

表 1 – 14　实施过程验证

实际工作中的要求	实际工作程序
理论与实际工作的偏差分析	

二、职业能力测试和职业资格测试

根据上述学习情况进行职业能力测试和职业资格测试，以检查你的学习掌握程度。

职业能力测试

1. 手术计划包含哪些内容?
2. 麻醉助手在手术过程中应该完成哪些内容?

职业资格测试

1. 为什么要制订手术计划?
2. 手术记录的主要内容有哪些?

一头瘤胃积食的牛，经诊断后，需进行瘤胃切开术，请制订手术计划。

【评价】

本学习任务评价主要由学院教师、企业技师、学生自评和小组互评共同完成，评价成绩均采用100分制，成绩评价表见表1－15所示，该成绩记入学生成长记录。

表1－15　成绩评价表

序号	能力维度	分值	学院教师	企业技师	学生自评	小组互评	得分
1	专业能力	30					
2	方法能力	40					
3	社会能力	30					
	合计						

项目二　动物饲养管理中的外科保健技术

【学习目标】

熟悉动物饲养管理中的外科保健技术手术过程，掌握阉割技术、犬悬指（趾）截除及断尾技术、猫截爪技术、犬声带切除技术、眼睑矫形技术、修蹄技术、犬立耳及耳矫形技术等。

任务一　阉割技术

【学习任务】

阉割术是摘除或破坏雄性动物的睾丸、雌性动物的卵巢使其丧失繁殖机能的手术。雄性动物的阉割术又称为去势术。

【与其他学习任务的关系】

阉割术是常用的家畜外科保健技术之一。

【资讯】

一、适应症

阉割术是常用的家畜外科保健手术之一。阉割的目的如下：使性情恶劣的公畜变得温顺，易于管理和使役；淘汰不良畜种；提高肉用家畜的皮毛质量和肉质，加速肥育。另外，当公畜发生睾丸炎、睾丸肿瘤、睾丸创伤、鞘膜积水等疾病，用其他方法治疗无效时。有时作为某些疾病的辅助治疗措施，如前列腺肥大、尿道造口、会阴疝、阴茎坏死、阴囊疝、子宫积脓、感染、生殖道肿瘤、乳腺肿瘤和增生症，糖尿病或因难产而伴发子宫坏死等。

二、解剖特点

阴囊包括阴囊颈、阴囊体和阴囊底，阴囊壁由皮肤、肉膜、睾外提肌和鞘膜组成，囊内含有睾丸、附睾和精索（图2－1）。阴囊表面正中线为阴囊缝际，将阴囊分成左右两半。肉膜位于皮肤内面，有少量弹性纤维、平滑肌构成；肉膜沿阴囊缝际形成一隔膜，称为阴囊中隔；肉膜与阴囊皮肤牢固地结合，当肉膜收缩时，阴囊皮肤起皱褶。肉膜下筋膜在阴囊底部的纤维与鞘膜密接，构成阴囊韧带（胎儿期睾丸引带的遗迹）。睾外提肌位于总鞘膜外，是一条宽的横纹肌，向下则逐渐变薄。

鞘膜由总鞘膜和固有鞘膜组成。总鞘膜是由腹横筋膜与紧贴于其内的腹膜壁层延伸至阴囊内形成，呈灰白色坚韧有弹性，在阴囊壁的内面；在内环处总鞘膜与腹膜壁层相连。在腹股沟管的后壁，总鞘膜反转包被精索，形成与肠系膜相似的皱褶，称为睾丸系膜或固有鞘膜，固有鞘膜包被在精索、睾丸和附睾上；在整个精索及附睾尾的后缘固有鞘膜与总鞘膜折转来的腹膜褶相连，在附睾后缘鞘膜的加厚部分称为附睾尾韧带（阴囊韧带）。露睾去势时需剪开附睾尾韧带、撕开睾丸系膜，睾丸才不会缩回。

总鞘膜与固有鞘膜之间形成鞘膜腔，在阴囊颈部和腹股沟管内形成鞘膜管；鞘膜腔经鞘膜管的鞘环与腹腔相通，鞘膜管内有精索通过。

睾丸呈椭圆形或长椭圆形，附睾体紧贴在睾丸上，附睾尾部分游离并移行为输精管，经附睾韧带与睾丸相连。精索为一索状组织，呈扁平的圆锥形，由血管、神经、输精管、淋巴管和睾内提肌等组成；精索分为两部分，一部分含有弯曲的精索内动脉、精索内静脉及其蔓状丛、由不太发达的平滑肌组成的睾内提肌、精索神经丛和淋巴管；另一部分为由浆膜形成的输精管褶，褶内有输精管通过。

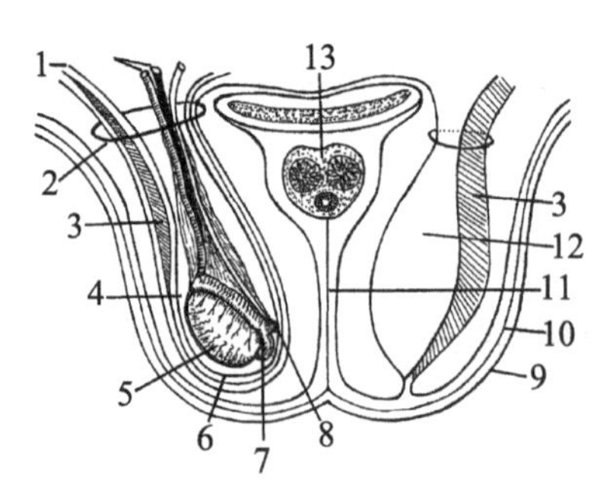

图2－1　睾丸与阴囊的解剖结构模式图

1. 腹膜　2. 腹股沟管　3. 提睾肌　4. 鞘膜腔　5. 睾丸　6. 总鞘膜　7. 附睾韧带　8. 阴囊韧带　9. 皮肤　10. 肉膜　11. 阴囊中隔　12. 鞘膜囊　13. 阴茎

各种母家畜的卵巢、子宫形态及位置不一，现就猪、猫的卵巢、子宫局部解剖叙述如下。

1. 猪的卵巢与子宫

（1）卵巢

左右卵巢分别位于骨盆腔入口顶部两旁，其位置因年龄大小不同而有差异。生后2～4个月龄小猪的卵巢呈卵圆形或肾形，小豆大，表面光滑，位于第一荐椎岬部两旁稍后方、腰小肌腱附近，或骨盆腔入口两侧的上部。5～6个月龄的母猪，卵巢表面有高低不平的小卵泡，形似桑葚，卵巢位置也稍下垂前移，在第六腰椎前缘或髋结节前端的断面上。卵巢游离地连于卵巢系膜上。在性成熟以后，卵巢系膜加长，致使卵巢位置又稍向前向下移动，卵巢在髋结前方约4cm的横断面附近。

（2）输卵管

为位于卵巢和子宫角之间的一条粉红色细管，前端为一膨大的漏斗，称输卵管漏斗。漏斗的边缘为不规则的皱褶，称为输卵管伞。输卵管系膜发达，卵巢囊很大，将卵巢包在其内。

（3）子宫

包括子宫角、子宫体和子宫颈3部分，位于骨盆腔入口两侧，游离地连于子宫阔韧带上。两侧子宫角汇合的粗、短部分，称为子宫体。2～4月龄，子宫角类似熟的宽面条状或雏鸡小肠状。在接近性成熟期，子宫角增粗，经产母猪的子宫角如人的拇指粗。在进行阉割时，应注意与小肠、膀胱圆韧带的鉴别。

2. 犬、猫的卵巢、子宫

（1）卵巢

卵巢位于第三或第四腰椎下方，同侧肾的后方，呈细长形或桑葚样。右侧卵巢位于降十二指肠背侧，左侧卵巢位于降结肠背侧和脾外侧；两侧的卵巢外侧毗邻侧腹壁，头侧毗邻肾；右侧在前，左侧在后。怀孕后卵巢可向后、向腹下部移动。

犬的卵巢完全由卵巢囊覆盖，而猫的卵巢仅部分被卵巢囊覆盖。卵巢的子宫端，通过卵巢固有韧带附着于子宫角；卵巢的附着缘与卵巢系膜相连，系膜内包括卵巢悬韧带、脉管、神经、脂肪和结缔组织。卵巢悬韧带从卵巢和输卵管系膜的腹侧向前向背侧行走，抵止最后两个肋骨的中1/3和下1/3的交界处；通过悬韧带卵巢附着于最后两根肋骨内侧的筋膜上。固有韧带是悬韧带的向后延续。

（2）子宫

犬和猫的子宫很细小，甚至经产的母犬、母猫子宫也较细。子宫体短，子宫角细长。子宫角背面与降结肠、腰肌和腹横筋膜、输尿管相邻，腹面与膀胱、网膜和小肠相邻。在非怀孕的犬、猫，子宫几乎是向前伸直的。怀孕后子宫变粗，怀孕1个月后，子宫位于腹腔底部，子宫角中部变弯曲向前下方沉降，抵达肋弓的内侧。

阔韧带是把卵巢、输卵管和子宫附着于腰下外侧壁的脏层腹膜褶（图2－2）。阔韧带悬吊除阴道后部之外的所有内生殖器官，可区分为相连续的3部分，即子宫系膜，来自骨盆腔外侧壁和腰下部腹腔外侧壁，至阴道前半部、子宫颈、子宫体和子宫角等器官的外侧部；卵巢系膜为阔韧带的前部，自腰下部腹腔外侧壁，至卵巢和卵巢韧带；输卵管系膜附着于卵巢系膜，并与卵巢系膜一起组成卵巢囊。

卵巢动脉起自肾动脉至髂外动脉之间的中点，大小、位置和弯曲的程度随子宫的发育情况而定。在接近卵巢系膜处分为两支或多支，分布于卵巢、卵巢囊、输卵管和子宫角；其近段与输尿管并行，结扎血管时易将输尿管结扎；至子宫角的一支，在子宫系膜内与子宫动脉吻合。左卵巢静脉回流入左肾静脉，右卵巢静脉回流入后腔静脉。子宫动脉起自阴部内动脉，在子宫阔韧带一侧与子宫体、子宫角并行，分布于子宫颈、子宫体，向前延伸与卵巢动脉的子宫支吻合；子宫静脉向后回流入髂内静脉。

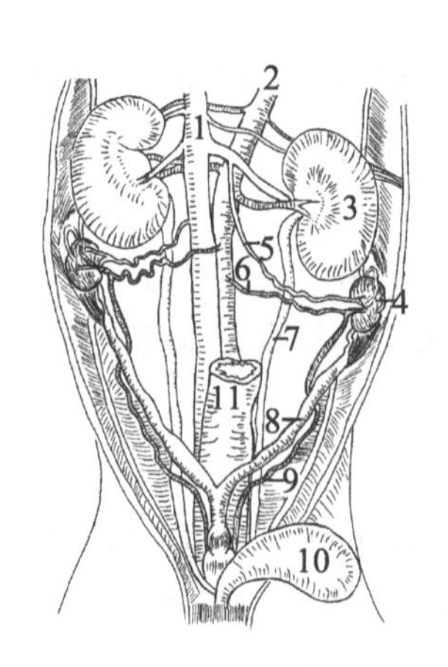

图 2－2　子宫卵巢的解剖示意图

1. 后腔静脉　2. 腹主动脉　3. 左肾　4. 左卵巢　5. 左卵巢静脉　6. 左卵巢动脉
7. 左输尿管　8. 左子宫角　9. 左子宫动脉与静脉　10. 膀胱　11. 直肠

【决策】

按照完成此项任务的工作要求，针对不同畜种以及手术目的，设计常见家畜阉割方案见表 2－1 所示。

表 2－1　常见家畜阉割方案

<table>
<tr><th>动物</th><th>手术方法</th><th>适应症</th><th>动物</th><th>手术方法</th><th>适应症</th></tr>
<tr><td rowspan="2">公马</td><td>露睾去势术</td><td>精索较细的幼龄马</td><td rowspan="2">公牛（公羊）</td><td>开放式露睾去势法</td><td>加快育肥或淘汰种畜</td></tr>
<tr><td>被睾去势术</td><td>精索较细的马</td><td>无血去势钳去势术</td><td>加快育肥或淘汰种畜</td></tr>
<tr><td rowspan="4">猪</td><td>小公猪去势术</td><td>适用于 1～2 月龄、体重 5～10kg 的小公猪</td><td rowspan="2">犬</td><td>公犬去势术</td><td>生殖器官疾病的治疗</td></tr>
<tr><td>大公猪去势术</td><td>不受年龄限制</td><td>母犬卵巢、子宫切除术</td><td>绝育和治疗子宫积脓、感染、生殖道肿瘤、乳腺肿瘤和增生症等</td></tr>
<tr><td>小挑花（卵巢子宫切除术）</td><td>适用于 1～3 月龄、体重 5～15kg 的小母猪。</td><td rowspan="2">猫</td><td>公猫去势术</td><td>生殖器官疾病的治疗</td></tr>
<tr><td>大挑花（单纯卵巢摘除术）</td><td>适用于 3 月龄以上、体重在 17kg 以上的母猪</td><td>母猫卵巢、子宫切除术</td><td>绝育和治疗子宫积脓、感染、生殖道肿瘤、乳腺肿瘤和增生症等</td></tr>
</table>

【计划】

根据实践案例的描述以及养殖户的要求，编制完成任务的计划如下。

1. 计划动物

马、牛、羊、猪、犬、猫。

2. 计划器材

阉割刀及常规手术器械。

【实施】

一、公马去势术

阴囊壁局部浸润麻醉与精索内神经传导麻醉。对性情凶猛的马可进行全身麻醉。左侧卧保定，把左后肢、两前肢分别固定，右后肢向前方转位以充分显露会阴部。

在阴囊缝际两侧的阴囊壁上，平行阴囊缝际各作一个切口。

根据去势时是否切开总鞘膜，可分为露睾去势术和被睾去势术。

1. 露睾去势术

术者左手握住阴囊颈部，使阴囊皮肤紧张，两睾丸与阴囊缝际平行排列，然后用灭菌绷带在阴囊颈部结扎固定。在阴囊缝际两侧1.5～2.0cm处平行缝际切开阴囊壁，暴露睾丸。切口长度以睾丸能自由露出为宜。若睾丸与鞘膜粘连，应仔细分离粘连部。然后，先处理上方（右侧）的睾丸，再处理下方（左侧）的睾丸。

显露附睾尾，用手术剪紧贴附睾尾剪断附睾尾韧带（图2－3）。用手向上分离撕开睾丸系膜，睾丸即下垂。向外牵引睾丸，以充分显露精索。在睾丸上方6～8cm处的精索上，用弯圆针系7号丝线进行单纯贯穿结扎。结扎时先用止血钳夹闭精索组织，然后在钳夹处做结扎。在第一个结扎线的下方1.5～2.0cm处再做第二个结扎。距结扎线1.5～2.0cm剪断精索，在确定精索断端不出血时用碘酊消毒断端，将精索送回鞘膜管内。用同样的方法，摘除对侧的睾丸。一般不缝合皮肤切口。

或者充分显露精索后，先用固定钳在睾丸上方6～8cm处的精索上垂直地钳住精索。助手确实固定精索后在距固定钳下方2～4cm处装好捻转钳，慢慢地从左向右捻转精索，直至完全捻断为止，但不可强行拉断。断端用碘酊消毒，缓慢地除去固定钳，观察有无出血。用同样的方法捻断另一侧精索，除去睾丸。该法适合于精索较细的幼龄马。

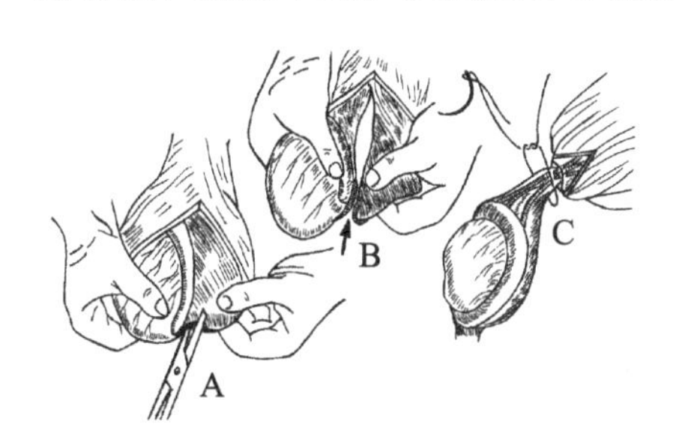

图2－3　公马去势术

A. 剪断附睾尾韧带　B. 分离睾丸系膜　C. 贯穿结扎精索动脉和静脉

2. 被睾去势术

当腹股沟管内环过大，露睾去势有发生肠脱出危险时，或者患有阴囊疝的马进行去势时，可采用被睾去势法。该法不切开总鞘膜，用钝性分离的方法将总鞘膜与阴囊壁剥离，在摘除睾丸的同时将总鞘膜一同切除。适用于精索较细的马。

在阴囊底部距阴囊缝际2cm处，与缝际平行分层切开阴囊皮肤和肉膜，分离、显露总鞘膜，并尽量向上剥离，充分显露鞘膜管和精索。先用止血钳夹闭精索组织，然后在钳夹处做结扎。在第一个结扎线的下方1.5~2.0cm处再做第二个结扎。距结扎线2~3cm处剪断总鞘膜和精索，去掉睾丸。在确定精索断端不出血时用碘酊消毒断端，将总鞘膜送回腹股沟管。用同样的方法，摘除对侧的睾丸。一般不缝合皮肤切口。

术后3~4h内，将马拴系在安静场地，注意观察术后出血和腹腔内容物脱出情况；上述两种情况多在术后1~4h内发生。术后3~5d防止马卧地，严禁骑乘运动和接近母马。一周后可适量运动，10d后可转入正常的饲养与使役。

二、公牛、公羊去势术

用静松灵镇静。无血去势钳去势时，采用六柱栏内站立保定，将两后肢确实固定，以防牛后踢。开放式露睾去势时采用侧卧保定。

1. 开放式露睾去势法

用手握住阴囊颈部，将睾丸挤向阴囊底部，在距阴囊缝际两侧1.5~2.0cm处，平行缝际各作一个纵切口，一刀切开阴囊各层，挤出睾丸。用剪刀剪断附睾尾韧带并分离睾丸系膜，然后对精索用结扎法或捻转法处理后除去睾丸（见马的去势术）。一般不缝合皮肤切口。

2. 无血去势钳去势术

所用器械为大家畜无血去势钳（图2-4）。用去势钳夹住阴囊颈部的精索，阻滞睾丸的血液供应，使睾丸逐渐萎缩、吸收而失去性机能。该法操作简单，节省材料，手术安全，可避免开放式去势术的并发症。

术者用手抓住牛阴囊颈部，将睾丸挤到阴囊底部，推挤精索到阴囊颈外侧，用长柄精索固定钳夹在精索内侧皮肤上，以防精索在皮下滑动。将无血去势钳钳嘴张开，夹在长柄精索固定钳固定点上方3~5cm处，确定精索在两钳嘴之间时用力合拢钳柄，即可听到清脆的“咯吧”声，表明精索已被挫灭。钳柄合拢后应停留2~3min，再松开钳嘴，松钳后再于其下方1.5~2.0cm处的精索上做第二次钳夹。另一侧的精索作同样处理，钳夹部皮肤用碘酊消毒。本去势法特别适用于公牛、公羊的去势，也可用于其他家畜的去势。

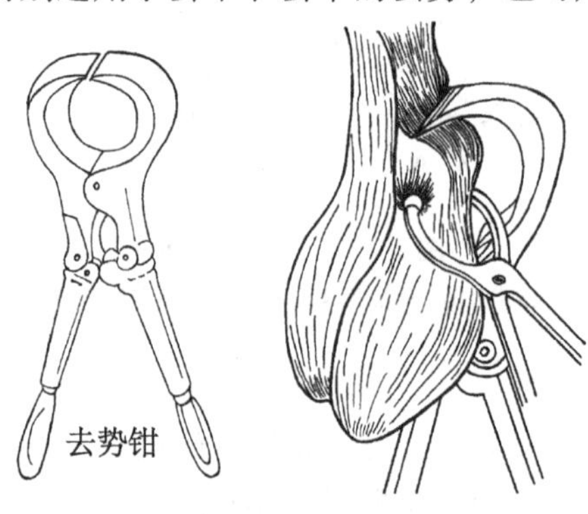

图2-4 公牛无血去势术

三、公猪去势术

左侧卧保定，背朝向术者，术者左脚踩住猪颈部，右脚踩住猪尾根，局部麻醉或不做麻醉。大公猪去势术时做局部浸润与精索内神经传导麻醉，左侧卧保定。

1. 小公猪去势术

用左手腕部按压猪右后肢股后，使该肢向上紧靠腹壁，以充分显露两侧睾丸。用左手中指、食指和拇指捏住阴囊颈部，把睾丸推挤入阴囊底部，使阴囊皮肤紧张，将睾丸固定。术者右手持刀，在阴囊缝际的两侧1～1.5cm处平行缝际切开阴囊皮肤和总鞘膜，显露出睾丸。左手握住睾丸，食指和拇指捏住附睾尾部，剪断附睾尾韧带，向上撕开睾丸系膜并把总鞘膜推向腹壁，充分显露精索。用指甲将精索捋断，去掉睾丸。然后按同样方法去掉另一侧睾丸。切口部碘酊消毒，不缝合阴囊壁切口。

2. 大公猪去势术

在阴囊缝际两侧1～1.5cm处平行阴囊缝际切开阴囊皮肤和总鞘膜，切断附睾尾韧带，撕开睾丸系膜后充分显露精索，用结扎法除去睾丸（图2－5）。一般不缝合皮肤切口。

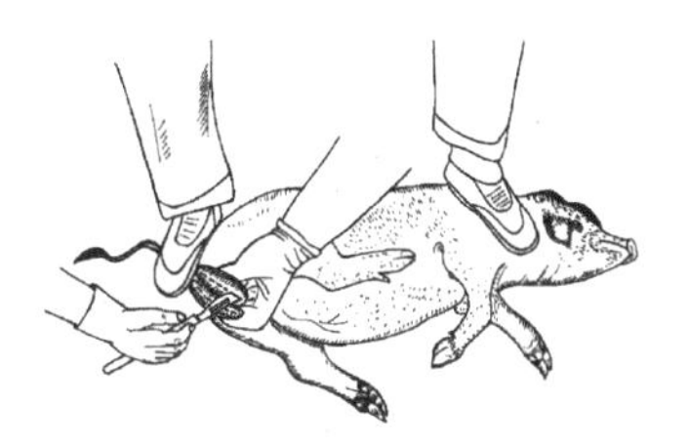

图2－5　公猪去势术

四、犬、猫去势术

全身麻醉。仰卧保定，两后肢向后外方伸展固定，充分暴露会阴部。公猫行左侧或右侧卧保定，两后肢向腹前方伸展，猫尾要反向背部提举固定，充分显露肛门下方的阴囊。

1. 公犬去势术

在阴囊基部前方切开皮肤和皮下组织5～6cm（图2－6）。一手从阴囊后方向前挤压睾丸至切口处，切开总鞘膜，将睾丸从鞘膜切口轻轻挤出。术者左手抓住睾丸，右手用止血钳夹持附睾尾韧带，并将其从附睾后部撕下或剪下，钝性分离睾丸系膜并向腹腔方向推移，充分暴露精索。先用三把止血钳从精索近心端依次钳夹精索。用3－0或4－0可吸收缝线在第一把止血钳（近心侧）旁结扎精索。当第一结扣接近打紧时，松去第一把止血钳并将线结滑至止血钳在精索上的压痕处，迅速打紧此结扣。然后，在第二把止血钳钳夹处再做一结扎。在结扎线与第三把止血钳之间切断精索，用镊子夹住精索残端，剪除结扎线线尾。确认无出血时，松开镊子，将精索还回鞘膜腔。在同一皮肤切口内，用同样的方法，切除另一侧睾丸。常规缝合阴囊和腹壁切口。术后戴伊丽莎白项圈，应用3～5d抗生素。

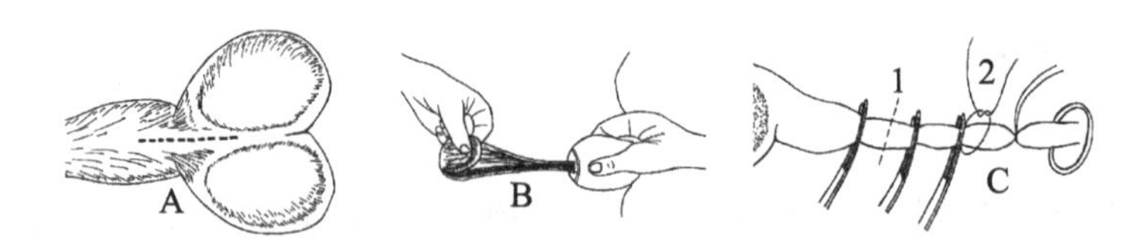

图2－6　公犬去势术

A. 切口位置　B. 显露睾丸，切断附睾尾韧带　C. 双重结扎精索脉管

1. 在两把止血钳之间切断精索　2. 线结打在止血钳压痕处

2. 公猫去势术

将两侧睾丸同时用手推挤到阴囊底部。用手指固定一侧睾丸，使阴囊皮肤紧张。于阴囊缝际作一长3～4cm的皮肤切口，向一侧切开肉膜和总鞘膜，显露睾丸。自同一个皮肤切口切开两侧的阴囊壁。一手抓住睾丸，一手用剪刀剪断附睾尾韧带，分离精索。结扎精索和切除睾丸的方法与公犬去势术类似，也可以用同侧的输精管与精索脉管做自身打双重结。阴囊壁切口常规缝合。也可行阴囊切口开放，但易发生术后感染。

五、猪的卵巢摘除术

猪的卵巢摘除术，常用以下3种方法。

1. 术前准备

术前禁饲8～12h，选择清洁的场地和晴朗的天气进行，用小挑刀进行手术。

2. 麻醉与保定

不做麻醉。术者左手提起小母猪的左后肢，右手抓住猪左膝前皱襞，向术者左脚轻轻摆动猪体，使猪头在术者右侧，尾在术者左侧，背向术者。当猪头右侧着地后，术者右脚立即踩住猪的颈部，脚跟着地，脚尖用力，以限制猪的活动，与此同时，将猪的左后肢向后伸直，肢前面朝上，左脚踩住猪左后肢跖部，使猪的头部、颈部及胸部侧卧，腹部呈仰卧姿势。此时，猪的下颌部、左后肢的膝关节部至蹄部构成一直线，并在膝前出现与体轴近似平行的膝皱襞。术者呈“骑马蹲档式”，使身体重心落在两脚上，小猪则被充分固定。

3. 切口定位

术者以左手中指顶住左侧髋结节，然后以拇指压迫同侧腹壁，向中指顶住的左侧髋结节垂直方向用力下压，使左手拇指所压迫的腹壁与中指所顶住的髋结节尽可能的接近，此时左手拇指指端可摸到荐骨岬隆起部。拇指压迫点稍前方，距左列乳头缘2～3cm处即为术部（图2－7）。

猪营养良好，发育早，子宫角也相应地增长，因而切口也稍偏前；猪营养差，发育慢，子宫角也细小，因而切口可稍偏后；腹腔内容物多时，切口可稍偏向腹侧，空腹时切口可适当偏向背侧。即所谓“肥朝前、瘦朝后、饱朝内、饥朝外”，要根据具体情况灵活掌握。

4. 术式

术部碘酊消毒后，将皮肤稍向术者方向牵引，再用力下压腹壁，下压力量越大，离子宫角越近，则手术越容易成功。术者右手持小挑刀，用拇指和食指控制刀刃的深度，切口与体轴方向平行，用刀垂直切透腹壁各层组织时，可感到刀下阻力突然消失，随之腹水从切口中涌出，停止运刀。在退出小挑刀时，将小挑刀旋转 90°角，以开张切口，子宫角随即自动涌出切口外。

一刀切透腹壁各层组织时，若下刀用力过猛，下刀过深，则易刺破腹腔内脏器及髂内、外动脉和旋髂深动脉及其静脉，为避免此种情况的发生，术者在切开皮肤后，将下压腹壁的左手拇指向上轻轻一提，刀尖再往下按即可切透腹肌和腹膜。切透腹膜后若子宫角不能自动涌出，可将小挑刀柄伸入切口内，使刀柄钩端在腹腔内呈弧形划动，子宫角可随刀柄的划动而涌出切口外。

当部分子宫角涌出切口外后，左手拇指仍用力下压腹壁切口边缘，以免子宫角缩回腹腔内。右手拇指、食指捏住部分子宫角，并用右手的拇指、中指和无名指背部下压腹壁，以替换下压腹壁切口的左手拇指。再用左手拇指、食指捏住子宫角，手指背部下压腹壁，两手交替地导引出两侧子宫角、卵巢和部分子宫体。然后用手指钝性挫断子宫体后，两手抓住两侧子宫角、卵巢，撕断卵巢悬吊韧带，将子宫角、卵巢一同摘除。切口碘酊消毒，不缝合。

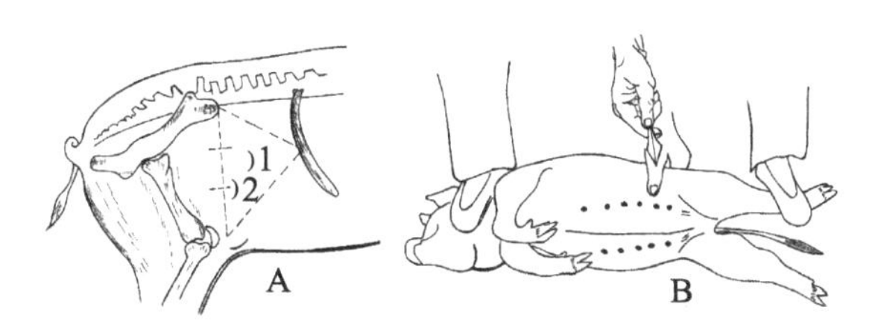

图 2－7 母猪卵巢子宫摘除术

A. 大挑花 B. 小挑花切口 1. 肷部三角区中央切口

2. 髋结节垂线中 1/3 与下 1/3 交界处前方切口

1. 适应症

适用于 3 月龄以上、体重在 17kg 以上的母猪。在发情期最好不进行手术，因发情时卵巢、子宫充血，容易造成出血。

2. 术前准备

手术前禁饲 12h 以上，阉割用具为大挑刀。

3. 麻醉与保定

不麻醉。左侧或右侧卧保定。术者位于猪的背侧，用右脚踩住猪颈部，助手将两肢向后下方伸直。大母猪应做台面保定。

4. 切口定位

较小或瘦弱的猪在肷部三角区中央切开（图 2－7）。猪体较大或膘肥的猪，自髋结节向腹下作垂线，将垂线分成三等分，下 1/3 与中 1/3 交界处稍前方为术部。

5. 术式

术部皮肤作半月形切口，长约 3～4cm。经皮肤切口内伸入左手食指，垂直地一次性钝性刺透腹肌和腹膜，或者用刀柄先刺透一个破孔，然后再用食指扩大腹肌和腹膜切口。

术者左手中指、无名指和小指屈曲下压腹壁，食指经切口伸入腹腔内探查卵巢，卵巢一般在第二腰椎下方骨盆腔入口处的两旁（个别的在骨盆腔内），先探查上方卵巢，当食指端触及到卵巢后，用食指指端置于卵巢与子宫角之间的卵巢固有韧带上。用食指指端将此韧带压迫在腹壁上，将卵巢沿腹壁移动至切口处，右手用大挑刀柄插入切口内，将钩端与左手食指指端相对应，钩取卵巢固有韧带，将卵巢拉出切口外。卵巢一旦引出切口外，术者左手食指迅即伸入切口内，堵住切口以防卵巢回缩腹腔内。左手中指、无名指和小手指屈曲下压腹壁的同时，食指越过直肠下方进入对侧腹腔探查另一个卵巢，同法取出卵巢。两侧卵巢都导引出切口外后，对卵巢悬吊韧带用结扎法或止血钳捻转法除去卵巢。

当用上述方法不能触及对侧卵巢时，可先将引出腹壁切口外的卵巢经结扎后摘除，然后沿子宫角逐步导引出子宫体和对侧的子宫角和卵巢。两侧卵巢都摘除后，术者食指伸入切口内将两侧子宫角进一步向腹腔内还纳，并确信切口内没有肠管、网膜等脏器的情况下，缝合腹壁切口。对腹膜、肌肉、皮肤进行全层连续缝合，个体较大的母猪腹壁切口应先缝合腹膜，再缝合肌肉和皮肤。

倒立或侧卧保定，前低后高。在倒数第 1 ~ 2 对乳头之间腹中线上向前切开。锐性切开皮肤、腹白线和腹膜，切口长 4 ~ 5cm。个体较大的猪应适当向前延长切口。打开腹腔，食指及中指伸入腹腔内探查卵巢。2 ~ 3 月龄的母猪一般在骨盆腔入口处膀胱的侧方找到子宫角，将其拉出切口外并导引出卵巢，有时可直接探查到卵巢将其导引出切口外。将两侧子宫角和卵巢经结扎后一并摘除。连续缝合腹膜和腹白线，间断缝合皮肤。

六、犬、猫的卵巢、子宫切除术

1. 适应症

雌性犬、猫绝育术，在 5 ~ 6 月龄是手术适宜时期；在发情期、怀孕期不宜进行手术。卵巢囊肿与肿瘤、雌激素过剩症、糖尿病、乳腺增生与肿瘤等疾病，药物治疗效果不良者，可作卵巢切除术。另外，还适于治疗卵巢子宫疾病，如子宫蓄脓与子宫炎经药物治疗无效、子宫扭转、子宫脱垂、子宫复旧不全、子宫肿瘤、子宫破裂、伴有子宫壁坏死的难产、阴道增生脱出等病例。卵巢子宫切除术不宜与剖腹产同时进行。

2. 术前准备

术前禁饲 12 ~ 24h，禁水 8 ~ 2h，对犬、猫进行全身检查。对因子宫疾病进行手术的动物，术前应进行相应的治疗。例如，纠正水、电解质代谢紊乱、酸碱平衡失调，治疗内毒素血症等。

3. 保定和麻醉

全身麻醉，仰卧保定。

4. 切口定位

脐后腹中线切口，根据动物体型大小，切口长 8 ~ 10cm。犬在脐后腹部的前 1/3 切开，切口靠脐孔，胸深的动物往往需要切开脐孔；猫在前 1/3 与中 1/3 交界处做切开。但对剖腹产、子宫蓄脓病例，切口需向后延长 2 ~ 4cm，以便于切除子宫体。

5. 术式

沿腹正中线切开皮肤、皮下组织及腹白线与腹膜，显露腹腔。用小创钩将肠管拉向一侧。当膀胱积尿时，可用手指压迫膀胱使其排空，必要时可进行导尿和膀胱穿刺。术者用牵引钩或手指沿左侧腹壁伸至左肾后方2～3处，钩取左侧子宫角，或者在骨盆前口膀胱与结肠之间找到子宫体与子宫角，沿子宫体向前找到一侧子宫角并牵引至创口处，顺子宫角提起输卵管和卵巢，钝性分离或切断卵巢悬韧带，将卵巢提至腹壁切口外。在靠近卵巢血管后方的卵巢系膜或阔韧带上开一小孔，用止血钳穿过小孔夹住卵巢系膜及血管。在止血钳的肾侧引线、结扎。结扎时，在松开止血钳的瞬间拉紧第一个线结并完成打结，使线结打在钳夹压痕处。然后，在线结的卵巢侧0.5～1cm处安置第二把止血钳，重复上述操作，对卵巢系膜及血管做双重结扎。在近卵巢侧安置第三把止血钳并在止血钳与结扎线之间切断卵巢系膜和血管，观察断端有无出血（图2－8）。沿子宫角牵引出对侧卵巢，用同样的方法切断对侧卵巢系膜与脉管。

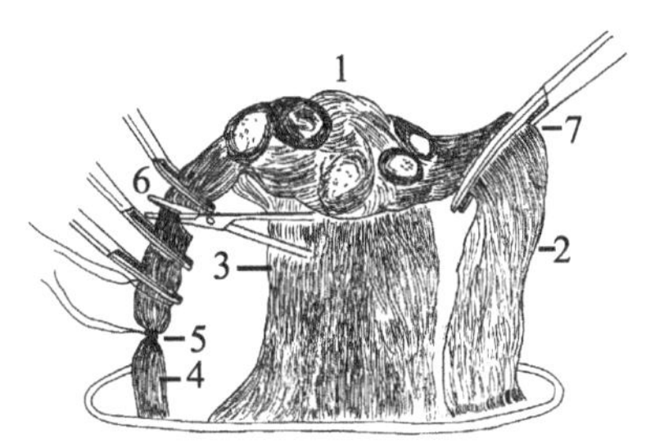

图2－8　犬卵巢切除术

1. 卵巢　2. 卵巢固有韧带与输卵管系膜　3. 卵巢系膜　4. 卵巢悬韧带与脉管　5. 双重结扎卵巢脉管　6. 在两把止血钳之间剪断卵巢脉管　7. 钳夹卵巢固有韧带、输卵管与脉管，并做双重结扎

如果动物发情、妊娠、肥胖，阔韧带内的血管较粗大，应对子宫阔韧带结扎后剪断。牵引子宫体，充分显露子宫颈，双重结扎子宫颈后方的左右子宫动、静脉并切断（图2－9）。然后，在子宫体上先后安置两把止血钳，第一把止血钳夹在尽量靠近子宫颈处，并在该止血钳与子宫颈之间的子宫体上做一贯穿结扎，缝针仅穿透浆膜肌层，线结打在钳痕处。在线结与第二把止血钳之间切断子宫体，除去子宫和卵巢。观察断端有无出血。如果是年幼的犬、猫，可把子宫血管和子宫体一同做双重结扎，不需单独结扎子宫动、静脉。若有子宫蓄脓或子宫炎，应在子宫颈处做钳夹、结扎，或者在阴道的宫颈端横断阴道，将子宫与子宫颈一同切除，阴道断端做内翻缝合。常规缝合腹壁切口。术后对相应的疾病或症状作治疗。

对子宫无异常的母猫，也可单纯摘除卵巢，保留子宫。

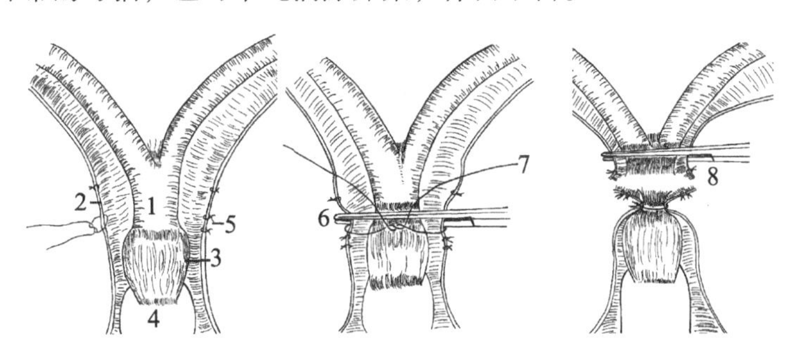

图2－9　犬子宫切除术

1. 子宫体　2. 子宫动脉与静脉　3. 子宫颈　4. 阴道　5. 双重结扎子宫脉管　6. 紧贴子宫颈钳夹子宫体　7. 结扎子宫体　8. 剪断子宫体

【检查】

一、工作过程检查

根据“实施”步骤，验证并分析理论与实际工作的偏差。实施过程验证见表 2－2 所示。

表 2－2　实施过程验证

实际工作中的要求	实际工作程序
理论与实际工作的偏差分析	

二、职业能力和资格测试

根据上述学习情况进行职业能力和资格测试，以检查你的学习掌握程度。

1. 小公猪去势术多将猪（　　），背向术者保定。
A. 左侧横卧　　B. 右侧横卧　　C. 仰卧　　D. 倒提
2. 进行小母猪小挑花时，使猪的下颌部、（　　）至蹄构成一条直线。
A. 左侧肩部　　B. 右侧肩部
C. 左后肢的膝盖骨　　D. 右后肢的膝盖骨
3. 进行小母猪下腹部卵巢摘除术，要使其呈头颈胸部（　　）、腹部仰卧的姿势。
A. 左侧卧　　B. 右侧卧　　C. 仰卧　　D. 俯卧
4. 以左侧髋结节确定小母猪小挑花术部时，术部位置距（　　）。
A. 左侧乳头 2～3cm　　B. 右侧乳头 2～3cm
C. 左侧乳头 2～3mm　　D. 右侧乳头 2～3mm

（　　）1. 当腹股沟管内环过大或患有阴囊疝的马进行去势时，可采用露睾去势法。
（　　）2. 无血去势钳去势术特别适用于公牛、公羊的去势。
（　　）3. 母畜在发情期最好不进行手术。

1. 小公猪的阉割技术。
2. 母犬的阉割技术。

【评价】

本学习任务评价主要由学院教师、企业技师、学生自评和小组互评共同完成，评价成绩均采用 100 分制，成绩评价表见表 2－3 所示，该成绩记入学生成长记录。

表 2－3　成绩评价表

序号	能力维度	分值	学院教师	企业技师	学生自评	小组互评	得分
1	专业能力	30					
2	方法能力	40					
3	社会能力	30					
	合计						

任务二　犬悬指（趾）截除及断尾技术

【学习任务】

犬悬趾截除术是指截除犬第一趾（指）。犬断尾术是指截除犬的部分尾巴。

【与其他学习任务的关系】

悬趾（指）又叫悬爪或副爪，是犬的第一趾（指）。对于狩猎犬，后脚悬趾在复杂地形活动时，极易被撕裂，前脚悬指因腕关节能内收而不易受损，所以临床上常施行后脚的悬趾截除术。对于小型品种犬，悬趾截除术是为了修饰、美观的目的，切除后便于剪毛和修饰。有的犬前、后脚悬指（趾）均需切除。

断尾术主要用于某些品种犬的修饰和美容。另外也用于预防和治疗某些疾病。如有些品种犬的尾向下生长或者螺旋性生长，使尾根皮肤皱褶蓄积皮脂、汗液及粪便，形成脓皮病，对于这类犬常需断尾治疗；另外犬尾部的严重损伤、骨折、皮肤撕脱、肿瘤及麻痹等也需要断尾治疗。

【资讯】

悬趾截除时间一般选择在出生后 3～4d 进行。如果错过了早期切除时间，最好要等到 2 月龄进行切除较为合理。

幼犬断尾可以选择在出生后 7～10d 内进行为好，此时进行手术的好处是出血少，应激反应小。断尾的长度要根据犬的品种不同和宠物主人的喜好而决定。

【决策】

根据工作任务的要求，对手术的决策见表 2－4。

表 2－4　犬悬趾截除及断尾术方案

手术	手术时间
幼年犬悬趾截除术	出生后 3～4d
成年犬悬趾截除术	
幼犬断尾术	出生后 7～10d
成年犬断尾术	

【计划】

根据实践案例以及畜主的要求，编制完成任务的计划如下：

1. 计划动物

犬。

2. 计划器材

常规手术器械。

3. 角色分配

（表2－5）

表2－5　角色分配

序号	学生	角色	主要工作
1	甲	术者	手术组织和实施
2	乙	助手	协助术者完成手术
3	丙	助手	协助术者完成手术

【实施】

一、幼年犬悬趾截除术

手术一般在幼犬生后3～4d进行。术前做好术前准备工作，幼犬一般不需要麻醉，也不需要剃毛，由助手握于手中保定。局部消毒后，用手术剪或手术刀在第一、第二指节骨之间切断，进行压迫止血即可。手术操作简单，皮肤一般不缝合，可以只作简单绷带包扎，外伤由肉芽组织生长而愈合。

二、成年犬悬趾截除术

术部剪毛、剃毛消毒，进行全身麻醉或使用镇静药物并配合局部麻醉。用止血钳夹住悬趾爪部，向外拉开，使其与肢体分离。用手术刀在悬趾基部作一椭圆形皮肤切口，如图2－10中A、B所示，分离皮下组织，暴露第一掌（跖）骨和近端指（趾）节骨。将指（趾）拉起，并分离周围深部组织，直至指（趾）节骨和掌（跖）骨分离。出血的动脉和静脉作结扎止血。结节缝合或连续缝合皮下组织，钮孔状缝合皮肤。

最后，手术局部垫上灭菌敷料，并加保护绷带，包扎患部。术后8～10d拆除缝线。

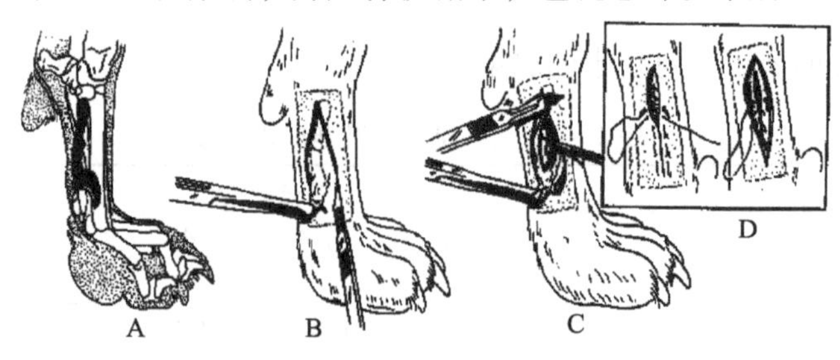

图2－10　犬悬趾截除术

A. 悬趾的位置　B. 皮肤切口　C. 断离跖趾关节　D. 闭合切口

三、幼犬断尾术

幼犬一般不需要麻醉，将幼犬握于手掌内保定。尾部常规消毒后，尾根部放置止血带预防术中出血。在预定断尾部位的前方约0.2cm环形切开皮肤及皮下软组织。然后向尾根部移动皮肤和皮下软组织约0.2cm，用骨剪或手术剪横断尾椎。手松开，皮肤恢复原位。修整皮肤创缘，使之上下对合，包住尾椎断端，应用可吸收缝线进行3～4针结节缝合。最后消毒创口，解除止血带。缝合线在术后会被吸收或被犬舔食掉。断尾后，立即放回母犬处。每日涂擦碘酊。术后保持犬窝清洁，注意观察手术部位，如有感染倾向，及时处理。

四、成年犬断尾术

对犬施行全身麻醉。采取胸卧保定或仰卧保定。会阴部及预断尾部位严格无菌消毒。尾根部扎系止血带。首先确定保留尾根长度，通过触摸在其后方最近的尾椎间隙背、腹侧切开皮肤，保留皮瓣。并将皮瓣反折到预切除尾椎间隙的前方。结扎截断处的尾椎侧方和腹侧的血管，然后用骨剪或手术刀在其间隙处剪断肌肉和尾椎。暂时松开止血带，观察是否有出血现象。彻底止血后，修剪皮瓣，将其对合，使之紧贴尾椎断端。先用可吸收性缝线皮下缝合数针，闭合死腔。然后用丝线结节缝合皮肤创缘。消毒后，解除止血带和包扎尾根。成年犬术后应用抗生素3～5d，保持尾部清洁，8～10d拆除皮肤缝线。

【检查】

一、工作过程检查

根据“实施”步骤，验证并分析理论与实际工作的偏差。实施过程验证见表2－6所示。

表2－6　实施过程验证

实际工作中的要求	实际工作程序
理论与实际工作的偏差分析	

二、职业能力和资格测试

根据上述学习情况进行职业能力和资格测试，以检查你的学习掌握程度。

1. 幼年犬悬趾截除手术一般在幼犬生后（　　）进行。

A. 1～2d　　B. 3～4d

C. 一周左右　　D. 2周左右

2. 幼犬断尾可以选择在出生后（　　）内进行为好。

A. 1～2d　　B. 3～4d

C. 7～10d　　D. 2 周左右

3. 犬的悬指（趾）切断术中，悬指又叫悬爪或副爪，是犬的第（　　）指（趾）。

A. 第一　　B. 第二

C. 第三　　D. 都可以

（　　）1. 幼犬断尾手术一般进行全身麻醉。

（　　）2. 成年犬断尾术对犬施行全身麻醉。

1. 成年犬悬趾截除术操作方法。

2. 幼犬断尾术操作方法。

【评价】

本学习任务评价主要由学院教师、企业技师、学生自评和小组互评共同完成，评价成绩均采用 100 分制，成绩评价表见表 2－7 所示，该成绩记入学生成长记录。

表 2－7　成绩评价表

序号	能力维度	分值	学院教师	企业技师	学生自评	小组互评	得分
1	专业能力	30					
2	方法能力	40					
3	社会能力	30					
	合计						

任务三　猫截爪技术

【学习任务】

猫截爪术是指切除猫第三指（趾）骨和爪壳的一种手术。

【与其他学习任务的关系】

猫截爪术主要在两种情况下进行，一种是猫爪破坏家俱、地毯、衣服或容易抓伤人的皮肤，特别前肢爪尖锐，损伤性大，主人主动请求进行截爪术，通常截除前肢爪，截除后可终生不长。后肢爪一般不需截除，因在行走时后肢爪可与地面牢固接触，以利行走稳定和敏捷。另一种是猫爪出现基部损伤，经保守疗法无效，出于治疗目的施行截爪术。

【资讯】

猫爪是由第三指（趾）骨和一角质层构成。第三指的近端与第二指形成关节，远端为爪突。爪突是一个弯的锥形突，伸入爪甲内。指骨基部突起部叫爪嵴，是一个隆凸形骨，是指伸、屈肌腱、韧带及背侧韧带的止点。背侧韧带是两条弹性组织，因受指深屈肌腱牵制而使爪被动的处于背屈状态，如图 2－11 中 A 所示。爪的生发层在近端爪嵴，含有爪壳生发细胞，是切断爪的部位，只有将生发层全部除去，才能防止爪的再生，否则，爪子还能再度生长，可能在几周或一个月内长出不完全的或畸形的角质。

截爪术一般在 6～12 周龄施行较好，其优点是出血少，术后并发症少，手术相对快捷而简便。

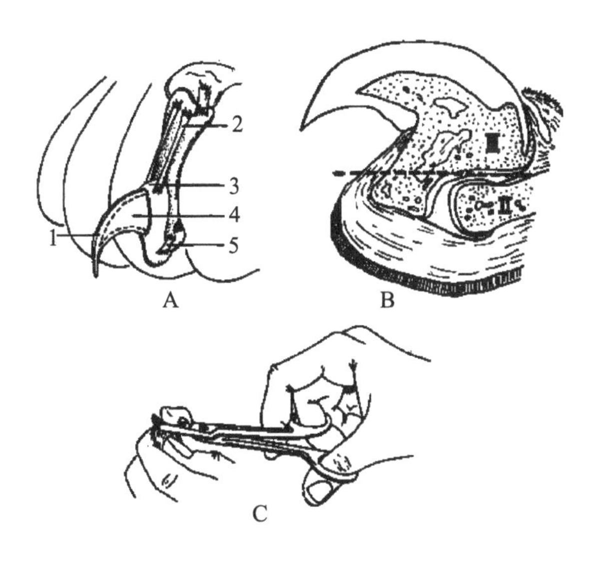

图 2－11　猫截爪术

A. 猫爪解剖　B. 爪切除线　C. 截爪钳截爪

1. 爪壳　2. 背侧弹性韧带　3. 爪嵴　4. 爪突　5. 侧韧带

【决策】

根据工作任务的要求，对手术的决策见表 2－8。

表 2－8　手术的决策

年龄	手术选择
幼年猫	截爪钳截爪术
成年猫	第三指节骨切除术

【计划】

根据实践案例，编制完成任务的计划如下。

1. 计划动物

猫。

2. 计划器材

常规手术器械。

3. 角色分配

（表 2－9）

表 2－9　角色分配

序号	学生	角色	主要工作
1	甲	术者	手术组织和实施
2	乙	助手	协助术者完成手术
3	丙	助手	协助术者完成手术

【实施】

指部清洗干净和消毒。由于爪鞘的基部对疼痛反应极为敏感，对猫进行全身麻醉。采用胸卧保定、侧卧或仰卧保定。并由助手提起该肢，便于术者操作。临床上常用的有截爪钳截爪术和第三指节骨切除术两种手术方法。

一、截爪钳截爪术

适用于幼年猫爪的截除，该手术时间短，操作简单。切除时，应将第三指节骨背侧全部切除，因为此处爪嵴为爪生长的基础。爪嵴如果未完全切除，术后可能再度生长。同时不能损伤指垫，否则会引起局部出血和手术后疼痛。切除线见图 2－11 中 B 所示。术者一手食指向近端摸移爪背面皮肤，拇指向上推压指垫，使爪伸展，充分暴露整个第三指。另一手持截爪钳，套入到预定的截除线部位，在背侧两关节间将第三指剪除，如图 2－11 中 C 所示。其他指爪以同样方法截除。截除后伤口如有出血，应进行止血。彻底止血后，每一指皮肤创缘缝 1～2 针，减少出血和促进疤痕形成。最后在患脚作蹄绷带，保护患部。

二、第三指节骨切除术

适用于成年猫爪的截除，此法切除彻底，不易出现再次生长，出血少，但手术操作比第一种方法稍困难。手术前作术部常规处理。术者一手持止血钳夹住爪部，用力向枕部曲转，使关节背侧皮肤处于紧张状态。另一手持手术刀，在爪嵴与第二指骨间隙环行切开皮肤，切断背侧韧带，暴露关节面。然后再沿第三指关节面向前向下运刀，将深部的软组织一次性分离，直至第三指节骨断离为止。这样既可避开指垫，又可避免过度损伤。第三指节骨切除后，对出血部位进行结扎止血，皮肤作 1～2 针缝合，绑上绷带。

术后 24h 可拆除绷带，但应该限制外出活动，舍内地面保持干净，以免创口污染。一周后可以自由活动，一般不需特别护理。

【检查】

一、工作过程检查

根据“实施”步骤，验证并分析理论与实际工作的偏差。实施过程验证见表 2－10 所示。

表 2-10 实施过程验证

实际工作中的要求	实际工作程序
理论与实际工作的偏差分析	

二、职业能力和资格测试

根据上述学习情况进行职业能力和资格测试，以检查你的学习掌握程度。

1. 猫截爪术中应该截断第（　　）节指趾骨。
A. 第一节　　B. 第二节　　C. 第三节　　D. 都可以

（　　）1. 截爪钳截爪术适用于幼年猫爪的截除，该手术时间短，操作简单。
（　　）2. 第三指节骨切除术适用于成年猫爪的截除，此法切除彻底，不易出现再次生长。

1. 截爪钳截爪术操作方法。
2. 第三指节骨切除术操作方法。

【评价】

本学习任务评价主要由学院教师、企业技师、学生自评和小组互评共同完成，评价成绩均采用 100 分制，成绩评价表见表 2-11 所示，该成绩记入学生成长记录。

表 2-11 成绩评价表

序号	能力维度	分值	学院教师	企业技师	学生自评	小组互评	得分
1	专业能力	30					
2	方法能力	40					
3	社会能力	30					
	合计						

任务四 犬声带切除技术

【学习任务】

手术切除犬的声带。

【与其他学习任务的关系】

因犬的叫声影响周围住户的休息，可通过手术减小或消除犬吠声。

【资讯】

声带由声带韧带和声带肌组成，两侧声带之间称声门裂。声带上端始于勺状软骨的最下部（声带突/楔状突），下端止于甲状软骨腹内侧面中部，并在此与对侧声带相遇。喉室黏膜有黏液腺，分泌的黏液润滑声带。

【决策】

根据工作任务的要求，对手术的决策见表 2 – 12。

表 2 – 12　手术的决策

动物	手术选择
犬	经喉室声带切除术
犬	经口腔声带切除术

【计划】

根据实践案例，编制完成任务的计划如下。

1. 计划动物

犬。

2. 计划器材

常规手术器械。

3. 角色分配

（表 2 – 13）

表 2 – 13　角色分配

序号	学生	角色	主要工作
1	甲	术者	手术组织和实施
2	乙	助手	协助术者完成手术
3	丙	助手	协助术者完成手术

【实施】

一、麻醉与保定

全麻配合局部浸润麻醉；仰卧保定，头颈伸直。

二、切口定位

在舌骨、喉及气管处腹正中线，切开皮肤及皮下组织。

三、术式

经腹侧喉室声带切除术。

在舌骨、喉及气管处的腹正中线，切开皮肤及皮下组织，分离两侧胸骨舌骨肌，暴露气管、环甲软骨韧带和甲状软骨（图2－12）。在环甲韧带中线纵向切开，向前延伸至1/2甲状软骨。牵张创缘，显露喉室和声带。左手持有齿镊子夹住声带基部，向外牵拉，右手持弯手术剪将其剪除。以同样方法剪除另一侧声带。经钳夹或电灼及肾上腺素充分止血后，清除血凝块及血液。用可吸收缝线结节缝合甲状软骨和环甲韧带，所有缝线不穿透喉黏膜。常规闭合皮肤和皮下组织的切口。让动物尽早苏醒。苏醒期间，头颈部的位置放低。也可经口腔做声带切除术，但切除常不彻底（图2－13）。

术后用抗生素5～7d，强的松龙10～14d（每天2mg/kg），第2d减少为每天1mg/kg。

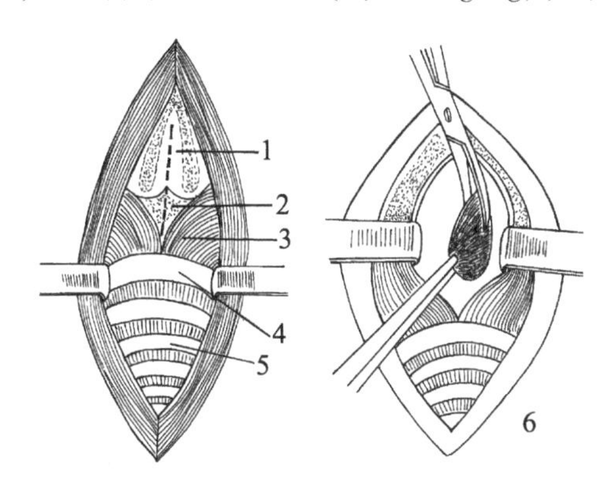

图2－12　经喉室声带切除术

1. 甲状软骨，虚线为切开线　2. 环甲韧带　3. 环甲状肌　4. 环状软骨　5. 气管环　6. 钳夹声带，用弯剪剪除声带

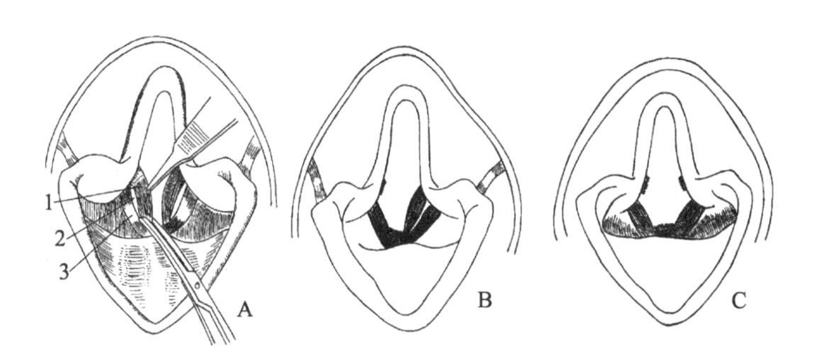

图2－13　经口腔声带切除术

A. 打开口腔，钳夹一侧声带　B. 切除一侧声带　C. 切除两侧声带　1. 声带　2. 喉侧室　3. 室褶

【检查】

一、工作过程检查

根据“实施”步骤，验证并分析理论与实际工作的偏差。实施过程验证见表2－14

所示。

表 2－14　实施过程验证

实际工作中的要求	实际工作程序
理论与实际工作的偏差分析	

二、职业能力和资格测试

根据上述学习情况进行职业能力和资格测试，以检查你的学习掌握程度。

(　　) 1. 犬消声术有口腔内喉室声带切除术和腹侧喉室声带切除术两种。
(　　) 2. 经腹侧喉室切除术主要适用于短期消声。

经腹侧喉室声带切除术操作方法。

【评价】

本学习任务评价主要由学院教师、企业技师、学生自评和小组互评共同完成，评价成绩均采用 100 分制，成绩评价表见表 2－15 所示，该成绩记入学生成长记录。

表 2－15　成绩评价表

序号	能力维度	分值	学院教师	企业技师	学生自评	小组互评	得分
1	专业能力	30					
2	方法能力	40					
3	社会能力	30					
	合计						

任务五　眼睑矫形技术

【学习任务】

通过手术将内翻或外翻的眼睑进行矫正。

【与其他学习任务的关系】

眼睑内翻是指眼睑缘向眼球方向内卷（图 2－14），多发生于面部皮肤有皱褶的犬。内翻的睫毛引起角膜、结膜的炎症，分先天性、痉挛性和后天性三种类型。后天性的多见于睑结膜，睑板瘢痕性收缩所致。结膜炎、眼睑部创伤等可导致眼睑痉挛性收缩，发生痉挛性眼睑内翻。

眼睑外翻是眼睑缘离开眼球向外翻转的异常状态（图 2－16）。多发生于犬，引起结膜、角膜的干燥、发炎。本病主要见于拿破仑犬、圣伯纳犬、马士提夫犬、寻血猎犬、美国考卡犬、纽芬兰犬、巴萨特猎犬等。

眼睑内翻或外翻都需要进行眼睑矫形手术。

【资讯】

眼睑从外科角度分前后两层，前面为皮肤、皮下组织和眼轮匝肌，后面为睑板和睑结膜。犬仅上眼睑有睫毛，而猫没有真正意义的睫毛。眼轮匝肌为环形平滑肌，起闭合睫裂的作用。睑板为眼轮匝肌后面的致密纤维样组织，有支撑眼睑和维持眼睑外形的作用。睑结膜紧贴于眼睑内面，在远离睑缘侧翻折覆盖于巩膜前，称为球结膜。

【决策】

根据工作任务的要求，对手术的决策见表 2－16。

表 2－16　手术决策

动物	手术选择
眼睑内翻犬	犬眼睑内翻矫正术
眼睑外翻犬	犬眼睑外翻矫正术

【计划】

根据实践案例，编制完成任务的计划如下。

1. 计划动物

犬。

2. 计划器材

常规手术器械。

3. 角色分配

（表 2－17）

表 2－17　角色分配

序号	学生	角色	主要工作
1	甲	术者	手术组织和实施
2	乙	助手	协助术者完成手术
3	丙	助手	协助术者完成手术

【实施】

一、犬眼睑内翻矫正术

全身麻醉配合术部局部浸润麻醉；侧卧保定，患眼在上。

本手术对接近成年或成年动物的效果较好。在距下眼睑缘2～4mm处用镊子提起皮肤，用1～2把止血钳钳夹皮肤，钳夹的多少以刚好达到矫正为度。用力钳夹30s后松开止血钳，用镊子提起皱起的皮肤，再用手术剪沿皮肤皱褶基部将其剪除。切除皮肤后形成半月形创口。用细丝线作结节缝合（图2－14，图2－15）。

术后数天内因创部炎症肿胀，眼睑似乎出现矫正过度现象，随着肿胀消退，眼睑将逐渐恢复正常。术后使用抗生素眼药水或眼药膏点眼，每天3～4次，以治疗因眼睑内翻引起的结膜炎或角膜炎。同时还需防止动物搔抓，戴伊丽莎白项圈，防损伤。

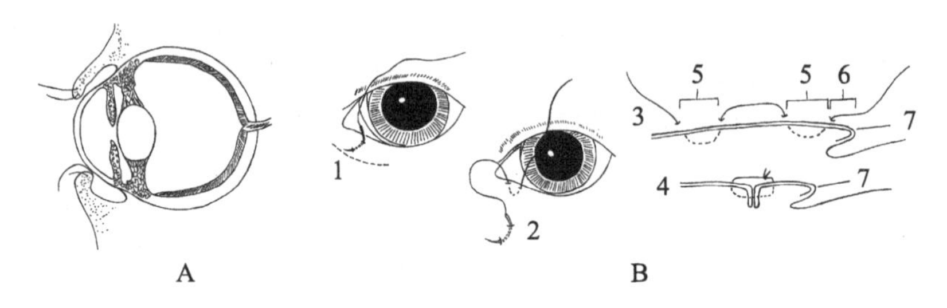

图2－14　轻度眼睑内翻矫正术

A. 下眼睑内翻　B. 缝合方法示意图　1. 皮下穿行5mm　2. 皮下穿行5mm　3. 缝合方法　4. 缝合效果　5. 皮下穿行5mm　6. 距眼睑缘3mm　7. 眼睑缘

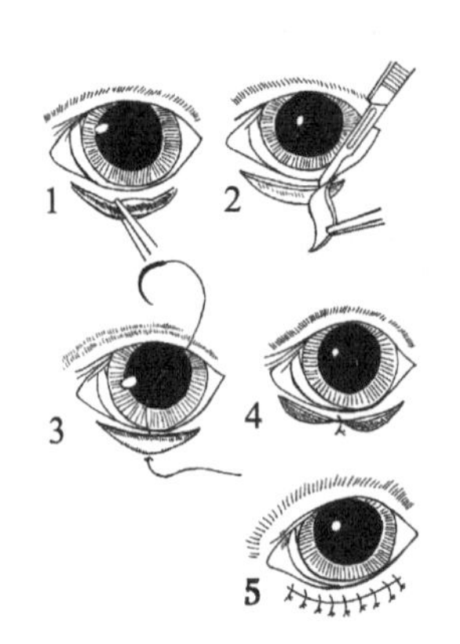

图2－15　眼睑内翻矫正术

二、犬眼睑外翻矫正术

全身麻醉配合眼睑局部浸润麻醉；动物侧卧保定，患眼在上。

轻度外翻作环形皮肤切口，中度外翻作V形切开，Y形缝合（图2－16，图2－17）。距外翻眼睑缘2～3mm处切一V形皮肤切口，切口达皮下层。V形底的长度大于外翻眼睑的长度。分离皮下组织，形成三角形皮瓣。然后从下方的尖端开始结节缝合。边缝合边向上推移皮瓣，直到外翻矫正为止。最后缝合三角形皮瓣，使切口线变成Y形。

术后使用抗生素眼药水或眼药膏点眼，每天3～4次，维持5～7d，以治疗因眼睑内翻引起的结膜炎或角膜炎。同时还需防止动物搔抓，戴项圈，防损伤。

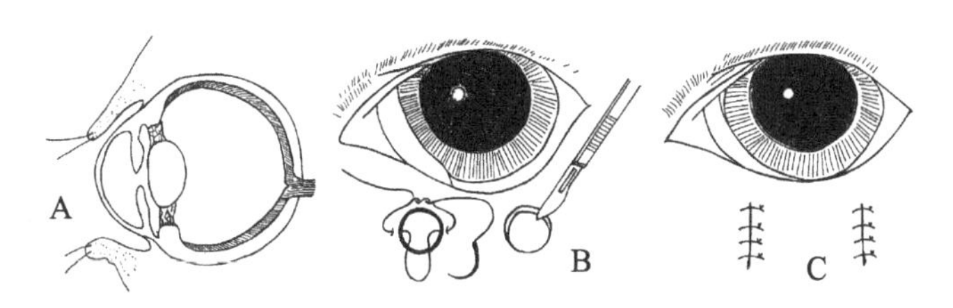

图 2－16　轻度眼睑外翻矫正术

A. 眼睑外翻　B. 用圆锯或手术刀造成圆形皮肤缺损，距眼睑缘 3～4mm，直径 5～7mm　C. 间断缝合皮肤

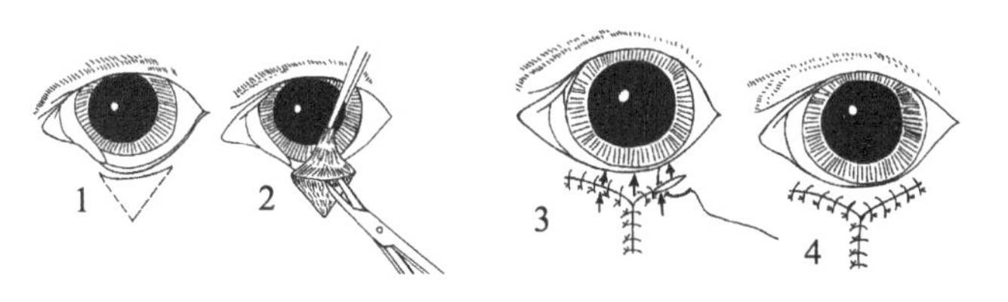

图 2－17　眼睑外翻矫正术

1. 虚线为切开线　2. 切开皮肤，并分离皮下组织　3. 间断缝合　4. 缝合后的效果

【检查】

一、工作过程检查

根据“实施”步骤，验证并分析理论与实际工作的偏差。实施过程验证见表 2－18 所示。

表 2－18　实施过程验证

实际工作中的要求	实际工作程序
理论与实际工作的偏差分析	

二、职业能力和资格测试

根据上述学习情况进行职业能力和资格测试，以检查你的学习掌握程度。

(　　) 1. 眼睑轻度外翻做环形皮肤切口，中度外翻作 V 形切开，Y 形缝合。

(　　) 2. 下眼睑内翻病例可在距下眼睑缘 2～4mm 处用镊子提起皮肤，切除部分皮肤。

1. 犬眼睑内翻矫正术操作方法。
2. 犬眼睑外翻矫正术操作方法。

【评价】

本学习任务评价主要由学院教师、企业技师、学生自评和小组互评共同完成，评价成绩均采用100分制，成绩评价表见表2－19所示，该成绩记入学生成长记录。

表2－19　成绩评价表

序号	能力维度	分值	学院教师	企业技师	学生自评	小组互评	得分
1	专业能力	30					
2	方法能力	40					
3	社会能力	30					
	合计						

任务六　修蹄技术

【学习任务】

修整变形的牛蹄。

【与其他学习任务的关系】

定期实施维护性修蹄能预防牛的肢蹄病，大幅降低跛行的发生。通过修蹄，能矫正趾指的长度、角度，保证身体的平衡和趾指间的均匀负重。能使蹄趾发挥正常的功能，消除由趾指过度生长、角度不正、负重不平衡带来的机械性危害。

【资讯】

牛蹄由蹄匣和蹄真皮两部分组成。

（1）蹄匣

是蹄的表皮层，高度角化，分为角质缘、角质冠、角质壁，角质底、角质球。

①角质缘：为牛蹄最上部接近有毛皮肤的一窄带区域，柔软而略有弹性，感觉丰富。

②角质冠：为角质缘下方颜色较浅的宽带状区域，高度角化，其内表面凹陷为沟，沟内有大量角质小管。

③角质壁：构成蹄匣的背侧壁和两侧壁。可分为3部分，前为蹄尖壁，两则为轴侧壁和远轴侧壁。角质壁由釉层、冠状层和小叶层构成。釉层：位于蹄壁最表层，由角质化的扁平细胞构成。冠状层：是角质壁中的最厚厚的一层。富有弹性和韧性，有保护蹄内部组织和负重的作用。冠状层由许多纵行排列的角质小管和类角质构成，角质中有色素，故角

质壁呈现暗深色；小叶层：是角质壁的最内层，由许多纵行排列的角小叶构成，角小叶没有色素，较柔软，与肉蹄的肉小叶紧密的嵌合在一起。角质壁的下缘直接与地面接触的部分叫蹄底缘。

④角质底：是蹄与地面相对而平坦的部分，角质底内有许多小孔，容纳肉蹄的乳头。

⑤角质球：呈半球形隆起，位于蹄底的后方，角质层较薄，富有弹性。

⑥蹄白线：位于蹄底缘，角质壁与角质底交界处的半圈白色线，为角小叶和小叶间角质被磨后显露出来的部分。是装蹄铁时下钉的标志。

（2）肉蹄

位于蹄匣的内面，由真皮及皮下组织构成，富有血管和神经，呈鲜红色，分为肉缘、肉冠、肉壁，肉底和肉球5部分。

【决策】

根据工作任务的要求，对手术的决策见表2－20。

表2－20　手术的决策

动物	手术选择
牛	修蹄术

【计划】

根据实践案例，编制完成任务的计划如下。

1. 计划动物

牛。

2. 计划器材

保定架、强力蹄钳、普通蹄钳、修蹄刀、削蹄铲。

3. 角色分配

（表2－21）

表2－21　角色分配

序号	学生	角色	主要工作
1	甲	术者	手术组织和实施
2	乙	助手	协助术者完成手术

【实施】

一、保定

先按常规方法将牛拴在六柱栏或移动式电动翻转修蹄架进行保定。

二、洗蹄

洗刷牛蹄，清除蹄壁、指（趾）间的粪便、污泥等，用3%～5%甲醛或5%～10%硫酸铜泡蹄20~30min效果较好，但要避免药物灼伤乳房和皮肤，一旦皮肤受到刺激应立即停止浴蹄，并采用清水冲洗。通过洗蹄可以软化角质，便于发现其他蹄病，并为在修削蹄过程中治疗其他蹄病创造条件。

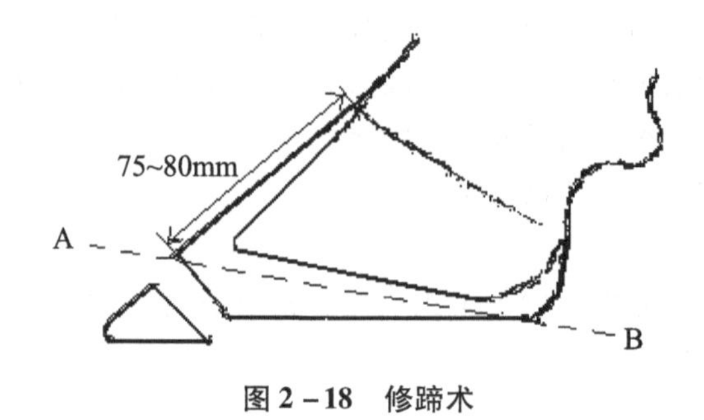

图2-18 修蹄术

三、修蹄（以奶牛为例）

①准备好专用修蹄器具和相应的药品，检查洗后的牛蹄，按图2-18所示，量好尺寸（可随体重不同稍作改动），从冠状带到蹄尖保留大约75~80mm或一掌的距离，用强力蹄钳剪去过长的蹄尖及尖部蹄壁边缘角质，蹄钳的钳口应与蹄底垂直。

②将蹄尖与蹄踵底相连画线，用蹄刀修整外侧趾（指）或内侧趾（指）的蹄底，去除线段A、B以下的角质部分，保留约7mm的蹄底厚度。在修蹄过程中，所切的蹄角质不能过长，以免暴露蹄尖底部真皮而导致严重跛行。修整后的蹄底用拇指按压其软硬及匀称度，一旦出现角质变软的情况应马上停止修整。

③去除两趾（指）底面轴侧蝶形线过长的角质。

④去除后蹄外侧趾、前蹄内侧指多余角质，使两趾（指）大小近似，外侧趾（指）稍长4~5mm。然后以修整好的一侧趾（指）作为参照，将另一侧指（趾）的蹄前壁修整至合适的长度，蹄底修整至同样的厚度，保证肢蹄负重均衡，运步轻快、舒适。

⑤去除蹄踵松散及糜烂的角质，修整蹄底不规则处，修成从远轴侧壁到轴侧壁有15°倾斜角的面。

以上步骤进行完毕后用修蹄刀对趾（指）间进行修整，去掉刨起的组织，如坏死较轻者用蹄刀旋转清除坏死组织，并进行相应的外伤处理，然后用纱布按蹄绷带的方法进行包扎，并涂抹松馏油，将牛只赶入清洁干燥的环境进行护理。如果坏死严重则修整坏死的对侧健康趾，同时用蹄刀将趾（指）尖的组织清理干净，然后准备装蹄鞋，再针对患趾（指）坏死部位进行处理和包扎等，防止患趾（指）着地。

【检查】

一、工作过程检查

根据“实施”步骤，验证并分析理论与实际工作的偏差。实施过程验证见表2-22所示。

表 2-22　实施过程验证

实际工作中的要求	实际工作程序
理论与实际工作的偏差分析	

二、职业能力和资格测试

根据上述学习情况进行职业能力和资格测试，以检查你的学习掌握程度。

奶牛修蹄操作方法。

【评价】

本学习任务评价主要由学院教师、企业技师、学生自评和小组互评共同完成，评价成绩均采用100分制，成绩评价表见表2-23所示，该成绩记入学生成长记录。

表 2-23　成绩评价表

序号	能力维度	分值	学院教师	企业技师	学生自评	小组互评	得分
1	专业能力	30					
2	方法能力	40					
3	社会能力	30					
	合计						

任务七　犬立耳及耳矫形技术

【学习任务】

犬立耳及耳矫形。

【与其他学习任务的关系】

犬立耳手术是使垂耳品种犬的耳廓直立，外观更加美观。耳矫形手术是使直耳品种的犬发生偏斜、弯曲的耳廓重新直立。

【资讯】

一、犬耳的局部解剖

耳廓内凹外凸，卷曲呈锥形，以软骨作为支架，它由耳廓软骨和盾软骨组成。耳廓软骨在其凹面有耳轮、对耳轮、耳屏、对耳屏、舟状窝和耳甲腔等重要外科解剖标记

(图2－19)。耳轮为耳廓软骨周缘，有三面与舟状窝相连；舟状窝占据耳廓凹面大部分，它的第四面与对耳轮的隆起和一显著结节连接1对耳轮位于耳廓凹面直外耳道入口的内缘；耳屏构成直外耳道的外缘，与对耳轮相对应，两者被耳屏耳轮切迹隔开；对耳屏位于耳屏的后方，两者间有一屏间切迹；耳甲腔呈漏斗形，构成直外耳道，并与耳屏、对耳屏和对耳轮缘一起组成外耳道口。

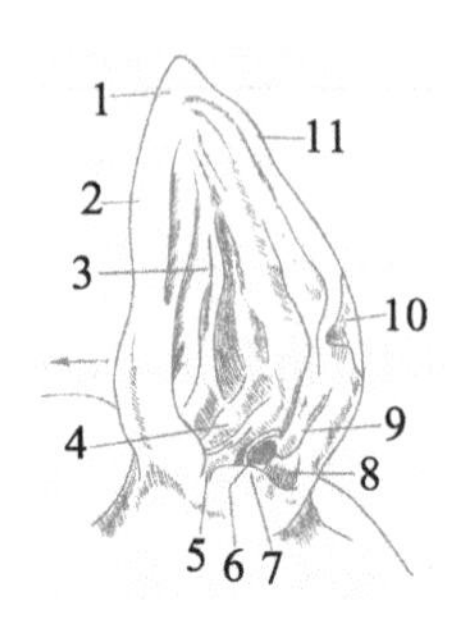

图2－19　犬耳解剖结构

1. 耳尖　2. 耳轮内侧缘　3. 舟状（窝）　4. 对耳轮　5. 屏前切迹　6. 直耳道外口　7. 耳屏　8. 耳屏间切迹　9. 对耳屏　10. 皮缘窝　11. 耳轮外侧缘

二、犬耳整容术中耳的长度与年龄的关系

大丹犬、杜宾犬、拳师犬、雪纳瑞等品种，使其耳直立，进行耳整形术。此手术以3～6月龄时实施为好。

表2－24　犬耳整容术中耳的长度与年龄的关系

品　种	年　龄	犬耳长度（cm）
小型史纳沙犬	10～12周龄	5～7
拳击师犬	9～10周龄	6.3
大型史纳沙犬	9～10周龄	6.3
杜伯文犬	7～8周龄	6.9
大丹犬	7周龄	8.3
波士顿犬	任何年龄	尽可能长

三、注意事项

手术前先用脱脂棉球塞进外耳道内，防止血液流入；缝合间距要均匀，力量要适中；术后加强护理防止犬抓、蹭耳部。

【决策】

根据工作任务的要求，对手术的决策见表2－25。

表2－25　手术的决策

动物	手术选择
垂耳品种犬	立耳手术
耳偏斜、弯曲的直耳品种犬	耳矫形手术

【计划】

根据实践案例，编制完成任务的计划如下。

1. 计划动物

犬。

2. 计划器材

常规手术器械。

3. 角色分配

（表 2－26）

表 2－26　角色分配

序号	学生	角色	主要工作
1	甲	术者	手术组织和实施
2	乙	助手	协助术者完成手术
3	丙	助手	协助术者完成手术

【实施】

一、犬立耳术

全身麻醉，俯卧保定

两耳剃毛、消毒。将下垂的一个耳尖向头顶方向拉紧伸展，根据不同犬种和需要的耳形，用尺子测量出需保留耳廓的长度，并在耳前缘处刺入一大头针作为标记（图 2－20）。将下垂的两个耳尖同时向头顶方向拉紧伸展，把两个耳尖合并对齐后用一巾钳固定，然后用剪刀在耳前缘标记处的稍上方剪一小缺口，作为装置耳尖的标记点，注意必须在两耳相同的位置剪出小的缺口。去除耳尖部的巾钳或止血钳，分别在两耳从标记点（缺口）到耳屏间切迹（耳后缘的下端，耳屏与对耳屏软骨下方耳与头的连接处）之间的位置上装上断耳夹，断耳夹的凸面朝向耳前缘。断耳夹装好后，两耳应保持一致形态。在外耳道中填塞脱脂棉球，以防止血液流入外耳道内。沿断耳夹凹面全部切除耳外侧部分。除去断耳夹，彻底止血后皮肤连续缝合。

如果无断耳夹，可选择大小适宜的肠钳代替断耳夹。

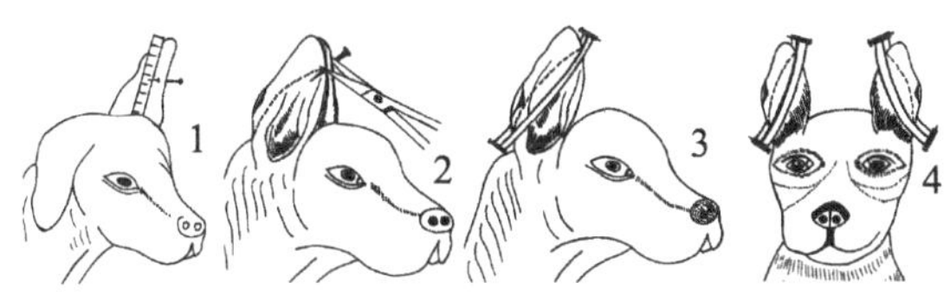

图 2－20　犬耳成形术

1. 标记切除的耳廓高度　2. 两侧耳尖对合固定，在标记点的上方耳缘剪一缺口
3. 沿断耳夹凹面切除外侧耳廓，虚线为耳廓切除线　4. 装置断耳夹后正面观

术后将耳廓拉向头顶，绷带包扎或将两耳尖拉向头顶伸展，合并对齐后作一结节缝

合，再用绷带包扎。5～7d 解除绷带，如耳廓仍不能直立，可继续包扎。为防止犬用脚爪抓耳部，可装置颈环。

二、犬耳矫形术

全身麻醉；俯卧保定。

耳廓向头顶部倾斜的手术矫形，耳基部与颅骨连接处的皮肤上作纵向切口，切口距耳后缘约 0.6cm，距耳前缘 1.2～1.6cm。局部剪毛消毒，器械消毒等手术常规准备。

1. 耳廓向头顶部倾斜的手术矫形

耳基部与颅骨连接处的皮肤上作纵向切口，切开皮肤与皮下组织，暴露盾软骨。然后，分离其肌组织附着部，使盾软骨部分游离，向头顶中央稍偏向耳前缘的方向牵引盾软骨，一般将盾软骨向内移 12～16mm，并向口侧牵拉，使耳基紧靠头部。用水平褥式缝合，将盾软骨缝到颞肌筋膜上，缝合拉紧的程度依缝合后耳廓位置恢复正常或稍偏向头外侧为宜（图 2－21）。皮肤切口缘作椭圆形切除，切除量以矫正倾斜为度。在椭圆形切口中部作几个垂直褥式缝合，以闭合皮肤（图 2－22）。耳竖立的程度，取决于缝线的张力和远离创缘的缝线穿入组织的深度。愈合后因瘢痕组织收缩会使耳向头顶部牵引，矫正缝合时需要掌握缝合的张力。结节缝合剩余的皮肤。

术后将耳廓拉向头顶，将一个圆锥形的纱布棉拭放在耳腹侧，把耳廓卷到棉拭上并从基部包扎，或者将两耳尖拉向头顶伸展，合并对齐后做一结节缝合后再用绷带包扎。5～7d 解除绷带，如耳廓仍不能直立，可继续包扎。为防止犬用脚爪抓耳部，可装置颈环。

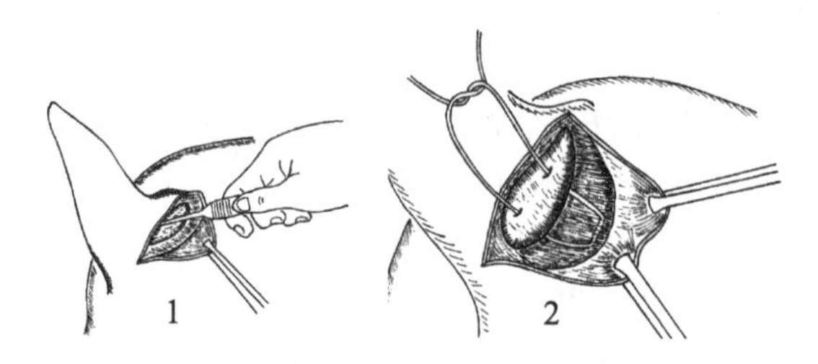

图 2－21　盾软骨移位矫形术

1. 分离盾软骨　2. 用水平褥式缝合将盾软骨与颞肌筋膜作固定缝合

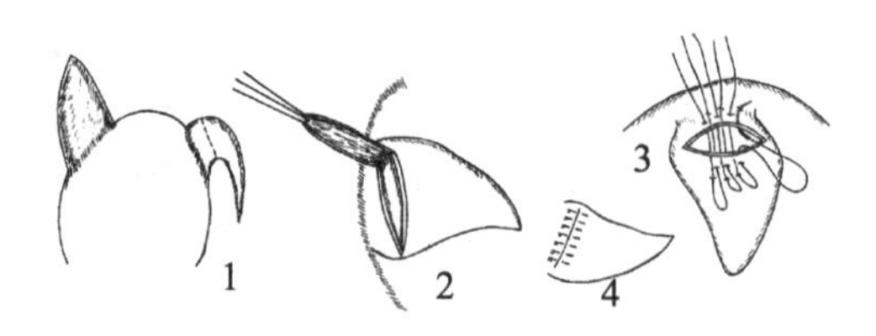

图 2－22　切除皮肤矫形术

1. 皮肤切除部　2. 切除椭圆形皮瓣　3. 垂直褥式缝合皮肤切口，以矫正垂耳　4. 结节缝合皮肤创缘

2. 耳廓向头外侧弯曲的手术矫形

如果犬尚能很好地控制耳基部，则只需在耳背侧弯曲部位切除一椭圆形皮肤块，用垂

直褥式或结节缝合闭合皮肤切口（图 2－22）。切除椭圆形皮肤块的大小要适宜，如果切除得太小，则耳廓仍向头外侧弯曲，但切除得太多，则可能造成耳廓向头顶偏斜。

如果耳廓在其基部发生弯曲，则先用与上述相同的切口和操作方法，分离盾软骨，把盾形软骨固定到颞肌筋膜上，使耳廓基部更接近头部。对皮肤切口修整成椭圆形，其大小根据耳廓弯曲的程度决定。然后在皮肤切口处做 3～4 针垂直褥式缝合，抽紧缝线的同时向上牵引耳廓，缝合时进针的深度和打结时拉力的大小要根据缝线抽紧后耳廓仍向头外侧偏斜 10°为宜，如果缝线抽紧后耳廓直立，则术后由于瘢痕收缩可能造成耳廓向头顶部偏斜。结节缝合剩余皮肤切口。用与上述相同方式包扎耳廓。

包扎 3～5d 后将绷带拆开更换，重新包扎并保留 5d 以上。如果包扎 8～10d 耳廓仍不能直立，则可在一个月后，在原来皮肤切口处重新切除一椭圆形皮肤块，并按上述方法闭合切口。装置颈环。

【检查】

一、工作过程检查

根据“实施”步骤，验证并分析理论与实际工作的偏差。实施过程验证见表 2－27 所示。

表 2－27　实施过程验证

实际工作中的要求	实际工作程序
理论与实际工作的偏差分析	

二、职业能力和资格测试

根据上述学习情况进行职业能力和资格测试，以检查你的学习掌握程度。

1. 犬立耳术操作方法。
2. 犬耳矫形术操作方法。

【评价】

本学习任务评价主要由学院教师、企业技师、学生自评和小组互评共同完成，评价成绩均采用 100 分制，成绩评价表见表 2－28 所示，该成绩记入学生成长记录。

表 2－28　成绩评价表

序号	能力维度	分值	学院教师	企业技师	学生自评	小组互评	得分
1	专业能力	30					
2	方法能力	40					
3	社会能力	30					
	合计						

项目三　动物常见外科病的诊断与处置技术

【学习目标】

外科病是临床常见的一类疾病，包括损伤、外伤感染、头、颈、腹部疾病、四肢疾病及风湿病等。应掌握常见外科病的类型、诊断要点与处置技术。

任务一　损伤的急救与处置技术

【学习任务】

创伤的检查及治疗。

【与其他学习任务的关系】

创伤是兽医临床常见的一种外科疾病，创伤病例的急救与处置技术也是兽医临床工作的内容之一。

【资讯】

一、创伤的概念

创伤是因锐性外力或强烈的钝性外力作用于机体组织或器官，使受伤部皮肤或黏膜出现伤口及深在组织与外界相通的机械性损伤。

创伤一般由创缘、创口、创壁、创底、创腔、创围等部分组成（图 3－1）。创缘为皮肤或黏膜及其下的疏松结缔组织；创缘之间的间隙称为创口；创壁由受伤的肌肉、筋膜及位于其间的疏松结缔组织构成；创底是创伤的最深部，根据创伤的深浅和局部解剖特点，创底可由各种组织构成；创腔是创壁之间的间隙，管状创腔称为创道；创围指围绕创口周围的皮肤或黏膜。

二、创伤的分类

1. 新鲜创

伤后的时间较短（12～24h 以内），创内尚有血液流出或存有血凝块，且创内各部组

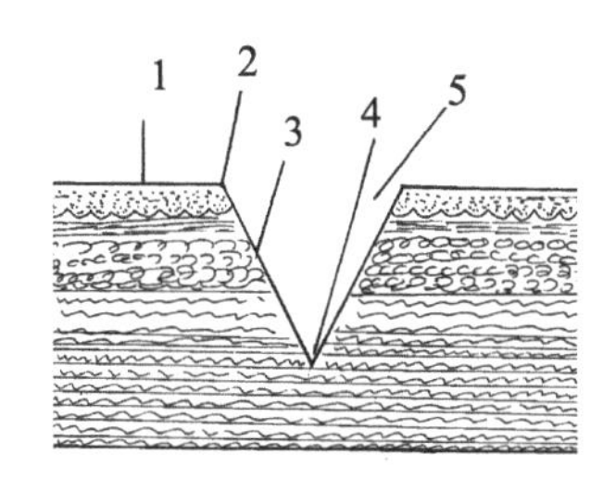

图 3－1　创伤的组成

1. 创围　2. 创缘　3. 创壁　4. 创底　5. 创腔

织的轮廓仍能识别，有的虽被严重污染，但未出现创伤感染症状。

2. 陈旧创

伤后经过时间较长（24h 以上），创内各组织的轮廓不易识别，出现明显的创伤感染症状，有的排出脓汁，有的出现肉芽组织。

1. 无菌创

通常将在无菌条件下所做的手术创称为无菌创。

2. 污染创

创伤被细菌和异物所污染，但进入创内的细菌仅与损伤组织发生机械性接触，并未侵入组织深部发育繁殖，也未呈现致病作用。污染较轻的创伤，经适当地外科处理后，可取第一期愈合。污染严重的创伤，又未及时而彻底地进行外科处理时，常转为感染创。

3. 感染创

进入创内的致病菌大量繁殖，对机体呈现致病作用，使伤部组织出现明显的创伤感染症状或有脓汁流出，甚至引起机体的全身性反应。

1. 刺创

是由尖锐细长物体（钢丝、草叉）刺入组织内发生的损伤。创口小，创道狭而深，深部组织常被损伤，并发内出血或形成组织内血肿。刺入物有时折断，作为异物残留于创道内，再加上致伤物体带入创道的污物，刺创极易感染化脓，甚至形成化脓性窦道或引起厌氧性感染，如破伤风等。

2. 切创

是因锐利的刀类、铁片、玻璃片等切割组织发生的损伤。切创的创缘及创壁比较平整，组织受挫灭轻微，出血量多，疼痛较轻，创口裂开明显，污染较少。一般经适当的外科处理和缝合，能迅速愈合。

3. 挫创

是由钝性外力的作用（如打击、冲撞、蹴踢等）或动物跌倒在硬地上所致的组织损伤。挫创的形状不整，常存有被血液浸润的挫灭破碎组织，出血量少，创内常存有创囊及血凝块，创伤多被尘土、沙石、粪块、被毛等污染，极易感染化脓。

4. 裂创

是由钩、钉等钝性牵引作用，使组织发生机械性牵张而断裂的损伤。裂创的创形不规整，组织发生撕裂或剥离，创缘呈不正锯齿状，创内深浅不一，创壁及创底凸凹不平，并存有创囊及严重破损组织碎片。出血较少，创口裂开大，疼痛剧烈。有的皮肤呈瓣状撕裂，有的并发肌肉及腱的断裂，撕裂组织容易发生坏死或感染。

5. 压创

是由车轮碾压或重物挤压所致的组织损伤。压创的创形不整，存有大量的挫灭组织、压碎的肌腱碎片，有的皮肤缺损或存在粉碎性骨折。压创一般出血少，疼痛剧烈，创伤污染严重，极易感染化脓。

6. 搔创

被猫和犬爪搔抓致伤，皮肤常被损伤，呈线形，一般比较浅表。被熊爪抓伤时可形成广泛的组织缺损。

7. 咬创

是由动物的牙咬所致的组织损伤，犬、猪和马较多见。被咬部呈管状创或近似裂创或呈组织缺损创。创内常有挫灭组织，出血少，常被口腔细菌所污染，易继发蜂窝织炎。

8. 毒创

是被毒蛇咬、毒蜂刺蜇等所致的组织损伤。被咬刺部位呈点状损伤，常不易被发现。但毒素进入组织后，患部疼痛剧烈，迅速肿胀，以后出现坏死和分解。毒素引起的全身性反应迅速而严重，可因呼吸中枢和心血管中枢的抑制而死亡。

9. 火器创

是由枪弹或弹片致伤所造成的开放性损伤。火器创按致伤物不同可分为枪弹创、弹片创及高速小弹片创，按创道的不同可分为：①盲管创　只有入口而无出口，体内有异物存留；②贯通创　既有入口又有出口；③切线创　创道在体表，呈沟槽状。火器创的主要特点有：损伤严重，受伤部位多，范围广；污染严重，感染快。

三、创伤愈合

创伤愈合分为第一期愈合、第二期愈合和痂皮下愈合。

1. 第一期愈合

创伤第一期愈合是一种较为理想的愈合形式。其特点是创缘、创壁整齐，创口吻合，无肉眼可见的组织间隙，临床上炎症反应较轻微。创内无异物、坏死灶及血肿，组织保有生活能力，失活组织较少，没有感染，具备这些条件的创伤可完成第一期愈合。

第一期愈合的经过过程是从伤口出血停止时开始。在伤口内有少量血液、血浆、纤维蛋白及白细胞等将伤口黏合。这些黏合物质刺激创壁组织，毛细血管扩张充血，渗出浆液和白细胞等。白细胞渐渐地侵入黏合的创腔缝隙内，进行吞噬、溶解和搬运，以清除创腔内的凝血及死亡组织，使创腔净化。经过 1 ~2d 后，创内有结缔组织细胞及毛细血管内皮细胞分裂增殖，以新生的肉芽组织将创缘连接起来，同时创缘上皮细胞增生，逐渐覆盖创口。新生的肉芽组织逐渐转变为纤维性结缔组织，伤口愈合后其形态学和生化变化均不显著，仅留下线状疤痕，有时甚至不留疤痕，这个过程一般为 6 ~7d，所以无菌手术创切口可在手术 7d 后拆线；经 2 ~3 周后完全愈合。

2. 第二期愈合

特征是伤口增生多量的肉芽组织，填充创腔，然后形成疤痕组织被覆上皮组织而愈合。一般当伤口大，伴有组织缺损，创缘及创壁不整，伤口内有大量血液凝块，有细菌感染、异物、坏死组织时，常取第二期愈合。

第二期愈合的创伤，愈合过程分为两个阶段，即炎性净化阶段和组织修复阶段，此两个阶段不能截然分开，是由一个阶段逐渐过渡到另一个阶段，而在表现形式上各有其侧重特点。

炎性净化是通过炎性反应达到创伤的自家净化。临床上主要表现是创伤部出现炎性反应、肿胀、增温、疼痛，随后创内坏死组织液化，形成脓汁，并从伤口流出。

创伤净化过程的特点，各种动物不尽相同。马和犬以浆液性渗出为主，液化过程完全，胶原膨胀明显，清除坏死组织迅速，但易吸收毒素出现全身症状。牛、羊、猪以浆液—纤维素性渗出为主，液化过程较弱，形成化脓性分离线使坏死组织脱离，净化过程慢，但不易出现吸收性中毒。

组织修复阶段的核心是肉芽组织的新生。它是由新生的纤维母细胞和毛细血管构成的。其中纤维母细胞是由伤口周围的原始结缔组织细胞分裂增生而来的，体积较大，细胞核也较大，呈椭圆形并有核仁。这种细胞在伤后的初期增生快，由伤口边缘及底部逐渐向中心生长。与此同时，有大量毛细血管混杂在纤维母细胞之间，自伤口周围向中心靠拢而产生伤口收缩，使创面缩小，有利于伤口愈合。

组织修复阶段主要呈现肉芽组织的新生，肉芽组织的主体是纤维母细胞和毛细血管，其次还有多少不定的嗜中性白细胞、巨噬细胞及其他炎性细胞，但无神经纤维，故肉芽组织本身并无感觉，触之不痛。

健康肉芽组织呈红色，较坚实，表面湿润，呈颗粒状并附有很少的一层黏稠、灰白色脓性物。肉芽组织是坚强的创伤防卫面，可防止感染蔓延，所以，诊疗创伤时，需要保护肉芽面不受损伤，选用促进肉芽正常生长的药物。

肉芽组织成熟过程，大约开始于伤后 5～6d，增生的纤维母细胞开始产生胶原纤维，胞体变长，胞核变小变长。到 2 周左右胶原纤维形成最旺盛，以后逐渐慢下来，至 3 周以后胶原纤维的增生减少。此时纤维母细胞转化为长梭形的纤维细胞。与此同时，肉芽组织中大量毛细血管闭合、退化、消失，只留下部分毛细血管及细小的动脉和静脉营养该处。至此，肉芽组织逐渐成熟为纤维性疤痕。肉眼观察疤痕为灰白色、硬韧。

在肉芽组织开始生长的同时，创缘的上皮组织增殖，由周围向中心逐渐生长新生的上皮，当肉芽组织增生高达皮肤面时，新生的上皮再生完成，覆盖创面而愈合。当创面较大，由创缘生长的上皮不足以覆盖整个创面时，则以疤痕形成取代而告终，导致伤部的损伤和功能障碍，愈合的疤痕组织无毛囊、汗腺和皮脂腺。

创伤在愈合过程中，可看到皮肤的缺损面缩小现象，此称为创伤收缩，特别是在肉芽面植皮后，创面缩小更为明显。

3. 痂皮下愈合

特征是表皮损伤，伤面浅在并有浆液渗出和少量出血，以后血液或渗出液逐渐干燥而结成痂皮，覆盖在伤部的表面。若无细菌感染，常取一期愈合；若有细菌感染、发生化脓时，取第二期愈合。

1. 创伤感染

创伤感染化脓是延迟创伤愈合的主要因素，由于病原菌的致病作用，一方面使伤部组织遭受更大的破坏，延长愈合时间；另一方面机体吸收了细菌毒素和有害的炎性产物，降低机体的抵抗力，抑制创伤的修复。

2. 创内存有异物或坏死组织

当创内特别是创伤深部存留异物或坏死组织时，炎性净化过程不能结束，化脓不会停止，创伤就不能愈合，甚至形成化脓性窦道，如污染的缝合丝线。

3. 受伤部血液循环不良

创伤的愈合过程是以炎症为基础的过程，受伤部血液循环不良，既影响炎性净化过程，又影响肉芽组织的生长，从而延长创伤愈合的时间。

4. 受伤部不安静

受伤部经常进行有害的活动，容易引起继发损伤，并破坏新生肉芽组织，从而影响创伤的愈合。

5. 处理创伤不合理

如止血不彻底，施行清创术过迟和不彻底，引流不畅，不合理的缝合与包扎，频繁地检查创伤和不必要的换绷带，以及不遵守无菌规则，不合理地使用药剂等，都可延长创伤的愈合时间。

6. 机体维生素缺乏

维生素 A 缺乏时，上皮细胞的再生作用迟缓，皮肤出现干燥及粗糙；B 族维生素缺乏时，影响神经纤维的再生；维生素 C 缺乏时，由于细胞间质和胶原纤维的形成障碍，毛细血管的脆性增加，致使肉芽组织水肿、易出血；维生素 K 缺乏时，由于凝血酶原的浓度降低，致使血液凝固缓慢，影响创伤愈合时间。

四、创伤的检查方法

创伤检查的目的在于了解创伤的性质，决定治疗措施和观察愈合情况。

从问诊开始，了解创伤发生的时间，致伤物的性状，发病当时的情况和病畜的表现等。然后检查病畜的体温、呼吸、脉搏，观察可视黏膜颜色和病畜的精神状态。检查受伤部位和救治情况，以及四肢的机能障碍等。

按由外向内的顺序，仔细地进行检查。先视诊创伤的部位、大小、形状、方向、性质，创口裂开的程度，有无出血，创围组织状态和被毛情况，有无创伤感染现象。观察创缘及创壁是否整齐、平滑，有无肿胀及血液浸润情况，有无挫灭组织及异物；对创围进行柔和而细致的触诊，以确定局部温度的高低、疼痛情况、组织硬度、皮肤弹性及移动性等。

应胆大心细，并遵守无菌规则。首先创围剪毛、消毒，清洗创面和创腔，取出可见的血凝块、异物和组织碎块等。检查创壁时，应注意组织的受伤情况、肿胀情况、出血及污染情况。检查创底时，应注意深部组织受伤状态，有无异物、血凝块及创囊的存在。必要时可用消毒的探针、硬质胶管等，或者用戴消毒乳胶手套的手指进行创底检查，摸清创伤深部的具体情况。

对于有分泌物的创伤，应注意分泌物的颜色、气味、黏稠度、数量和排出情况等。必要时可进行酸碱度测定、脓汁及血液检查。对于出现肉芽组织的创伤，应注意肉芽组织的数量、颜色和生长情况等。创面可作按压标本的细胞学检查，有助于了解机体的防卫机能状态，客观地验证治疗方法的正确性。

五、创伤治疗的一般原则

对严重损伤或出现中毒症状的化脓创，一般是首先抗休克，待休克好转后再行清创术，但对大出血、胸壁透创及肠脱出，则应在积极抗休克的同时，进行手术治疗。

自然发生的创伤，一般不可避免被细菌等所污染，伤后应立即使用抗生素，预防化脓性感染。同时进行积极的局部治疗，使污染的伤口变为清洁伤口并进行缝合。

其次，应纠正水与电解质失衡、消除影响创伤愈合的因素和加强饲养管理。

六、创伤治疗的基本方法

在做创伤局部诊疗过程中，不管是清洁创还是化脓创，都要始终遵循无菌、无害、无遗留的原则。实行无菌操作，处理过程中不对创伤组织造成损害，不遗留坏死组织、异物、创囊等，促进创伤的愈合过程。

清洁创围时，先用数层灭菌纱布块覆盖创面，防止异物落入创内。然后用剪毛剪将创围被毛剪去，剪毛面积以距创缘周围10cm以上为宜。创围被毛如被血液或分泌物黏着时，可用3%过氧化氢和氨水（200∶4）混合液将其除去，再用70%酒精棉球反复擦拭紧靠创缘的皮肤，直至清洁干净为止。离创缘较远的皮肤，可用肥皂水和消毒液洗刷干净，但应防止洗刷液落入创内。最后用2%～5%碘酊以5min的间隔，两次涂擦创围皮肤。

揭去覆盖创面的纱布块，用生理盐水冲洗创面后，除去创面上的异物、血凝块或脓痂，然后再用生理盐水或防腐液反复清洗创伤，直至清洁为止。创腔较浅且无明显污物时，可用浸有药液的棉球轻轻地清洗创面；创腔较深或存有污物时，可用洗创器吸取防腐液冲洗创腔，并随时除去附着于创面的污物。冲洗时应将冲洗管插至创底，自内向外冲洗创腔与创面，且应防止过度加压形成的急流冲刷创伤，以免损伤创内组织和扩大感染。清洗创腔后，用灭菌纱布块轻轻地擦拭创面，以除去创内残存的液体和污物。

清创术是用外科手术的方法将创内所有的失活组织切除，除去可见的异物、血凝块，消灭创囊、凹壁，扩大创口（或作辅助切口），保证排液畅通，力求使新鲜污染创变为近似手术创伤，争取创伤的第一期愈合。

根据创伤情况可分为初期缝合、延期缝合和肉芽创缝合（图3－2）。

初期缝合，是对受伤后数小时的清洁创或经彻底外科处理的新鲜污染创施行的缝合，适合于初期缝合的创伤条件是：创伤无严重污染，创缘及创壁完整，且具有活力，创内无较大

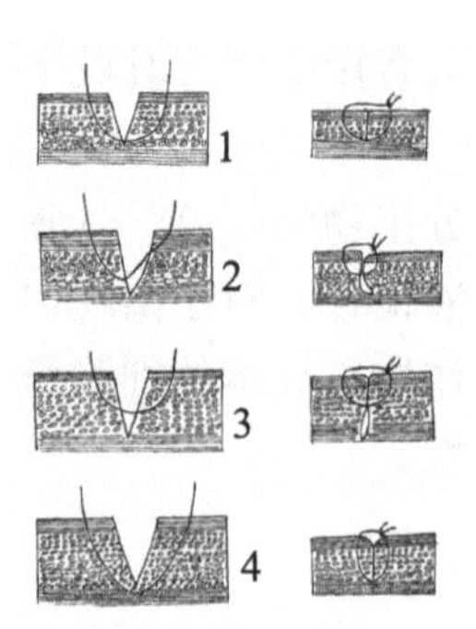

图 3－2 创伤的缝合方法

1. 正确缝合方法 2. 边距左右侧不对称，对合不良
3. 缝合过浅，留有死腔 4. 缝合过深，皮肤内翻

的出血和较大的血凝块，缝合时创缘不至因牵引而过分紧张，且不妨碍局部的血液循环等。临床实践中，常根据创伤的不同情况，分别采取不同的缝合措施。有的施行创伤初期密闭缝合；有的作创伤部分缝合，于创口下角留一排液口，便于创液的排出；有的施行创口上下角的数个疏散结节缝合，以减少创口裂开和弥补皮肤的缺损；有的先用药物治疗 3～5d，无创伤感染后，再施行缝合，称此为延期缝合。经初期缝合后的创伤，如出现剧烈疼痛、肿胀显著，甚至体温升高时，说明已出现创伤感染，应及时部分或全部拆线，进行开放疗法。

延期缝合，清创后 3～5d，病畜全身情况良好，无高热或严重贫血，创口分泌物很少，创面新鲜平整，创缘无肿胀、硬结或压痛，创壁在张力不大的情况下可以对合，即可进行延期缝合（延迟的初期缝合）。

为了防止感染扩散和使缝合可靠，一般先用细钢丝进行减张缝合，使创缘和创壁靠拢，再缝合创缘。缝合时必须松紧适度，既不要留死腔，又要使创腔分泌物可以顺利排出，必要时加引流纱布。

减张缝合的不锈钢丝，从一侧距创缘 2～3cm 处穿入，绕过创底，从对侧创缘等距离部位穿出，穿过纽扣或绕过小纱布卷，再从对侧创缘外穿入，经创壁中部穿出创缘，再穿过纽扣或小纱布卷，暂不收紧结扎。用同样方法，每隔 3～4cm 缝一减张缝线，最后几个减张缝合，一起收紧到适当强度。创缘皮肤和皮下组织用细缝线作间断缝合。

肉芽创缝合又叫次期缝合，用以加速创伤愈合，减少疤痕形成。适合于肉芽创，创内应无坏死组织，肉芽组织呈红色平整颗粒状，肉芽组织上被覆的少量脓汁内无厌氧菌存在。对肉芽创经适当的外科处理后，根据创伤的状况施行接近缝合或密闭缝合。

当创腔深、创道长、创内有坏死组织或创底潴留渗出物等时，引流使创内炎性渗出物流出创外。引流疗法以纱布条引流最为常用，多用于深在化脓感染创的炎性净化阶段。纱布条引流具有毛细管引流的特性，只要把纱布条适当地导入创底和弯曲的创道，就能将创内的炎性渗出物引流至创外。作为引流物的纱布条，根据创腔的大小和创道的长短，可做成不同的宽度和长度。纱布条越长，则其条幅也应越宽。导入创内的纱布条，若形成圆球状不起引流作用。纱布条浸以药液（如土霉素溶液、中性盐类高渗溶液、魏氏流膏等），用长镊子将引流纱布条的两端分别夹住，先将一端疏松地导入创底，另一端游离于创口下角。引流物也是创伤内的一种异物，长时间使用能刺激组织细胞，妨碍创伤的愈合。因此，当炎性渗出物很少，应停止使用引流物。

临床上除用纱布条作为主动引流外，也常用胶管、塑料管做被动引流。换引流物的时间，决定于炎性渗出的数量、病畜全身性反应和引流物是否起引流作用。当创伤炎性肿胀和炎性渗出物增加，体温升高、脉搏增数时是引流受阻的标志，应及时取出引流物作创内检查，并换引流物。对于炎性渗出物排出通畅的创伤、已形成肉芽组织坚强防卫面的创伤、创内存有大血管和神经干的创伤，以及关节和腱鞘的创伤等，均不宜使用引流疗法。

创伤包扎，应根据创伤具体情况而定。一般经外科处理后的新鲜创都要包扎。当创内有大量脓汁、厌氧性及腐败性感染，以及炎性净化后出现良好肉芽组织的创伤，一般可不包扎，采取开放疗法。创伤包扎不仅可以保护创伤免于继发损伤和感染，且能保持创伤安静、湿润、保温，有利于创伤愈合。创伤绷带用3层，即从内向外由吸收层（灭菌纱布）、接受层（灭菌脱脂棉）和固定层（卷轴带、胶绷带等）组成。对创伤作外科处理用药后，根据创伤的解剖部位和创伤的大小，选择适当大小的吸收层和接受层放于创部，固定层则根据解剖部位而定。四肢部用卷轴带包扎；躯干部用结系绷带或胶绷带固定。

创伤绷带的更换时间应按具体情况而定。当绷带已被浸湿而不能吸收炎性渗出物时，脓汁流出受阻时，以及需要处置创伤时等，应及时更换绷带。创伤换绷带包括取下旧绷带、处理创伤和包扎新绷带三个环节。

受伤病畜是否需要全身性治疗，应按具体情况而定。许多受伤病畜因组织损伤轻微、无创伤感染及全身症状等，可不进行全身性治疗。当受伤病畜出现体温升高、食欲减退、血液白细胞增数等全身症状时，则应施行全身性治疗，防止病情恶化。全身性治疗包括输液、输血或血浆，应用抗生素、保肝剂、利尿剂和强心剂，调整酸碱平衡紊乱等。注射破伤风抗毒素或类毒素，预防破伤风。

【决策】

根据工作任务的要求，对手术的决策见表3－1。

表3－1　手术的决策

动物	手术选择
犬	清创术

【计划】

根据实践案例，编制完成任务的计划如下。

1. 计划动物

犬。

2. 计划器材

常规手术器械。

3. 角色分配

（表3－2）

表 3－2　角色分配

序号	学生	角色	主要工作
1	甲	术者	手术组织和实施
2	乙	助手	协助术者完成手术
3	丙	助手	协助术者完成手术

【实施】

1. 术前准备

有较大血管出血时，先用止血钳夹住血管断端，等待术中处理。对有休克迹象的病畜，应采取积极的综合防治措施。对破伤风的预防，可根据情况使用类毒素或抗毒素，防止感染。化脓性感染和厌气性感染，在术前使用广谱抗生素。

2. 麻醉与保定

前肢施正中神经、尺神经传导麻醉，后肢施胫、腓神经传导麻醉。浅在的局部小创口多用局部浸润麻醉。广泛严重创伤或性情暴躁者，多用全身麻醉。根据受伤的部位，采取适宜操作的保定方法。

3. 术式

切除污染创面要由外向内，由浅入深，逐步进行，并使切除过的新鲜创面不再污染。

常规处理创围，清洗创面。对皮肤的处理，切除已坏死的创缘皮肤，但尽量保存有活力的部分，以免缝合时张力过大，或者创缘对合不整齐。边缘不整的创缘应尽量切修整齐。

污染严重和坏死不出血的皮下组织，都要切除干净，直到健康出血部为止。撕裂创剥脱皮瓣上的皮下组织，要彻底切除。小而深的创伤，在切除创缘和皮下组织后，要沿创口的纵轴方向或被毛方向切开皮肤与皮下组织，扩大创口，以便进行深部组织清洗。

切除深筋膜的破碎和污染部分，并按原皮肤切口方向切开筋膜。目的在于显露全部创腔，充分解除深层组织的张力。若必要，可作深筋膜“十”形或双“十”形切口，使深筋膜彻底松弛。

切除坏死的肌肉。凡肌肉呈暗红色，用钳镊夹之无收缩，或用刀切割而不出血，都是挫灭坏死的肌肉，应予切除，一直切至出血时为止。如有碎骨片或异物，应尽量取出。

血管、神经和肌腱的损伤，应根据具体情况分别处理。

最后用灭菌生理盐水轻轻冲洗创腔，清除一切细小的异物、血凝块和组织碎片，彻底止血。清创后是否进行初期缝合，应根据局部污染程度、伤后经过时间、清创彻底程度、术后护理条件等考虑。这些因素中只有时间因素较为恒定，其他因素都有较大幅度的变动。大体上在伤后 8h 内得到清创处理，可作初期连续或间断缝合，8～24h 内得到清创处理，以部分缝合加引流或仅作引流，争取延期缝合较为合适，24h 后清创的仅作引流，争取延期缝合。胸、腹壁透创，虽在 24h 以上得到清创处理，术后仍应考虑初期缝合或部分缝合加引流。

创腔内有神经、血管、肌腱、骨骼暴露时，即使不作初期缝合，也要用邻近肌瓣将这些组织覆盖，并作简单的部分缝合，或用“8”字形缝合，以防这些组织发生坏死或感染。但不宜缝合深筋膜，以防深部组织肿胀时其张力得不到解除，并影响引流。

可作初期缝合的创口，如因皮肤缺损较多不能直接缝合，或者勉强缝合后张力过大时，可在距原创口一侧或两侧5～6cm处，作等长的减张切口，分离皮下组织；缝合原创口后再缝合。减张切口不能作初期缝合的创口，用盐水纱布疏松引流。引流物要深入到创腔深部各个角落，但不要起填塞作用。较长的创口可在两端缝合2～3针，使创口缩小。

颈部与前后肢上部软组织中，深厚强大的肌群发生开放性创伤，若创腔深广，经清创后应在创腔的低位作反对口引流。方法是在创底用止血钳于两肌之间分离，直达创口附近低位引流的欲作反对口皮下。切开欲作反对口的皮肤、皮下组织和深筋膜，使原创腔与反对口交通，将引流物由原创口引伸到反对口。

术后根据病情给予相应的抗菌素。对局部创伤每日应作严密观察。如装有引流物，在24～48h，按分泌物多少取出更换，并按时更换敷料。

创伤皮肤伤口的对合方法见图3－3、图3－4、图3－5、图3－6、图3－7、图3－8、图3－9。

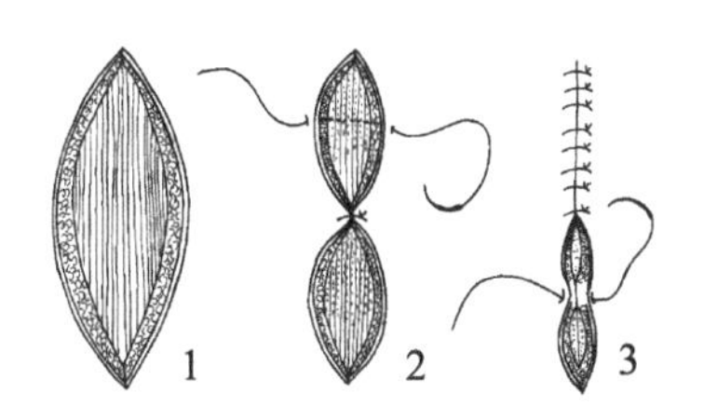

图3－3　椭圆形创伤缝合方法

1. 椭圆形创伤　2、3. 自中间开始缝合

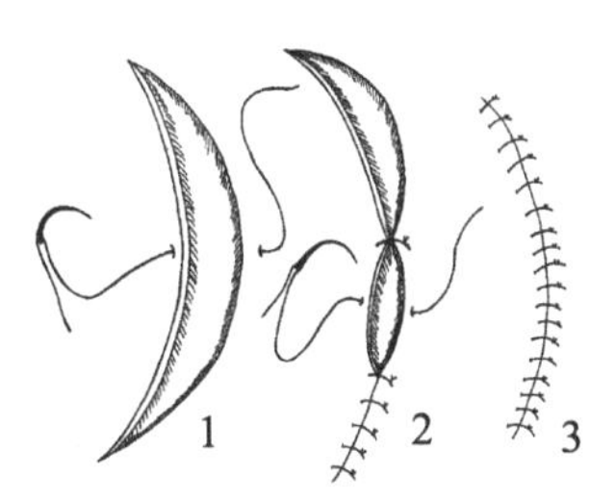

图3－4　月牙形创伤的缝合方法

1. 自创伤的中间开始缝合　2、3. 凸侧针距大于凹侧

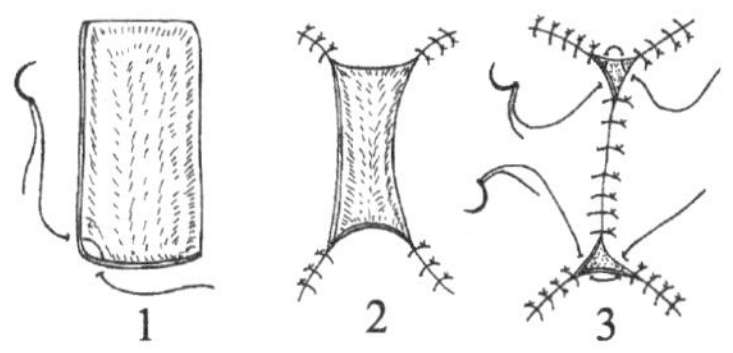

图3－5　正四边形创伤的缝合方法

1. 自创伤的一角缝合　2. 先缝合四个角，后缝合中间
3. 小三角创伤的闭合方法

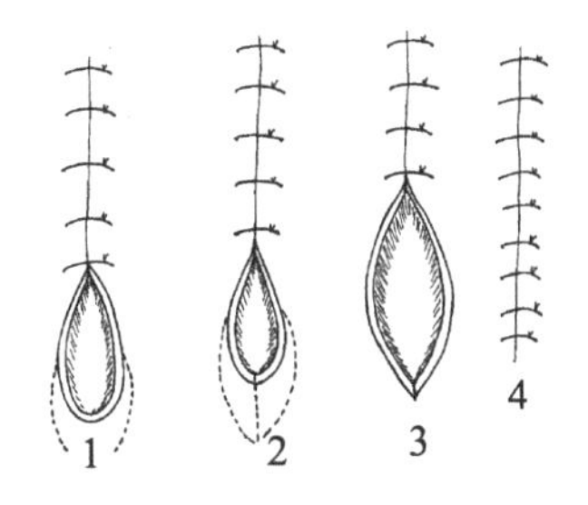

图3－6　耳形创伤的缝合方法

1. 沿耳缘做弧形切开　2. 延长创伤创口
3、4. 修整创缘，闭合创口

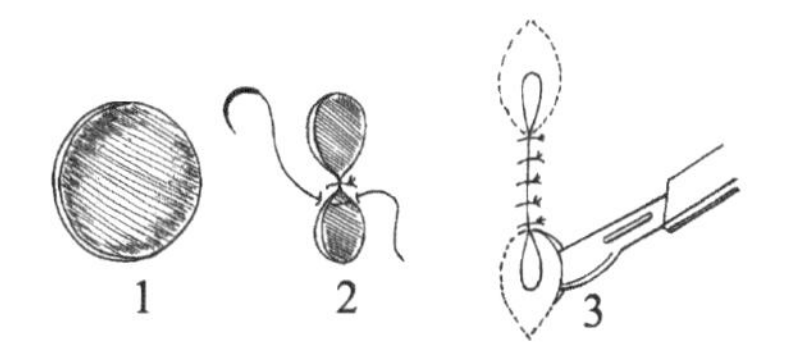

图3－7　圆形创伤的缝合方法

1. 圆形创伤　2. 自中间向一侧缝合
3. 修剪耳形创口并闭合创口

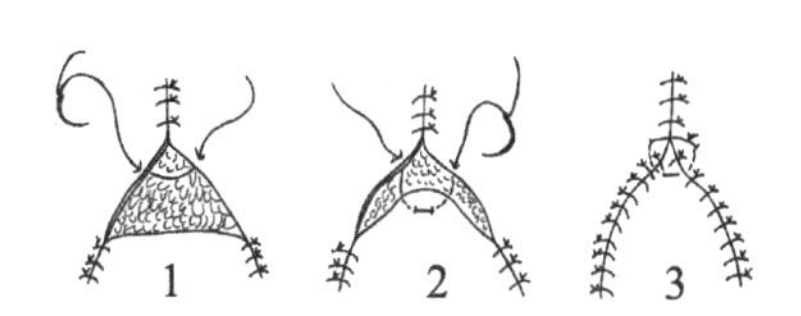

图3－8　三角创伤的缝合方法

1、2. 先纽扣缝合一个角　3. 闭合两侧创口

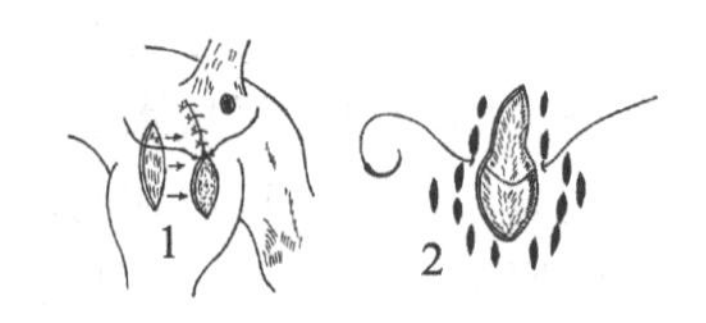

图 3-9　不易对合创伤的处理方法

1. 在创伤一侧平行创口作一新皮肤切口　2. 在创伤两侧平行创口作多个皮肤小切口

【检查】

一、工作过程检查

根据“实施”步骤，验证并分析理论与实际工作的偏差。实施过程验证如表 3-3 所示。

表 3-3　实施过程验证

实际工作中的要求	实际工作程序
理论与实际工作的偏差分析	

二、职业能力和资格测试

根据上述学习情况进行职业能力和资格测试，以检查你的学习掌握程度。

1. 手术创一般采取（　　）愈合。
A. 第一期　　B. 第二期　　C. 痂皮下
2. 化脓创一般采取（　　）愈合。
A. 第一期　　B. 第二期　　C. 痂皮下
3. 表皮损伤一般采取（　　）愈合。
A. 第一期　　B. 第二期　　C. 痂皮下

（　　）1. 创伤感染化脓是延迟创伤愈合的主要因素。

（　　）2. 一般当伤口大，伴有组织缺损，创缘及创壁不整，伤口内有大量血液凝块，有细菌感染、异物、坏死组织时，常取第一期愈合。

（　　）3. 创缘、创壁整齐，创口吻合，临床上炎症反应较轻微。创内无异物、坏死灶及血肿，组织保有生活能力，失活组织较少，没有感染，具备这些条件的创伤可完成第二期愈合。

（　　）4. 第二期愈合的创伤，愈合过程分为两个阶段，即炎性净化阶段和组织修复阶段。

（　　）5. 引流疗法以纱布条引流最为常用，多用于深在化脓感染创的肉芽生长阶段。

1. 创伤的检查方法。
2. 创伤的治疗方法。

【评价】

本学习任务评价主要由学院教师、企业技师、学生自评和小组互评共同完成，评价成绩均采用100分制，成绩评价表如表3－4所示，该成绩记入学生成长记录。

表3－4　成绩评价表

序号	能力维度	分值	学院教师	企业技师	学生自评	小组互评	得分
1	专业能力	30					
2	方法能力	40					
3	社会能力	30					
	合计						

任务二　外科感染的诊断与治疗技术

【学习任务】

外科感染是指在一定条件下，病原微生物如葡萄球菌、链球菌、绿脓杆菌、大肠杆菌、变型杆菌等侵入机体后，在生长繁殖过程中产生的毒素（代谢产物）使局部组织发生相应的防御性炎症反应，严重引起全身性的病理变化过程，如体温升高，机能障碍等。学习任务是掌握常见外科感染的诊断与治疗技术。

【与其他学习任务的关系】

外科感染是兽医临床常见的外科疾病之一。

【资讯】

临床上将外科感染根据感染的病因可分为化脓性感染和特异性感染。化脓性感染主要由病原菌入侵所引起的感染，常见体表急性化脓性感染有疖、痈、脓肿、蜂窝织炎、淋巴结炎等。当化脓性感染的病原菌的毒力超过机体抵抗力情况下，化脓性感染病灶不能局限化，毒素可迅速向四周扩散，进入淋巴与血液循环，可发展为严重的全身性化脓性感染——败血症。特异性感染主要由结核杆菌、布氏杆菌、放线菌、破伤风杆菌、恶性水肿杆菌、气肿疽杆菌等特定细菌所引起的局部和全身的病理变化的疾病，其防治方法各不相同，已成为独立病，属传染病范畴。

一、脓肿

脓肿是在任何组织或器官内形成外有脓肿膜包裹，内有脓汁潴留的局限性脓腔。主要是由葡萄球菌，其次是化脓性链球菌、大肠杆菌、绿脓杆菌、腐败菌等致病菌感染后所引起的局限性炎症过程，在解剖腔内（胸膜腔、喉囊、关节腔、鼻窦）有脓汁潴留时则称之为蓄脓。如关节蓄脓、上颌窦蓄脓、胸膜腔蓄脓等。

大多数脓肿是由感染引起，最常继发于急性化脓性感染的后期。致病菌侵入的主要途径是皮肤或伤口。犬及猪的脓肿绝大部分是感染了金黄色葡萄球菌的结果。在牛有时可见因结核杆菌、放线杆菌感染形成冷性脓肿。

除感染因素外，静脉注射各种刺激性的化学药品，如水合氯醛、氯化钙、高渗盐水及砷制剂时，若漏注到静脉外也能引发脓肿。其次是注射时不遵守无菌操作规程而引起的注射部位脓肿。也有的是由于血液或淋巴将致病菌由原发病灶转移至某一新的组织或器官内所形成的转移性脓肿。

1. 根据脓肿发生的部位可分为浅在性脓肿和深在性脓肿

浅在性脓肿常发生于皮下结缔组织、筋膜下及表层肌肉组织内。深在性脓肿常发生于深层肌肉、肌间、骨膜下及内脏器官。

2. 根据脓肿经过可分为急性脓肿和慢性脓肿

急性脓肿经过迅速，一般3～5d即可形成，局部呈现急性炎症反应。慢性脓肿发生发展缓慢，缺乏或仅有轻微的炎症反应。

1. 浅在急性脓肿

初期局部肿胀，无明显的界限。触诊局温增高、坚实有疼痛反应。以后肿胀的界限逐渐清晰成局限性，最后形成坚实样的分界线；在肿胀的中央部开始软化并出现波动，并可自溃排脓。但常因皮肤溃口过小，脓汁不易排尽。浅在慢性脓肿：一般发生缓慢，虽有明显的肿胀和波动感，但缺乏温热和疼痛反应或非常轻微。

2. 深在急性脓肿

由于部位深在，加之被覆较厚的组织，局部增温不易触及。常出现皮肤及皮下结缔组织的炎性水肿，触诊时有疼痛反应并常有指压痕。在压痛和水肿明显处穿刺，抽出脓汁即可确诊。

当较大的深在性脓肿未能及时治疗，脓肿膜可发生坏死，最后在脓汁的压力下可穿破皮肤自行破溃，亦可向深部发展，压迫或侵入邻近的组织和器官，引起感染扩散，而呈现较明显的全身症状，严重时还可能引起败血症

内脏器官的脓肿常常是转移性脓肿或败血症的结果，而严重地妨碍发病器官的功能，如牛创伤性心包炎，心包、膈肌以及网胃和膈连接处常见到多发性脓肿，病牛慢性消瘦，体温升高，食欲和精神不振，血常规检查时白细胞数明显增多，最终导致心脏衰竭死亡。

浅在性脓肿诊断多无困难，深在脓肿可经诊断穿刺和超声波检查后确诊。后者不但可

确诊脓肿是否存在，还可确定脓肿的部位和大小。当肿胀尚未成熟或脓腔内脓汁过于黏稠时常不能排出脓汁，但在后一种情况下针孔内常有干固黏稠的脓汁或脓块附着。根据脓汁的性状并结合细菌学检查，可进一步确定脓肿的病原菌。

1. 消炎、止痛及促进炎症产物消散吸收

当局部肿胀正处于急性炎性细胞浸润阶段可局部涂搽樟脑软膏，或用冷疗法（如复方醋酸铅溶液冷敷，鱼石脂酒精、栀子酒精冷敷），以抑制炎症渗出和具有止痛的作用。当炎性渗出停止后，可用温热疗法、短波透热疗法、超短波疗法以促进炎症产物的消散吸收。局部治疗的同时，可根据病畜的情况配合应用抗生素类药物并采用对症疗法。

2. 促进脓肿成熟

当局部炎症产物已无法消散吸收的可能时，局部可用鱼石脂软膏、鱼石脂樟脑软膏、超短波疗法、温热疗法等以促进脓肿的成熟。待局部出现明显的波动时，进行手术治疗。

3. 手术疗法

脓肿形成后其脓汁不能被自行消散吸收，进行手术切开排脓后，经过适当地处理才能治愈。脓肿手术疗法有：

（1）脓汁抽出法

适用于关节部脓肿膜形成良好的小脓肿。其方法是利用注射器将脓肿腔内的脓汁抽出，然后用生理盐水反复冲洗脓腔，抽净腔中的液体，最后灌注混有青霉素的溶液。

（2）脓肿切开法

脓肿成熟出现波动后立即切开。切口应选择波动最明显且容易排脓的部位。按手术常规对局部进行剪毛消毒后再根据情况作局部或全身麻醉。切开前为了防止脓肿内压力过大脓汁向外喷射，可先用粗针头将脓汁排出一部分。切开时一定要防止外科刀损伤对侧的脓肿膜。切口要有一定的长度并作纵向切口以保证在治疗过程中脓汁能顺利地排出。深在性脓肿切开时除进行确实麻醉外，最好进行分层切开，并对出血的血管进行仔细的结扎或钳夹止血，以防引起脓肿的致病菌进入血循，而被带至其他组织或器官发生转移性脓肿。脓肿切开后，脓汁要尽力排尽，但切忌用力压挤脓肿壁（特别是脓汁多而切口过小时），或用棉纱等用力擦拭脓肿膜里面的肉芽组织，这样就有可能损伤脓肿腔内的肉芽性防卫面而使感染扩散。如果一个切口不能彻底排空脓汁时亦可根据情况作必要的辅助切口。对浅在性脓肿可用防腐液或生理盐水反复清洗脓腔。最后用脱脂纱布轻轻吸出残留在腔内的液体。切开后的脓肿创口可按化脓创进行外科处理。

（3）脓肿摘除法

常用以治疗脓肿膜完整的浅在性小脓肿。此时需注意勿刺破脓肿膜，预防新鲜手术创被脓汁污染。

二、蜂窝织炎

蜂窝织炎是在疏松结缔组织发生的急性弥漫性化脓性炎症。其特点常发生在皮下、筋膜下、肌间隙或深部疏松结缔组织；病变易扩散，与正常组织无明显界限，伴有明显的全身症状。主要由是溶血性链球菌，其次为金黄色葡萄球菌，亦可为大肠杆菌及厌氧菌等致病菌所引起的。一般多由皮肤或黏膜的微小创口的原发病灶感染引起；也可因邻近组织的化脓性感染扩散或通过血液循环和淋巴管的转移。临床上常见于刺激性强的化学制剂误注或漏入皮下疏松结缔组织内所引起的。

1. 按蜂窝织炎发生部位的深浅

可分为浅在性蜂窝织炎（皮下、黏膜下蜂窝织炎）和深在性蜂窝织炎（筋膜下、肌间、软骨周围、腹膜下蜂窝织炎）。

2. 按蜂窝织炎的病理变化

可分浆液性、化脓性、厌氧性和腐败性蜂窝织炎，如化脓性蜂窝织炎伴发皮肤、筋膜和腱的坏死时则称为化脓坏死性蜂窝织炎，在临床上也常见到化脓菌和腐败菌混合感染而引起的化脓腐败性蜂窝织炎。

3. 按蜂窝织炎发生的部位

可分关节周围蜂窝织炎、食管周围蜂窝织炎、淋巴结周围蜂窝织炎、股部蜂窝织炎、直肠周围蜂窝织炎等。

蜂窝织炎病程发展快，炎症局部主要表现为大面积肿胀，局部增温，疼痛剧烈和机能障碍。全身症状主要表现为病畜精神沉郁，体温升高，食欲不振并出现各系统的机能紊乱。

1. 皮下蜂窝织炎

常发于四肢（特别是后肢），病初局部出现弥漫性渐进性肿胀。触诊时热痛反应非常明显。初期肿胀呈捏粉状有指压痕，后则变为稍坚实感。局部皮肤紧张，无移动性。

2. 筋膜下蜂窝织炎

常发生于前肢的前臂筋膜下、鬐甲部的深筋膜和棘横筋膜下，以及后肢的小腿筋膜下和阔筋膜下的疏松结缔组织中。其临床特征是患部热痛反应剧烈；机能障碍明显。患部组织呈坚实性炎性浸润。

3. 肌间蜂窝织炎

常继发于开放性骨折、化脓性骨髓炎、关节炎及腱鞘炎之后。有些是由于皮下或筋膜下蜂窝织炎蔓延的结果。感染可沿肌间和肌群间大动脉及大神经干的径路蔓延。首先是肌外膜、然后是肌间组织，最后是肌纤维。先发生炎性水肿，继而形成脓性浸润并逐渐发展成为化脓性溶解。患部肌肉肿胀、肥厚、坚实、界限不清，机能障碍明显，触诊和他动运动时疼痛剧烈。表层筋膜因组织内压增高而高度紧张，皮肤可动性受到很大的限制。肌间蜂窝织炎时全身症状明显，体温升高，精神沉郁，食欲不振。局部已形成脓肿时，切开后可流出灰色、常带血样的脓汁。有时由化脓性溶解可引起关节周围炎、血栓性血管炎和神经炎。

当颈静脉注射刺激性强的药物时，若漏入到颈部皮下或颈深筋膜下，能引起筋膜下的蜂窝织炎。注射后经 1 ~ 2d 局部出现明显的渐进性的肿胀，有热痛反应，但无明显的全身症状。当并发化脓性或腐败性感染时，则经过 3 ~ 4d 后局部即出现化脓性浸润，继而出现化脓灶。若未及时切开则可自行破溃而流出微黄白色较稀薄的脓汁。它能继发化脓性血栓性颈静脉炎。当动物采食时由于饲槽对患部的摩擦或其他原因，常造成颈静脉血栓的脱落而引起大出血。

1. 局部疗法

①控制炎症发展，促进炎症产物消散吸收。最初24～48h以内，当炎症继续扩散，组织尚未出现化脓性溶解时，为了减少炎性渗出可用冷敷，涂以醋调制的醋酸铅散。当炎性渗出已基本平息，可用上述溶液温敷促进炎症产物的消散吸收。局部治疗常用50%硫酸镁湿敷，也可用20%鱼石脂软膏或雄黄散外敷。有条件的地方可做超短波治疗。

②手术切开。蜂窝织炎一旦形成化脓后，要广泛切开彻底切除坏死组织并尽快引流。浅在性蜂窝织炎应充分切开皮肤、筋膜、腱膜及肌肉组织等。为了保证渗出液的顺利排出，切口必须有足够的长度和深度，做好纱布引流。伤口止血后可用中性盐类高渗溶液作引流液以利于组织内渗出液外流。亦可用2%过氧化氢液冲洗和湿敷创面。

如经上述治疗后体温暂时下降复而升高，肿胀加剧，全身症状恶化，则说明可能有新的病灶形成，或者引流纱布干固堵塞因而影响排脓，或者引流不当所致。此时应迅速扩大创口，消除脓窦，摘除异物，更换引流纱布，保证渗出液或脓汁能顺利排出。待局部肿胀明显消退，体温恢复正常，局部创口可按化脓创处理。

2. 全身疗法

给予静脉注射抗生素和输液增强抵抗力；对动物要加强饲养管理，特别是多给些富有维生素的饲料。

三、全身化脓性感染

全身化脓性感染又称急性全身感染，包括败血症和脓血症等多种情况。败血症是指致病菌（主要是化脓杆菌）侵入血液循环，持续存在，迅速繁殖，产生大量毒素及组织分解产物而引起的严重的全身性感染。脓血症是指局部化脓病灶的细菌栓子或脱落的感染血栓，间歇进入血液循环，并在机体其他组织或器官形成转移性脓肿。败血症和脓血症同时存在者，又称为脓毒败血症。当少量致病菌侵入血液循环内，迅速即被机体的防御系统所消除，不引起或仅引起短暂而轻微的全身反应，称菌血症。当致病菌留居在局部感染病灶处，并不侵入血液循环，而细菌、严重损伤或感染后组织破坏分解的产物等毒素大量进入血液循环，可引起剧烈的全身反应，称毒血症。引起全身化脓性感染的病因有：

1. 局部感染治疗不及时或处理不当

如脓肿引流不及时或引流不畅，清创不彻底等。

2. 致病菌繁殖快，毒力大

多种致病菌均可引起全身化脓性感染，如金黄色葡萄球菌、溶血性链球菌、大肠杆菌、绿脓杆菌和厌氧性病原菌等。有时呈单一感染，有时呈混合感染。其中革兰氏阴性杆菌引起败血症更为常见。厌氧菌败血症也日趋增多。而在使用广谱抗菌素治疗全身化脓性感染的过程中，也有继发真菌性败血症的危险。

3. 动物抵抗力降低

有机体的防卫机能在全身化脓性感染的发生上具有极其重要的意义。在病畜的免疫机能降低时，病原菌在感染灶内可大量生长繁殖。如局部化脓病灶处理不当或止血不良等，感染病灶的细菌通过栓子或被感染的血栓进入血液循环而被带到各种不同的器官和组织内，在它们遇到生长繁殖有利条件时，即在这些器官和组织内形成转移性脓肿。动物抵抗力高度下降，病程进一步发展，感染病灶的局部代谢和分解产物及致病菌本身，可以随着血液及淋巴流入体内，大量致病菌和各种毒素可使病畜心脏、血管系统、神经系统、实质器官呈现毒害作用，导致一系列的机能障碍，最后发生败血症。

1. 脓血症

其特征是致病菌本身通过栓子或被感染的血栓进入血液循环而被带到各种不同的器官和组织内，在它们遇到生长繁殖的有利条件时，即在这些器官和组织内形成转移性脓肿。转移性脓肿由粟粒大到成人拳大，可见于有机体的任何器官，如肺、肝、肾、脾、脑及肌肉组织内。常发生于牛、犬、家禽、猪及绵羊，少发于马（主要见于腺疫）。当创伤性全身化脓性感染时，首先在创伤的周围发生严重的水肿、疼痛剧烈，以后组织即发生坏死。肉芽组织肿胀、发绀，也发生坏死。脓汁初呈微黄色黏稠，以后变稀薄并有恶臭。病灶内常存有脓窦、血栓性脉管炎及组织溶解。随着感染和中毒的发展，病畜出现明显的全身症状。最初精神沉郁，恶寒战栗，食欲废绝，但喜饮水，呼吸加速，脉弱而频，出汗。体温升高，有时呈典型的弛张热型，有时则呈间歇热型或类似间歇热型。在体温显著升高前常发生战栗，体温下降后则出汗。倘若转移性败血病灶不断有热源性物质被机体吸收则可出现稽留热，病畜卧地不起而发生褥疮。每次发热都可能和致病菌或毒素进入血液循环有关。在脓肿和蜂窝织炎的吸收期也可见到体温升高，但在一昼夜内并无显著变化。若病畜体温有明显的变化，且血压下降常常是全身化脓性感染的特征。当长时期发高热，而间歇不大，且其他全身症状加重时，则说明病情严重常可导致动物的死亡。

当肝脏发生转移性脓肿时眼结膜可出现高度黄染。肠壁发生转移性脓肿时可出现剧烈的腹泻。呼气带有腐臭味并有大量的脓性鼻漏，是肺内发生转移性脓肿的特征。病畜出现痉挛可能是脑组织内发生了转移性脓肿，尿的比重降低，并出现病理产物，血液出现明显的变化。

血液检查，可见到血沉加快，白细胞数增加，核左移，嗜中性白细胞中的幼稚型白细胞占优势。在血检时如见到淋巴细胞及单核细胞增加时，常为康复的标志。但如红细胞及血红素显著减少，而白细胞中的幼稚型嗜中性白细胞占优势，此时淋巴细胞增加往往是病情恶化的象征。在严重的病例，则见不到巨噬细胞及溶菌现象，但脓汁内却有大量的细菌出现。此乃病情严重的表现。如脓汁内出现静止小淋巴细胞、大淋巴细胞（单核白血细胞）、嗜中性白血细胞、嗜酸性白血细胞等游走细胞和巨噬细胞，则表明有机体尚有较强的抵抗力和反应能力。

2. 败血症

原发性和继发性败血病灶的大量坏死组织、脓汁以及致病菌毒素进入血循后引起动物全身中毒症状，体温明显增高，一般呈稽留热，恶寒战栗，四肢发凉，脉搏细数，动物常躺卧，起立困难，运步时步态蹒跚，有时能见到中毒性腹泻，在马还出现疝痛症状，可见肌肉剧烈颤抖，有时出汗。随病程发展，可出现感染性休克或神经系统症状，病畜可见食欲废绝，结膜黄染，呼吸困难，脉搏细弱，病畜烦躁不安或嗜睡，尿量减少并含有蛋白或无尿，皮肤黏膜有时有出血点，血液学指标有明显的异常变化，死前体温突然下降。最终器官衰竭而死。

在原发感染灶的基础上出现上述临床症状，体温升高2～3℃，恶寒战栗，肢体末端发凉。脓血症呈弛张热型，因脓肿破裂脓汁呈间歇进入血液循环所致；听诊心音亢进，呼吸困难、急促，眼结膜充血、发绀或黄染，奶产量下降、动物消瘦；血液检查白细胞总数大多显著增高，达$10\times10^{9}\sim30\times10^{9}/L$，中性粒细胞百分比增高，多在80%以上，可出现明显的核左移及细胞内中毒颗粒。少数革兰阴性败血症及机体免疫功能减退者白细胞总数可正常或稍减低，诊断败血症常不困难。但临床表现不典型或原发病灶隐蔽时，诊断可发生困难或延误诊断。因此，对一些临床表现如畏寒、发热、贫血、脉搏细速、皮肤黏膜有淤血点、精神改变等，不能用原发病来解释时，要密切观察和进一步检查，以免漏诊败血症。

确诊败血症可通过血液细菌培养。但已接受抗菌药物治疗的动物，往往影响到血液细菌培养的结果。对细菌培养阳性者应做药敏试验，以指导抗生素的选用。因此败血症的诊断标准是：

①病灶感染史。

②起病急、寒战高热、体温波动大，出汗较多，一般情况进行性衰竭，可有大关节疼痛。中毒症状严重者可昏迷及休克。

③肝脾肿大，皮肤黏膜淤点，有黄疸、贫血。

④迁徙性病灶（多见于化脓球菌，特别是金葡菌感染）。

⑤白细胞总数及中性粒细胞增多，酸性粒细胞减少或消失，严重感染或某些革兰氏阴性菌感染者，白细胞总数可减少。

⑥淤点、淤斑涂片找细菌。

⑦血或骨髓培养阳性，排除污染者可确诊。

1. 局部感染病灶的处理

必须从原发和继发的败血病灶着手，以消除传染和中毒的来源。为此必须彻底清除所有的坏死组织，切开创囊、流注性脓肿和脓窦，摘除异物，排除脓汁，畅通引流，用刺激性较小的防腐消毒剂彻底冲洗败血病灶。然后局部按化脓性感染创进行处理。创围用混有青霉素的盐酸普鲁卡因溶液封闭。

2. 全身疗法

为了抑制感染的发展可早期应用抗生素疗法。金黄色葡萄球菌感染宜用苯唑青霉素、头孢曲松钠，联合2种以上静脉给药，体温正常后继续应用10d；革兰阴性杆菌，如大肠杆菌、肺炎杆菌感染可选用第3代头孢霉素与氨基糖苷类联合应用，绿脓杆菌感染者选用头孢噻甲羧肟与氨基糖苷类或羧苄青霉素联用；厌氧菌感染首选甲硝唑。

为了增强机体的抗病能力，维持循环血容量和中和毒素，可进行输血和补液。缓解酸中毒可用5%碳酸氢钠注射液静脉注射，强心利尿可用安钠咖，补液、保肝可用5%～10%葡萄糖注射液静脉注射，同时补充给维生素和大量给予饮水。

3. 对症疗法

为了改善和恢复全身化脓性感染时受损害的系统和器官的机能障碍。当心脏衰弱时可应用强心剂，肾机能紊乱时可应用乌洛托品，败血性腹泻时静脉内注射氯化钙。

【决策】

根据工作任务的要求，对蜂窝织炎病例诊断与治疗的决策见表3-5。

表3-5 诊断与治疗的决策

动物	诊断	治疗
牛	临床诊断	局部疗法、全身疗法

【计划】

根据实践案例，编制完成任务的计划如下。

1. 计划动物

牛。

2. 计划器材

常规手术器械。

3. 角色分配

（表3-6）

表3-6 角色分配

序号	学生	角色	主要工作
1	甲	术者	手术组织和实施
2	乙	助手	协助术者完成手术
3	丙	助手	协助术者完成手术

【实施】

一、诊断要点

局部出现弥漫性、热痛性肿胀，有时可见多处皮肤破溃排脓。全身症状严重。

二、治疗措施

1. 局部疗法

①最初24~48h以内，可用冷敷，涂以醋调制的醋酸铅散。当炎性渗出已基本平息，可用上述溶液温敷促进炎症产物的消散吸收。局部治疗常用50%硫酸镁湿敷，也可用20%鱼石脂软膏或雄黄散外敷。

②手术切开。蜂窝织炎一旦形成化脓后，要广泛切开彻底切除坏死组织并尽快引流。亦可用2%过氧化氢液冲洗和湿敷创面。

2. 全身疗法

给予静脉注射抗生素和输液增强抵抗力；对动物要加强饲养管理，特别是多给些富有维生素的饲料。

【检查】

一、工作过程检查

根据“实施”步骤，验证并分析理论与实际工作的偏差。实施过程验证如表 3－7 所示。

表 3－7　实施过程验证

实际工作中的要求	实际工作程序
理论与实际工作的偏差分析	

二、职业能力和资格测试

根据上述学习情况进行职业能力和资格测试，以检查你的学习掌握程度。

（　　）1. 脓肿是在任何组织或器官内形成外有脓肿膜包裹，内有脓汁潴留的局限性脓腔。

（　　）2. 蜂窝织炎是在致密结缔组织发生的急性弥漫性化脓性炎症。

（　　）3. 全身化脓性感染又称急性全身感染，包括败血症和脓血症等多种情况。

（　　）4. 蜂窝织炎一般多由皮肤或黏膜的微小创口的原发病灶感染引起。

（　　）5. 脓肿病例一般全身症状明显。

1. 脓肿的诊断及治疗。
2. 蜂窝织炎的诊断及治疗。

【评价】

本学习任务评价主要由学院教师、企业技师、学生自评和小组互评共同完成，评价成绩均采用 100 分制，成绩评价表如表 3－8 所示，该成绩记入学生成长记录。

表 3－8　成绩评价表

序号	能力维度	分值	学院教师	企业技师	学生自评	小组互评	得分
1	专业能力	30					
2	方法能力	40					
3	社会能力	30					
	合计						

任务三　眼病的诊治与眼球摘除技术

【学习任务】

眼病的诊治与眼球摘除技术。

【与其他学习任务的关系】

眼病是兽医临床常见的外科病之一。

【资讯】

一、结膜炎

结膜炎是指眼睑结膜和眼球结膜的表层或深层组织的卡他性炎症。各种动物都可发生，马、牛、犬更为常见。临床特征为羞明，流泪，结膜充血、肿胀，眼睑痉挛，眼分泌物增多。眼结膜对各种刺激非常敏感，轻微的刺激即可引起炎症，常见病因有：

1. 机械性因素

如各种因素所致结膜外伤，各种异物落入眼内粘在结膜面上，眼睑内翻以及笼头不合适等。

2. 化学性因素

如各种刺激性化学药品或农药误入眼内。

3. 继发性因素

本病常继发于邻近组织的疾病（如上颌窦炎、泪囊炎、角膜炎等），某些传染病（如流感、腺疫、犬瘟热等）。

4. 光学性因素

眼睛未加保护，遭受强日光的长期直射、紫外线或X射线照射等。

急性结膜炎初期结膜稍肿胀，呈鲜红色，分泌物较少，水样，继则变为黏液性。严重时，眼睑肿胀、带热痛，发痒，羞明流泪，充血明显，流浆液、黏液或黏液脓性分泌物，如炎症波及角膜面则引起角膜炎。

慢性结膜炎主要临床症状往往不明显，羞明很轻或见不到。充血轻微，结膜呈暗赤色，结膜变厚呈丝绒状，有少量分泌物。如感染，眼内流出多量黄色脓性分泌物，上、下眼睑常被粘在一起。化脓性结膜炎常波及角膜而形成溃疡。

治疗上以消除病因，抗菌消炎，止痛为原则。首先应将动物放入遮光舍内，或者装眼绷带，如分泌物量多时则不宜用，避免眼受强光刺激。症候性结膜炎，则应以治疗原发病为主。用生理盐水、2%～3%硼酸溶液、0.01%新洁尔灭溶液等刺激性小的药液进行眼内冲洗，冲出异物和分泌物。消炎、止痛可选可的松类、抗生素类眼药水点眼或用0.5%盐酸普鲁卡因溶液2~3ml，青霉素5万~10万IU，氢化可的松2ml，球结膜下注射，一日或隔日一次，或者作眼睑皮下注射，上下眼睑皮下各注射0.5~1ml。对于痒、痛明显的病例，可用0.5%~1%盐酸普鲁卡因溶液点眼，每日三次，包扎眼绷带。氯霉素与氢化可的松按1∶1混合点眼。分泌物呈黏液性时，用0.5%~1%硝酸银溶液点眼，10min后，用生理盐水冲洗，避免过剩的硝酸银的分解刺激，1~2次/d。

保持厩舍和运动场的清洁卫生，注意通风换气，避免强光照射，严禁在厩舍里调制饲料和刷拭畜体，笼头不合适应加以调整。治疗眼病时，要特别注意药品的浓度和质量。

二、角膜炎

角膜炎是指眼角膜表层或深层的炎症。临床以角膜翳膜、混浊、溃疡、视物不清为特征。可分为外伤性、表层性、深层性及化脓性角膜炎数种。角膜炎多由于外伤，如鞭打、笼头压迫或异物误入眼内摩擦而引起，刺激性较强的化学药品、农药误入眼内，继发于某些传染病，犬发病率高。

角膜炎的主要症状是羞明、流泪、疼痛、眼睑闭合、角膜混浊或溃疡。轻的角膜炎常不容易直接发现，只有在阳光斜照下可见到角膜表面粗糙不平。

在角膜表面上形成不透明的瘢痕或色素斑，呈点状、棒状或云雾状，乳白色、灰白色或橙黄色，称之为角膜浑浊或角膜翳（翳膜），导致不同程度的视力障碍。

浅层角膜炎　角膜透明度差，侧望角膜表面粗糙不平，角膜出现云雾状淡蓝褐色、灰白色混浊，血管呈树枝状充血。

深层角膜炎　触诊眼球疼痛，表面有光泽，混浊呈灰白色不透明，血管呈刷状，自角膜缘伸入角膜内。

化脓性角膜炎　眼疼痛剧烈，排出脓性分泌物，混浊呈淡灰黄色或黄色，表面粗糙无光泽，有时角膜形成溃疡，严重时可引起角膜穿孔。

治疗上以消除炎症，促进吸收为原则。

消除炎症可用冲洗液洗眼，除去分泌物、异物，用吸水棉球吸干，青霉素眼药水、醋酸可的松眼药水点眼，或者抗生素眼药膏，2~3次/d，包扎眼绷带。

促进角膜混浊吸收可用甘汞和乳糖（或蔗糖）等份，研为极细末，吹入眼内，1~2次/d或1%~2%黄降汞眼膏点眼，2次/d。

初期疼痛明显，可用3%盐酸普鲁卡因点眼，2次/d；防止虹膜发生粘连，用0.5%~1%硫酸阿托品溶液点眼，2次/d。

可用青霉素、普鲁卡因、氢化可的松或地塞米松作结膜下或作患眼上、下眼睑皮下注射，对小动物外伤性角膜炎引起的角膜翳效果良好。

中药可用拨云散、决明散、明目散等，对慢性角膜炎有一定疗效。

三、第三眼睑腺摘除和复位术

第三眼睑腺脱出，又称为樱桃眼。脱出物严重充血、肿胀或破溃，应摘除；若轻微充血，可作复位术。

第三眼睑（瞬膜）为一变体的结膜皱褶，位于眼内眦，球面凹，睑在凸。第三眼睑腺位于瞬膜前下方，由一扁平、T形玻璃样软骨支撑，其臂部与瞬膜前缘平行，杆部则包埋在第三眼睑腺内（图3－10）。腺体被覆脂肪组织，腺体分泌物经多个腺小管到达球结膜，对眼球起润滑、保护作用。

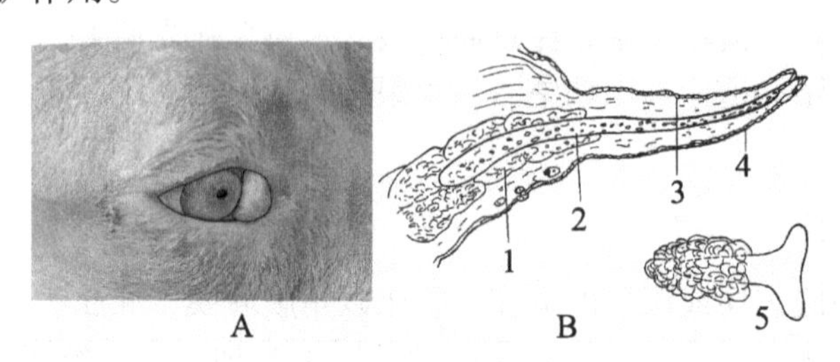

图3－10　第三眼睑腺的位置

A. 第三眼睑腺脱出　B. 第三眼睑腺的解剖位置　1. 第三眼睑腺　2. T形软骨的杆部　3. 眼睑面　4. 眼球面　5. 第三眼睑腺附着在T形软骨的杆部

全身麻醉；大动物也可行全身麻醉配合球后麻醉；动物侧卧保定，患眼在上。

1. 切除术

在第三眼睑缘缝置牵引线，向外牵引第三眼睑。用小弯止血钳夹住脱出物的基部，紧贴瞬膜的边缘，用弯剪沿止血钳上部将脱出物剪除。钳夹几分钟后松钳。松钳时用另一把止血钳或镊子提着瞬膜，观察有无出血。若有出血，用止血钳钳夹出血点几分钟。若不出血，放回即可。

术后用抗生素眼药水点眼，每天6～8次。

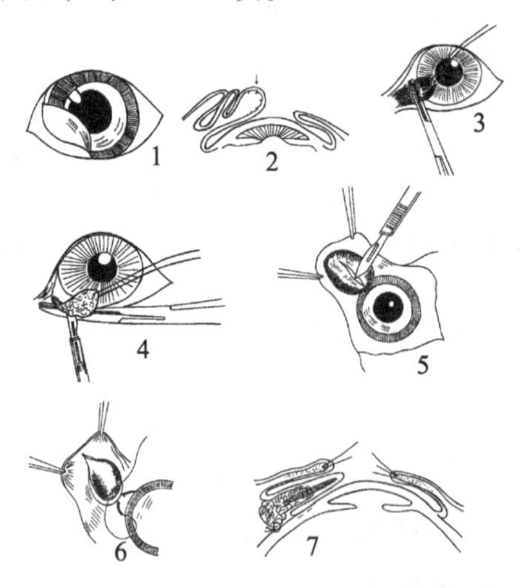

图3－11　第三眼睑腺摘除与复位固定法

1、2. 脱出的第三眼睑腺　3. 用缝线牵引的第三眼睑，紧贴第三眼睑边缘安置止血钳　4. 切除第三眼睑腺　5. 分离显露腺体　6、7. 腺体与球结膜和巩膜浅层做固定缝合，腺体得以复位

2. 复位术

组织钳夹持第三眼睑向鼻侧提起使其外翻，在脱出物最上部至结膜穹隆处切开结膜，用弯剪在结膜与腺体之间作钝性分离，暴露深部腺体和远端瞬膜缘。将眼球向背侧转动或用细有齿镊夹持眼球下缘向上提眼球，显露眼内侧球结膜。用人工合成可吸收缝线（4/0）将腺体、球结膜、巩膜浅层作一水平褥式缝合。缝线抽紧打结，腺体则被送回眼球下方。若腺体过大，可作部分切除术。

四、眼球摘除术

眼球全脱出、全眼球炎、严重的角膜穿孔或继发眼内感染无法控制时，应实行眼球摘除术。

眼球中部有眼肌附着，分别为上直肌、下直肌、内直肌和外直肌，上、下斜肌与眼球退缩肌，后端借视神经与间脑相连。眼球四条直肌起始于视神经孔周围，包围在眼球退缩肌外周，向前以腱质分别抵止于巩膜表面。眼球上斜肌起始于筛孔附近，沿内直肌肉侧前行，通过滑车而转向外侧，经上直肌腹侧抵于巩膜。眼球退缩肌也起始于视神经孔附近，有上、下、内、外四条肌束组成，呈锥形包裹于眼球后部和视神经周围，并抵止于巩膜（图 3－12）。

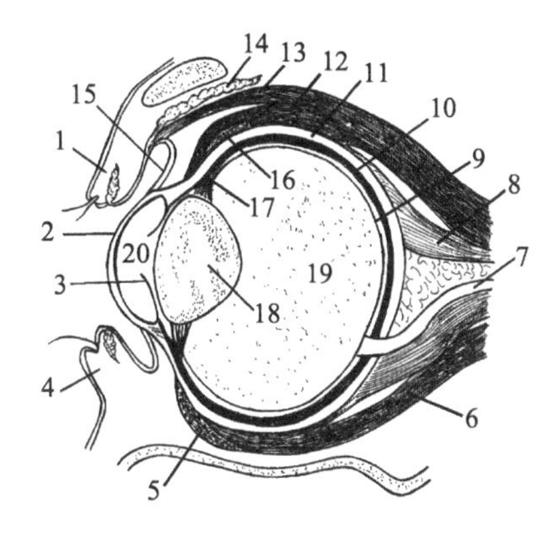

图 3－12　眼球解剖示意图

1. 上眼睑　2. 角膜　3. 虹膜　4. 下眼睑　5. 下斜肌　6. 下直肌　7. 视神经　8. 退缩肌　9. 视网膜　10. 脉络膜　11. 巩膜　12. 上直肌　13. 上睑提肌　14. 泪腺　15. 球结膜　16. 上斜肌　17. 睫状体　18. 晶状体　19. 玻璃体　20. 眼前房

全身麻醉，配合眼轮匝肌麻醉。大动物也可行全身麻醉配合球后麻醉；动物患眼在上，侧卧保定。

1. 经结膜眼球摘除法

适用于眼球脱出、严重角膜穿孔及眼球内容物脱出、角膜穿透创继发眼内感染但尚未波及眼睑。方法是：用金属开睑器撑开眼睑或用缝线牵引开眼睑，必要时（如小眼球或小睑裂）可切开外眦，以充分暴露眼球。用有齿组织镊夹持角膜缘邻近结膜，在穹窿结膜上做环形切开，将弯剪紧贴巩膜向眼球赤道方向分离，分别剪断4条直肌和2条斜肌在巩膜表面上的止端。然后用有齿镊夹持眼球上的直肌残端并向外牵引，用弯剪环形分离眼球深处组织，至眼球可以做旋转运动，然后将眼球继续前提，将弯止血钳深入球后，并钳夹游离的球后组织，在止血钳外侧剪断眼球退缩肌、视神经及其邻近血管等，摘除眼球。十字缝合眼直肌和眼球囊。单纯连续缝合球结膜，缝线两端不打结，分别引至内、外眦外。也可剪除结膜缘，眼睑进行间断缝合（图3－13）。

2. 经眼睑眼球摘除术

适用于眼球严重化脓感染或框内肿瘤已蔓延到眼睑的动物，切除部分眼睑有利于手术创取第一期愈合。具体操作如下：上下眼睑常规剪毛、消毒后，将上下睑缘连续缝合，闭合眼睑。在触摸眼眶和感知其范围基础上，在距睑缘1～2cm处，环绕眼睑缘做一椭圆形切口，依次切开皮肤、眼轮匝肌至睑结膜，但必须保留睑结膜完整。一边用有齿组织镊向外牵拉眼球，一边用弯剪环形分离球后组织，分别剪断所有直肌和斜肌（图3－13）。当牵拉眼球可做旋转运动时，用小弯止血钳深入球后，紧贴眼球钳夹眼球退缩肌、视神经及其邻近血管，在止血钳外侧将其切断，取出眼球。清创后缝合结膜、眼外肌和眼球囊。最后结节缝合眼睑皮肤切口，作结系眼绷带。

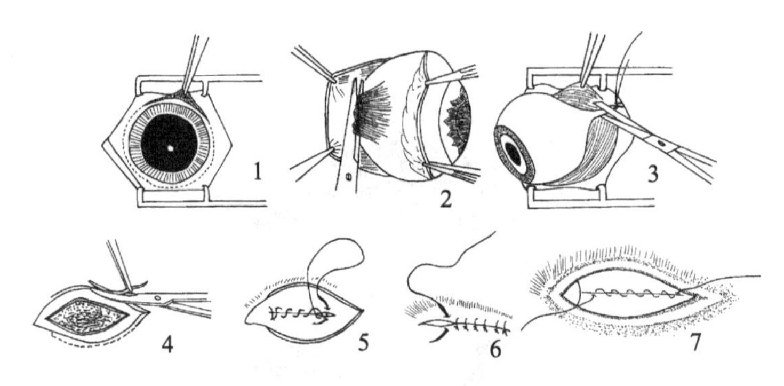

图3－13　球结膜眼球摘除术

1. 虚线为球结膜切开线　2. 分离眼球肌肉　3. 剪断眼球缩肌和视神经　4. 剪除结膜缘
5. 缝合眼球肌肉与球结膜　6. 缝合结膜缘切口　7. 保留结膜缘，闭合球结膜切口

术后可因眶内出血引起术部肿胀和疼痛，或者从创口流出血样液体，所以应视动物具体情况使用止血药、止痛药等。若眼部感染有扩散可能，应早期大量使用抗生素。术后3～4d炎症渗出逐渐减少，可行眼部温敷以减轻肿胀和疼痛。

【决策】

根据工作任务的要求，对眼球脱出病例手术的决策见表3－9－1。

表3－9－1　手术的决策

动物	手术选择
犬	结膜眼球摘除法

【计划】

根据实践案例，编制完成任务的计划如下。

1. 计划动物

犬。

2. 计划器材

常规手术器械。

3. 角色分配

（表3－9－2）

表3－9－2　角色分配

序号	学生	角色	主要工作
1	甲	术者	手术组织和实施
2	乙	助手	协助术者完成手术
3	丙	助手	协助术者完成手术

【实施】

全身麻醉，仰卧保定。用金属开睑器撑开眼睑或用缝线牵引开眼睑，以充分暴露眼球。用有齿组织镊夹持角膜缘邻近结膜，在穹隆结膜上做环形切开，将弯剪紧贴巩膜向眼球赤道方向分离，分别剪断4条直肌和2条斜肌在巩膜表面上的止端。然后用有齿镊夹持眼球上的直肌残端并向外牵引，用弯剪环形分离眼球深处组织，至眼球可以做旋转运动，然后将眼球继续前提，将弯止血钳深入球后，并钳夹游离的球后组织，在止血钳外侧剪断眼球退缩肌、视神经及其邻近血管等，摘除眼球。十字缝合眼直肌和眼球囊。单纯连续缝合球结膜，缝线两端不打结，分别引至内、外眦外。也可剪除结膜缘，眼睑进行间断缝合。

【检查】

一、工作过程检查

根据“实施”步骤，验证并分析理论与实际工作的偏差。实施过程验证如表3－10所示。

表3－10　实施过程验证

<table>
<tr><td>实际工作中的要求</td><td>实际工作程序</td></tr>
<tr><td></td><td></td></tr>
<tr><td colspan="2">理论与实际工作的偏差分析</td></tr>
<tr><td colspan="2"></td></tr>
</table>

二、职业能力和资格测试

根据上述学习情况进行职业能力和资格测试，以检查你的学习掌握程度。

1. 第三眼睑腺摘除的操作方法。
2. 眼球摘除术的操作方法。

【评价】

本学习任务评价主要由学院教师、企业技师、学生自评和小组互评共同完成，评价成绩均采用100分制，成绩评价表如表3-11所示，该成绩记入学生成长记录。

表3-11　成绩评价表

序号	能力维度	分值	学院教师	企业技师	学生自评	小组互评	得分
1	专业能力	30					
2	方法能力	40					
3	社会能力	30					
	合计						

任务四　食道阻塞的急救技术

【学习任务】

掌握食道阻塞的急救技术

【与其他学习任务的关系】

当家畜食管发生梗塞，用一般保守疗法难以除去时，采用食管切开术。另外，食管切开也应用于食管息室的治疗和新生物的摘除。

【资讯】

食管呈淡红色，沿喉和气管的背侧向后行走，约自第四颈椎开始逐渐偏至气管的左侧。在进入胸腔之前（第7颈椎水平），转到气管左背侧，在胸腔内第3胸椎水平则转到气管的背侧，向后横过主动脉弓的右侧和胸主动脉下方的纵隔腔内，最后穿过膈食管裂孔，进入腹腔。颈静脉沟的下方为胸头肌，上方为臂头肌。在颈上1/3处食管的背侧有喉囊、颈长肌，腹侧为气管，两侧有迷走交感神经干、颈总动脉及返神经，再向外侧为肩胛舌骨肌和颈静脉。在颈中1/3处，食道的背侧为左颈长肌，右腹侧为气管，左侧有迷走交感神经干、颈总动脉、胸头肌、臂头肌、肩胛舌骨肌、颈静脉，最外侧为皮肌（图3-14）。食管壁包括：

（1）纤维板（外层）

又称外膜，为白色结缔组织，被深筋膜包围，无浆膜。

(2) 肌层

颈部为横纹肌，自心脏基部转变为平滑肌；贲门部增厚为括约肌。

(3) 黏膜下层

疏松便于黏膜扩张。

(4) 黏膜层

灰白色，为复层扁平上皮，纵向皱褶状，松弛。

【决策】

根据工作任务的要求，对手术的决策见表3－12。

表3－12　手术的决策

动物	手术选择
牛	食管切开术

【计划】

根据实践案例，编制完成任务的计划如下。

1. 计划动物

牛。

2. 计划器材

常规手术器械。

3. 角色分配

(表3－13)

表3－13　角色分配

序号	学生	角色	主要工作
1	甲	术者	手术组织和实施
2	乙	助手	协助术者完成手术
3	丙	助手	协助术者完成手术

【实施】

一、麻醉与保定

全身麻醉配合局部浸润麻醉；站立保定或仰卧保定，头颈伸直。

二、切口定位

包括颈左侧切口和颈腹侧切口。

三、术式

1. 颈静脉上方切口与颈静脉下方切口

上方切口路径近，下方切口较远，下方切口的创液或术后感染不易损伤颈静脉。沿臂头肌下缘 0.5～1.0cm 或胸头肌上缘做 12～15cm（马、牛），犬 4～8cm。切开皮肤、皮肌和筋膜，钝性分离颈静脉和肌间疏松组织，不易分离的用剪刀剪断，但应保护颈静脉周围的筋膜。钝性分离肩胛舌骨肌后剪开深筋膜，至气管的背侧寻找食管（图 3－14）。

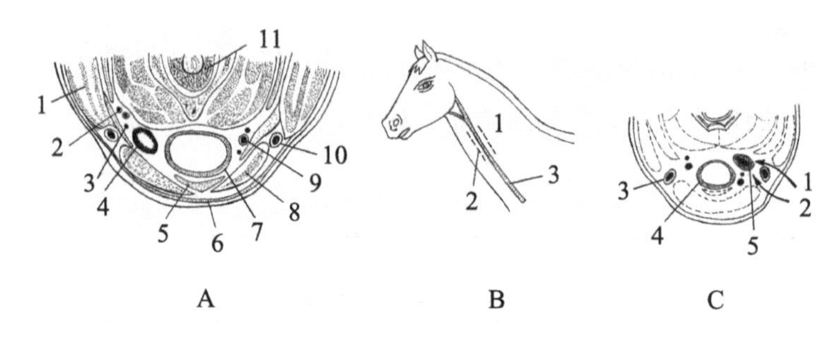

图 3－14　食管的解剖位置与食管手术通路

A. 食管的解剖位置　1. 臂头肌　2. 迷走神经干　3. 返神经　4. 食管　5. 胸骨甲状舌骨肌　6. 皮肤　7. 气管　8. 胸头肌　9. 颈总动脉　10. 颈静脉　11. 颈椎

B. 皮肤切口位置　1. 上切口　2. 下切口　3. 颈静脉

C. 手术通路　1. 上切口　2. 下切口　3. 颈静脉　4. 气管　5. 食管

2. 腹侧切口

在胸头肌与气管之间，沿胸头肌下缘切开，切开深筋膜，分离气管和肌膜间结缔组织，剪开脏筋膜，寻找食管。此通路有利于排创液，但部位较深。

钝性分离食管周围的筋膜，游离食管。将食管牵引至切口外，用生理盐水纱布隔离、固定（图 3－15）。若梗塞时间短，食管壁损伤轻，可在梗塞物处切开食管壁；若梗塞时间长，食管壁炎性水肿，应在梗塞物下方切开食管壁；切口的大小以刚好取出梗塞物为宜。切开全层食管壁，取出异物，擦净唾液和血液，用酒精棉球擦拭消毒后缝合食管切口。食管做两层缝合，第一层用可吸收线内翻缝合黏膜层，第二层用可吸收线对纤维肌肉作结节缝合。食管周围的筋膜、肌肉和皮肤分别作间断缝合。若食道坏死者（48h 以上），行食道开放，创内填防腐液纱布，皮肤作假缝合。

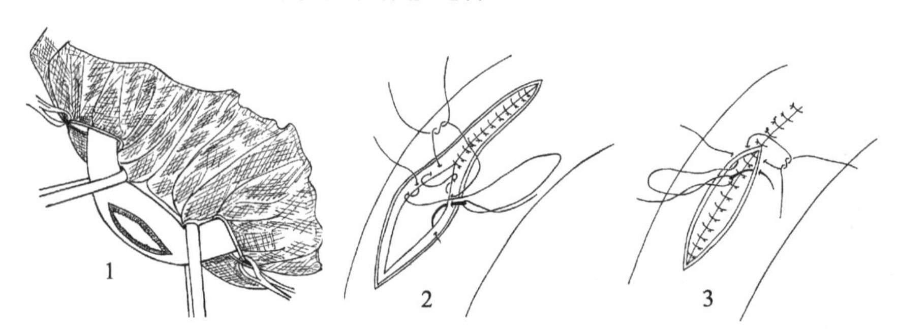

图 3－15　食管切开术

1. 纱布隔离食管，肠钳夹闭食管腔，在食管的背侧纵向切开食管壁

2. 全层内翻间断缝合食管黏膜　3. 间断缝合食管肌层

若梗塞物位于胸腔中段或前段食道内，需要作开胸术（左侧第 6～8 肋间）。若梗塞物位于贲门附近，可作胃切开术，用长钳经贲门取出异物。

术后 1～2d 禁食禁饮，静脉供给营养；以后喂柔软饲草或流汁食物。全身应用抗生素

5～7d，防治感染。食道需10～12d愈合。皮肤8～12d拆线。

【检查】

一、工作过程检查

根据“实施”步骤，验证并分析理论与实际工作的偏差。实施过程验证如表3－14所示。

表3－14　实施过程验证

实际工作中的要求	实际工作程序
理论与实际工作的偏差分析	

二、职业能力和资格测试

根据上述学习情况进行职业能力和资格测试，以检查你的学习掌握程度。

食道切开术的术部多确定在（　　）。

A. 左侧颈静脉沟　　B. 右侧颈静脉沟

C. 咽喉气管下方　　D. 左右颈静脉沟均可

食道阻塞的手术治疗方法？

【评价】

本学习任务评价主要由学院教师、企业技师、学生自评和小组互评共同完成，评价成绩均采用100分制，成绩评价表如表3－15所示，该成绩记入学生成长记录。

表3－15　成绩评价表

序号	能力维度	分值	学院教师	企业技师	学生自评	小组互评	得分
1	专业能力	30					
2	方法能力	40					
3	社会能力	30					
	合计						

任务五　肠便秘和肠变位的手术疗法

【学习任务】

肠便秘和肠变位的手术疗法。

【与其他学习任务的关系】

肠便秘和肠变位是临床常见病，手术治愈率高。

【资讯】

牛的十二指肠闭结常发生在髂弯曲和乙状弯曲部，第三弯曲发生较少。闭结点如鸡蛋大小，阻塞物多为粪球、纤维球或毛球。牛的空肠闭结偶有发生，阻塞物的性质、与十二指肠相似，回肠闭结多位于回盲口处。犬的小肠切开术适用于排除犬的肠内异物或蛔虫性肠阻塞。为了进行肠活组织检查，也需进行肠切开术。

【决策】

根据工作任务的要求，对手术的决策见表3－16。

表3－16　手术的决策

动物	手术选择
牛	肠侧壁切开与吻合术
犬	肠侧壁切开与吻合术

【计划】

根据实践案例，编制完成任务的计划如下。

1. 计划动物

牛、犬。

2. 计划器材

常规手术器械。

3. 角色分配

（表3－17）

表3－17　角色分配

序号	学生	角色	主要工作
1	甲	术者	手术组织和实施
2	乙	助手	协助术者完成手术
3	丙	助手	协助术者完成手术

【实施】

一、术前准备

当牛瘤胃臌气或瘤胃积液时，可通过胃管对瘤胃放气、放液减压；当犬因小肠闭结出现呕吐，造成水、电解质平衡紊乱和酸碱代谢失调时，术前应静脉补充水、电解质并纠正代谢性碱中毒。

二、麻醉与保定

牛一般采用站立保定，必要时也可采取侧卧保定，站立保定时采用局部麻醉；侧卧保定时用局部麻醉并配合止痛、镇静药物。犬采用全身麻醉，仰卧保定。

三、切口定位

牛十二指肠乙状弯曲的手术通路采用右肷部前切口，十二指肠髂弯曲和空肠采用右肷部中切口，回肠采用右肷部后切口。犬小肠切开术采用脐前腹中线切口。

四、术式

1. 寻找闭结点肠段

①牛的右肷部腹壁切开后显露腹腔内脏，在切口内可直视十二指肠髂弯曲，检查髂弯曲部有无闭结点，当有闭结点时，可将闭结部肠段拉出切口外，进行肠切开。当髂弯曲肠段臌气积液，说明十二指肠第三部或空肠袢有闭结，术者左手自臌气积液的髂弯曲向后转入网膜上隐窝间口上部，再向前即为十二指肠第三部。对闭结部经隔肠注水后，将闭结点向近心端推移至髂弯曲部进行肠切开。当十二指肠乙状弯曲部闭结，应将闭结点向十二指肠远心端推移使其进入髂弯曲肠段，再将闭结点肠段拉出腹壁切口外进行肠切开术（图 3－16）。

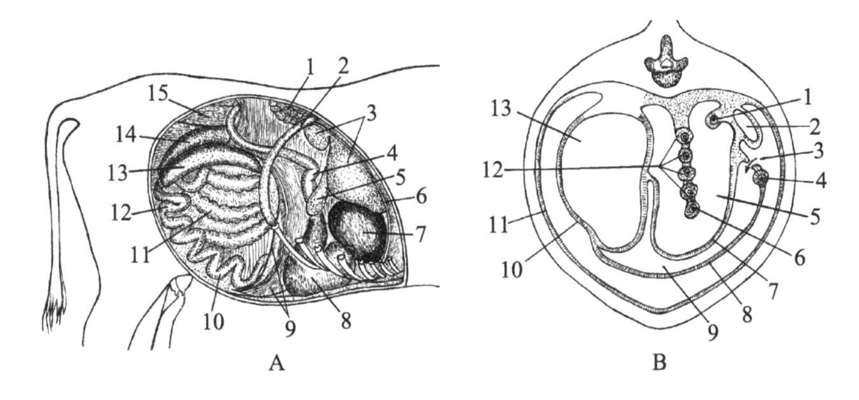

图 3－16　牛肠管的位置

A. 右侧观　1. 右肾　2. 最后肋骨　3. 肝　4. 十二指肠　5. 胆囊　6. 膈　7. 瓣胃　8. 皱胃　9. 大网膜深层与浅层　10. 空肠　11. 结肠袢　12. 回肠　13. 盲肠　14. 瘤胃左侧　15. 直肠

B. 腹部横切面　1. 十二指肠第三部　2. 肝　3. 网膜孔　4. 十二指肠第二部　5. 网膜上隐窝　6. 空肠　7. 网膜深层　8. 网膜浅层　9. 网膜腔　10. 腹膜脏层　11. 腹膜壁层　12. 结肠袢　13. 瘤胃

②牛的空肠和回肠闭结点，隔双层网膜可以触到，若间隔双层网膜将闭结部肠管引出腹壁切口外，用肠钳隔着双层网膜固定闭结点进行肠切开，随闭结点的取出，在双层网膜内已被切开的肠管也随之从肠钳上滑脱进入网膜上隐窝内，大量肠内容物流入腹腔，造成严重的后果。为此，对空肠、回肠闭结点的肠切开应采取以下术式：术者左手向骨盆腔方向伸入，寻找双层网膜吻合缘，将双层网膜吻合缘向前拨动，左手经网膜上隐窝间口进入网膜上隐窝内，自总肠系膜结肠袢的周缘，沿着空肠的前、腹、后缘顺序探查，术者手在臌胀的肠袢内作鱼尾状摆动，当闭结点撞击手端，便可发现闭结部肠段。手抓持闭结部肠段，经网膜上隐窝间口拉出切口外隔离固定。当空肠前部的某些肠段经网膜上隐窝间口不易拉出时，可将双层网膜切开，然后拉出空肠闭结部肠段。双层网膜切开的方法：在网膜

预定切开线的两侧分别系两根牵引线，并结扎网膜切开线上的血管，切开大网膜浅层。然后按同法在大网膜深层切开线的两侧系牵引线和结扎切开线上的血管后，切开大网膜深层。深浅二层网膜上的牵引线由助手牵引或用创巾钳暂时固定在腹壁切口两侧，术者手经网膜切口伸入腹腔内，探查闭结点肠段并引出腹壁切口外，隔离固定进行肠切开术。

③犬十二指肠、空肠和回肠经脐前腹中线切口切开腹壁后，将犬大网膜向前拨动，即可显露上述三段肠管（图3－17，图3－18）。

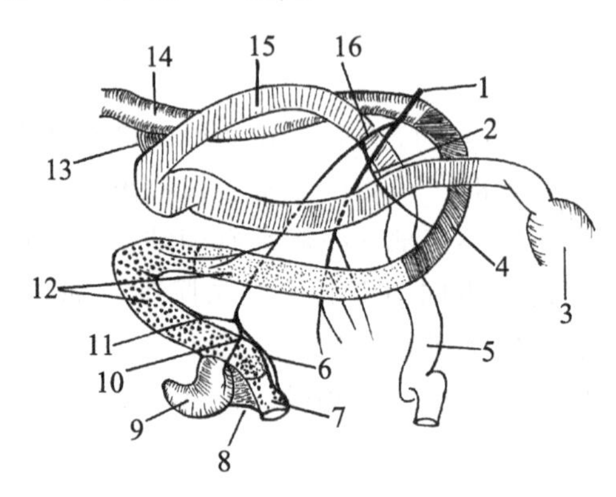

图3－17　犬肠管组成与肠系膜前动脉

1. 肠系膜前动脉　2. 结肠中动脉　3. 胃　4. 横结肠　5. 空肠　6. 回盲支　7. 回肠
8. 回盲韧带　9. 盲肠　10. 盲肠动脉　11. 结肠支　12. 升结肠和结肠右曲
13 十二指肠韧带　14. 降结肠　15. 十二指肠　16. 回结肠动脉

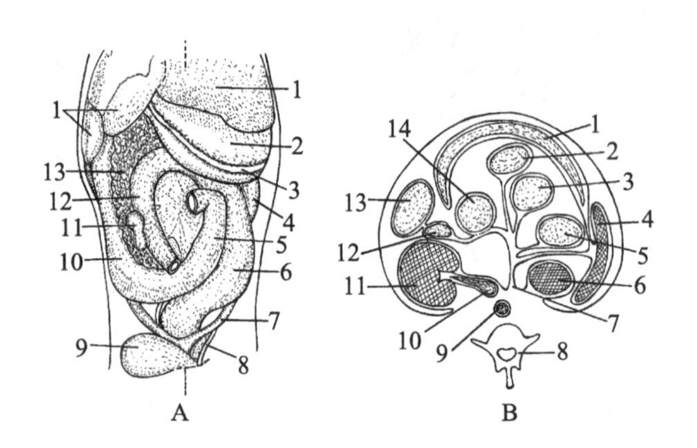

图3－18　犬腹腔脏器的解剖位置

A. 腹面观　1. 肝　2. 胃　3. 大网膜附着处　4. 左肾　5. 升十二指肠　6. 降结肠
7. 左子宫角　8. 左输尿管　9. 膀胱　10. 降十二指肠　11. 盲肠　12. 升结肠　13. 胰腺
B. 第二腰椎处横切面　1. 网膜囊　2. 空肠　3. 升十二指肠　4. 脾　5. 降结肠　6. 左肾　7. 肠系膜根
8. 第二腰椎　9. 腹主动脉　10. 后腔静脉　11. 右肾　12. 胰腺　13. 降十二指肠　14. 升结肠

2. 肠侧壁切开与吻合术

将闭结部肠段牵引至腹壁切口外，用生理盐水纱布垫保护隔离，两把肠钳夹住闭结点两侧肠腔（图3－19）。术者用手术刀在闭结点对肠系膜侧做一纵行切口，切口长度以能顺利取出阻塞物为原则。助手自切口的两侧适当推挤阻塞物，使阻塞物由切口自动滑入器皿内。助手持肠钳固定肠管，用酒精棉球消毒切口缘，转入肠切口的缝合。

肠的缝合要用可吸收缝线进行全层连续内翻缝合，第一层缝合完毕，经生理盐水冲洗后，转入连续伦贝特氏缝合或库兴氏缝合。除去肠钳，检查有无渗漏后，用生理盐水冲洗肠管，涂以抗生素油膏，将肠管还纳回腹腔内。

犬猫的小肠腔细小，肠壁切口经双层缝合后可造成肠腔狭窄，易继发肠梗阻。因此，可采用压挤缝合或一层间断内翻缝合。

腹壁切口缝合按肷部切口和腹中线切口的闭合方法进行缝合。

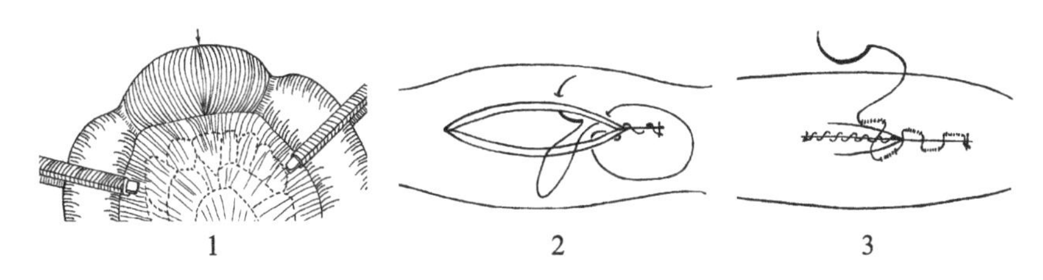

图 3－19　肠管侧壁切开术

1. 在切开处两侧安置肠钳，自对肠系膜侧切开肠壁　2. 第一层用康奈尔氏缝合法闭合切口
3. 第二层用库兴氏缝合法缝合

术后禁食 36～48h，不限制饮水。当病畜出现排粪、肠蠕动音恢复正常后方可给予易消化的优质饲草、饲料。对术后已出现水、电解质代谢紊乱及酸碱平衡失调者，应补充水、电解质并调整酸碱平衡。若术后 48h 仍不排粪、病畜出现肠臌胀、肠音弱或犬出现呕吐症状者，应考虑是否因不正确的肠管缝合或病部肠管的炎性肿胀，造成肠腔狭窄，闭结再度发生。为此，应给病畜灌服油类泻剂并给以抗生素，经治疗后仍无效时，则应进行剖腹探查术。肠麻痹也是小肠切开术后常常出现的症状之一。由于闭结点对肠管的压迫或手术时的刺激，均可造成不同程度的肠麻痹，表现为肠蠕动音减弱，粪便向后运行缓慢，肠臌胀等症状。在术后 36h 后肠麻痹症状逐渐减轻，肠臌胀消退，肠蠕动音恢复，不久即可排粪。为了促进肠蠕动，术后可给予兴奋胃肠蠕动的药物或配合温水灌肠。

【检查】

一、工作过程检查

根据“实施”步骤，验证并分析理论与实际工作的偏差。实施过程验证如表 3－18 所示。

表 3－18　实施过程验证

实际工作中的要求	实际工作程序
理论与实际工作的偏差分析	

二、职业能力和资格测试

根据上述学习情况进行职业能力和资格测试，以检查你的学习掌握程度。

肠管侧壁切开术的操作方法？

【评价】

本学习任务评价主要由学院教师、企业技师、学生自评和小组互评共同完成，评价成绩均采用100分制，成绩评价表如表3－19所示，该成绩记入学生成长记录。

表3－19　成绩评价表

序号	能力维度	分值	学院教师	企业技师	学生自评	小组互评	得分
1	专业能力	30					
2	方法能力	40					
3	社会能力	30					
	合计						

任务六　病变肠管的切除与吻合技术

【学习任务】

病变肠管的切除与吻合技术。

【与其他学习任务的关系】

肠管坏死是临床常见病，可通过手术将病变坏死肠断切除。

【资讯】

本手术适用于因各种类型肠变位引起的肠坏死、广泛性肠粘连、不宜修复的广泛性肠损伤或肠瘘，以及肠肿瘤的根治手术。

【决策】

根据工作任务的要求，对手术的决策见表3－20。

表3－20　手术的决策

动物	手术选择
犬	
牛	

【计划】

根据实践案例，编制完成任务的计划如下。

1. 计划动物

牛、犬。

2. 计划器材

常规手术器械。

3. 角色分配

（表 3－21）

表 3－21　角色分配

序号	学生	角色	主要工作
1	甲	术者	手术组织和实施
2	乙	助手	协助术者完成手术
3	丙	助手	协助术者完成手术

【实施】

由肠变位引起肠坏死的动物，大多伴有严重的水、电解质代谢紊乱和酸碱平衡失调，并常发生中毒性休克。为了提高动物对手术的耐受性和手术治愈率，在术前应进行纠正。静脉注射胶体液（如全血、血浆）和晶体液（如林格尔氏液）、地塞米松、抗生素等药物，并在中心静脉压测定的监护下进行输液。插入胃导管进行导胃以减轻胃肠内压力，同时积极进行术部准备，器械、敷料和药品准备，进行紧急手术。

在非紧急情况下，术前 24h 禁食，术前 4～6h 禁水，并给以口服抗菌药物，抑制厌氧菌和整个肠道菌群的繁殖。

大动物进行全身麻醉或椎旁、腰旁神经传导麻醉，犬猫等小动物进行全身麻醉，并进行气管插管，以防呕吐物逆流入气管内。大动物进行侧卧保定，小动物进行仰卧保定。

大动物采用左（马）、右（牛）肷部中切口，小动物采取腹中线切口。

腹壁切开后，用生理盐水纱布垫保护切口创缘，术者手经创口伸入腹腔内探查病部肠段。对各种类型小肠变位的探查，应重点探查扩张、积液、积气、内压增高的肠段，遇此肠段应将其牵引出腹壁切口外，以判定肠切除范围。若变位肠段范围较大，经腹壁切口不能全部引出或因肠管高度扩张与积液，强行牵拉肠管有肠破裂危险时，可将部分变位肠管引出腹腔外，由助手扶持肠管进行小切口排液，术者手臂伸入腹腔内，将变位肠管近心端肠管中的积液向腹腔切口外的肠段推移，以排空全部变位肠管中的积液。用生理盐水纱布垫保护肠管，隔离术部，并判定肠管的生命力。

在下列情况下可判断肠管已经坏死：肠管呈暗紫色、黑红色或灰白色；肠壁菲薄、变软无弹性，肠管浆膜失去光泽；肠系膜血管搏动消失；肠管失去蠕动能力等。若判定可疑，可用生理盐水温敷 5～6min，若肠管颜色和蠕动仍无改变，肠系膜血管仍无搏动者，可判定肠壁已经发生了坏死。

1. 肠部分切除范围

肠切除线应在病变部位两端 5～10cm 的健康肠管上，近端肠管切除范围应大于远端肠管。展开肠系膜，在肠管切除范围上，对相应肠系膜作 V 形或扇形预定切除线，在预定切除线两侧，将肠系膜血管进行双重结扎，然后在结扎线之间切断血管与肠系膜（图 3－20）。

肠系膜为双层浆膜组成，系膜血管位于其间，若缝针刺破血管，易造成肠系膜血肿。扇形肠系膜切断后，应特别注意肠断端的肠系膜三角区出血的结扎。

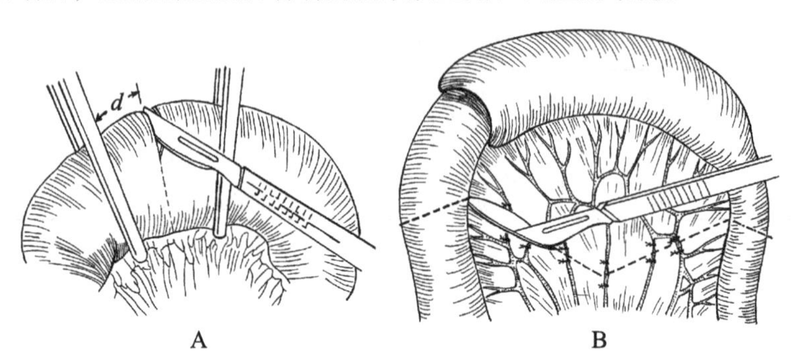

图 3－20　肠管部分切除术

A. 预切除肠管线两侧钳夹无损伤肠钳，距健侧肠钳 5cm（d）处切断肠管（虚线为切开线）

B. 结扎肠系膜侧三角区内出血点，双重结扎肠系膜血管后，在结扎线之间切除肠系膜（虚线为切除线）

2. 吻合方法

肠吻合方法有端端吻合、侧侧吻合与端侧吻合等三种方法，端端吻合符合解剖学与生理学要求。但在肠管较细的动物，吻合后易出现肠腔狭窄，应特别注意。侧侧吻合适用于较细的肠管吻合，能克服肠腔狭窄之虑。端侧吻合在兽医临床上仅在两肠管口径相差悬殊时使用。端端吻合方法介绍如下（图 3－21）。

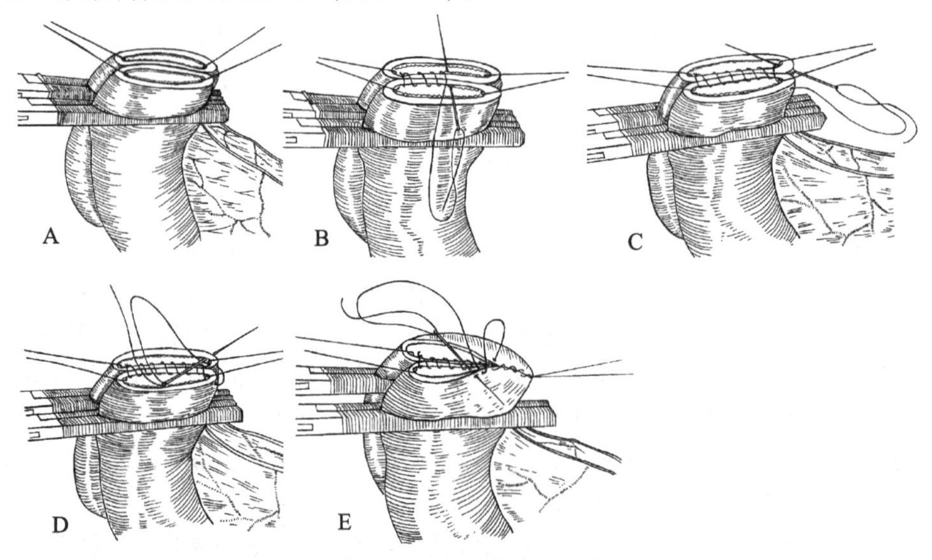

图 3－21　小肠端端吻合术

A. 肠系膜侧与对肠系膜侧作牵引线（全层）　B. 后壁连续全层缝合　C. 自后壁缝至前壁的翻转运针方法一

D. 自后壁缝至前壁的翻转运针方法二　E. 康奈尔氏缝合法缝合前壁

助手扶持并合拢两肠钳，使两肠断端对齐靠近，检查拟吻合的肠管有无扭转。首先在两断端肠系膜侧距肠断缘0.5~1cm处，用1~2号丝线将两肠壁浆膜肌层或全层作一牵引线。在对肠系膜侧用同样方法另作牵引线，以固定两肠断端便于缝合。然后，用直圆针自两肠断端的后壁在肠腔内由对肠系膜侧向肠系膜侧作间断全层缝合。然后，用间断全层内翻缝合法缝合前壁，线结打在肠腔内，但最后两针的线结打在肠腔外，以确保缝合密闭。

完成第一层缝合后，用生理盐水冲洗肠管，手术人员更换手套，更换手术巾与器械，转入无菌手术。第二层采用间断伦贝特氏缝合前后壁。肠系膜侧和对肠系膜侧的两转折处，可作1~2针补充缝合。撤除肠钳，检查吻合口是否符合要求。最后间断缝合肠系膜游离缘。

犬猫等小动物肠腔细小，对细小肠管的端端吻合术，常常采用简单间断缝合或压挤缝合技术。病变肠管切除后，剪除距两健康肠断端3mm处肠系膜缘上过多的脂肪组织。用可吸收性缝线在肠系膜缘的肠壁外，距肠断缘3mm处的浆膜面上进针，通过肠壁全层在肠腔内的黏膜边缘处出针，然后针转到对侧黏膜边缘进针，针呈一定角度通过黏膜层、肌层，在距肠断缘3mm处的浆膜面出针，然后打结并留长线尾作为牵引线。在对肠系膜侧作同样的缝合作为牵引线，并交助手牵引。

自肠系膜侧向对肠系膜侧缝合肠前壁。在距肠断端3mm处的浆膜面进针，自肠腔的黏膜缘出针，针再转入对侧肠壁的黏膜缘进针，在距肠断端3mm处的浆膜面出针打结，完成一个简单间断缝合。

打结时切忌黏膜外翻，每一个线结都应使黏膜处于内翻状态。前壁缝合后，再按同样的缝合方法完成肠后壁的缝合。简单间断缝合之后，检查缝合有否遗漏或封闭不严密，可进行补针。最后用大网膜的一部将肠吻合处包裹并将网膜用缝线固定于肠管上，对肠吻合处起到保护作用。肠系膜缺损处进行间断缝合。

【检查】

一、工作过程检查

根据“实施”步骤，验证并分析理论与实际工作的偏差。实施过程验证如表3-22所示。

表3-22　实施过程验证

实际工作中的要求	实际工作程序
理论与实际工作的偏差分析	

二、职业能力和资格测试

根据上述学习情况进行职业能力和资格测试，以检查你的学习掌握程度。

(　　) 1. 根据连接肠管的形状不同，肠管断端吻合法可分为端端吻合、端侧吻合和侧侧吻合。

(　　) 2. 端侧吻合适用于较细的肠管吻合，能克服肠腔狭窄之虑。

(　　) 3. 侧侧吻合在兽医临床上仅在两肠管口径相差悬殊时使用。

(　　) 4. 坏死肠管的切除线应在肠管病变部位上。

肠管端端吻合术操作方法?

【评价】

本学习任务评价主要由学院教师、企业技师、学生自评和小组互评共同完成，评价成绩均采用100分制，成绩评价表如表3－23所示，该成绩记入学生成长记录。

表3－23　成绩评价表

序号	能力维度	分值	学院教师	企业技师	学生自评	小组互评	得分
1	专业能力	30					
2	方法能力	40					
3	社会能力	30					
	合计						

任务七　瘤胃内容物的去除与探查技术

【学习任务】

瘤胃内容物的去除与探查技术

【与其他学习任务的关系】

前胃疾病是牛的常见病和多发病，保守治疗无效的病例可实施瘤胃切开术治疗。

【资讯】

当反刍动物发生严重的瘤胃积食经保守疗法无效时；当误食有毒饲料、饲草，且在瘤胃内停留者，需立即手术取出毒物并进行胃冲洗；当创伤性网胃炎、创伤性心包炎、网胃内有塑料布、塑料管等异物时，需要通过瘤胃切开取出异物；当瓣胃梗塞或皱胃积食时，需要通过瘤胃切开及对瓣胃或皱胃进行冲洗治疗；当胸部食管梗塞且梗塞物接近贲门者，可经瘤胃切开取出食管内梗塞物。

【决策】

根据工作任务的要求，对手术的决策见表3－24。

表 3－24　手术的决策

动物	手术选择
牛	瘤胃切开术

【计划】

根据实践案例，编制完成任务的计划如下。

1. 计划动物

牛。

2. 计划器材

常规手术器械。

3. 角色分配

（表 3－25）

表 3－25　角色分配

序号	学生	角色	主要工作
1	甲	术者	手术组织和实施
2	乙	助手	协助术者完成手术
3	丙	助手	协助术者完成手术

【实施】

一、术前准备

对有严重瘤胃臌气者可通过胃管放气或瘤胃穿刺放气；对伴有严重水、电解质平衡紊乱和代谢性酸中毒者，术前应给以纠正；对进行胃冲洗者应准备瘤胃内双列弹性环橡胶排水袖筒、温盐水及导管等。

二、麻醉与保定

局部浸润麻醉或椎旁、腰旁神经传导麻醉。站立保定，不能站立者可右侧卧保定。

三、切口定位

1. 左肷部中切口

适用于瘤胃积食、一般体型牛的网胃内探查冲洗和右侧腹腔探查术。

2. 左肷部前切口

适用于体型较大病牛的网胃内探查与瓣胃梗塞、皱胃积食的胃冲洗术。

3. 左肷部后切口

适用于瘤胃积食兼作右侧腹腔探查术。

四、术式

左肷部按常规切开腹壁，先进行腹腔探查（图 3－22），然后根据情况做瘤胃切开术。

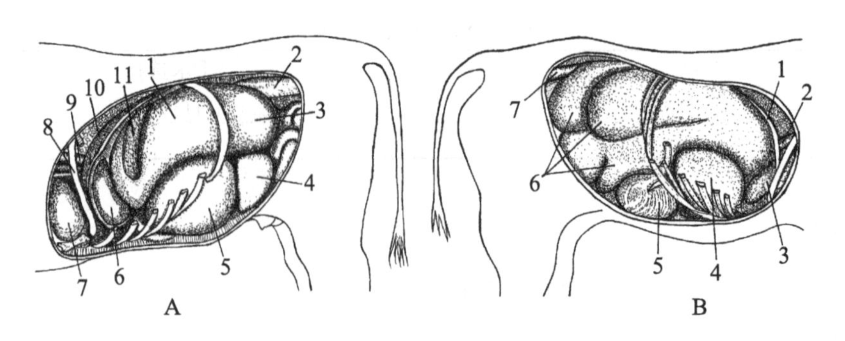

图 3-22　牛胃的解剖位置

A. 左侧观　1. 瘤胃背囊　2. 直肠　3. 后背盲囊　4. 后腹盲囊　5. 瘤胃腹囊　6. 网胃　7. 心　8. 第六肋骨　9. 食管　10. 膈肌　11. 脾

B. 右侧观　1. 膈肌　2. 食管　3. 网胃　4. 瓣胃　5. 真胃　6. 瘤胃　7. 直肠

切开腹膜时应按腹膜切开的原则进行，以免误切瘤胃壁。瘤胃固定与隔离法介绍下列几种。

1. 瘤胃浆膜肌层与皮肤切口创缘的连续缝合固定与隔离法

①瘤胃固定：显露瘤胃后，用三角缝针带 10 号丝线作瘤胃浆膜肌层与皮肤切口创缘之间的环绕一周连续缝合，针距为 1.5～2cm，每缝一针都要拉紧缝线，使瘤胃壁与皮肤创缘紧密贴附，固定瘤胃壁的宽度约 8～10cm，缝毕，检查切口下角是否严密，必要时作补充缝合（图 3-23）。

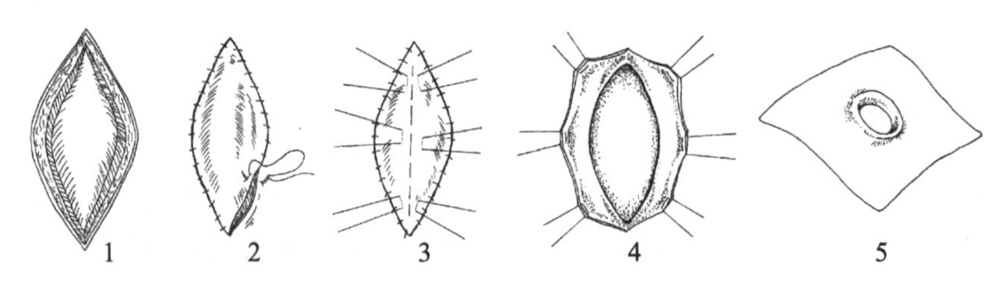

图 3-23　瘤胃与皮肤创缘作环形的缝合固定

1. 显露瘤胃　2. 瘤胃浆膜肌层与皮肤作连续缝合　3. 缝置瘤胃牵引线

4. 切开瘤胃壁，牵引胃壁，外翻瘤胃黏膜　5. 安置橡皮洞巾

②瘤胃黏膜外翻预置缝合线：用三角缝针带 10 号丝线，在瘤胃预切开线两侧通过瘤胃壁全层各作 3 个水平钮扣缝合，缝合针再在距同侧皮肤创缘 10～12cm 的皮肤上缝合，暂不抽紧打结，在瘤胃切开线两侧，用温生理盐水纱布垫覆盖。

③瘤胃切开与黏膜外翻固定：在切开线上先用外科刀切一小口，慢慢放出瘤胃内气体，改用手术剪扩大瘤胃切口，切口长为 15～20cm。在瘤胃切开后，助手将切口创缘两侧的预置缝线抽紧打结，使瘤胃黏膜外翻。

④放置洞巾：洞巾系由 70cm 正方形的防水材料（如橡胶布、油布、塑料布）制成。洞巾中央洞孔直径为 15cm，洞孔弹性环是用弹性胶管或弹性钢丝缝于防水洞孔边缘制成的。应用时将洞巾弹性环压成椭圆形，放入瘤胃腔内后自动展开，恢复原形状。将洞巾四角拉紧展平，并用巾钳固定在隔离巾上，准备掏取瘤胃内容物和进行胃腔探查。

2. 瘤胃六针固定和舌钳夹持黏膜外翻法

①瘤胃固定：显露瘤胃后，在切口上下角与周缘，用三角缝针带10号丝线，通过瘤胃的浆膜肌层与邻近的皮肤创缘作六针纽扣状缝合，打结前应在瘤胃与腹腔之间，填入浸有温生理盐水的纱布（图3－24）。纱布一端在腹腔内，另一端在腹壁切口外，然后再抽紧六针缝合线，使瘤胃壁紧贴在腹壁切口上。

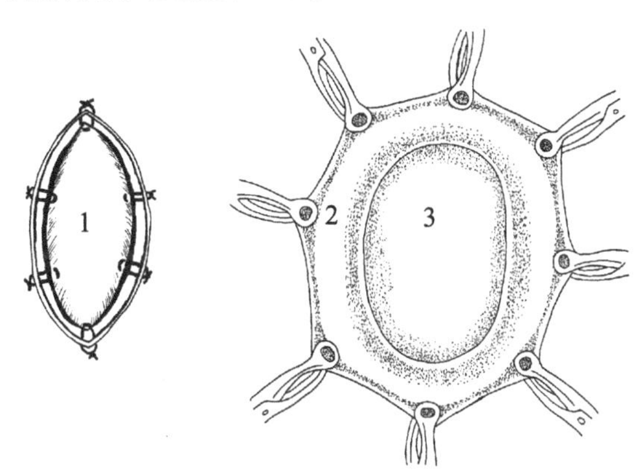

图3－24　瘤胃六针固定与舌钳夹持外翻法

1. 瘤胃壁浆膜肌层与皮肤创缘六针固定缝合　2. 外翻的瘤胃壁　3. 瘤胃腔

胃壁固定后，在瘤胃壁和皮肤切口创缘之间，填以温生理盐水纱布，以便在胃壁切开、黏膜外翻时，胃壁的浆膜面能受到保护，减少对浆膜面的刺激。

②胃壁切开：先在瘤胃切开线的上1/3处用外科刀刺透胃壁，迅速用两把舌钳夹住左右侧胃壁创缘，向上向外拉起，防止胃内容物外溢。然后用剪扩大瘤胃切口，并用舌钳固定提起胃壁创缘，将胃壁拉出腹壁切口并向外翻；随即用巾钳将舌钳柄夹住，固定在皮肤和创布上，以便胃内容物流出，然后套入橡胶洞巾。

3. 瘤胃四角吊线固定法

此固定法适用于瘤胃内容物较少、瘤胃壁易于向切口外牵引的病例。将瘤胃壁预定切口部分，牵引至腹壁切口外。在胃壁与腹壁切口间，填塞大块灭菌纱布，并保证大纱布牢固地固定在局部。在瘤胃壁切口左上角与右上角，左下角与右下角，依次用丝线穿入胃壁浆膜肌层，做成预置缝线。每个预置缝线相距5～8cm。切开胃壁，由助手牵引预置缝线使胃壁浆膜紧贴术部皮肤，并将其缝合固定于皮肤上。

4. 瘤胃缝合胶布固定法

显露瘤胃后，用70cm、中央带有6cm×15cm长方形的塑料布或橡胶洞巾，将瘤胃壁浆膜肌层与中央孔的四个边连续缝合，使中央长方形孔缘紧贴在瘤胃壁上，形成一个隔离区。于瘤胃壁和洞巾下填塞大块生理盐水纱布，将橡胶洞巾四个角展平固定在切口周围，在长方形孔中央切开瘤胃。

5. 胃腔内探查与各种类型病区的处理

瘤胃切开后对瘤胃、网胃、网瓣胃孔、瓣胃及皱胃、贲门等部位进行探查，并对各种类型病区进行处理。

①瘤胃腔内探查与处理：由于甘薯藤、花生秧、麦秸等粗纤维引起的瘤胃积食，可取出胃内容物总量的1/2～2/3。缠结成团的应尽量取出；剩余部分掏松并分散在瘤胃各部。

对泡沫性瘤胃臌气，应在取出部分胃内容物后，用等渗温盐水冲洗胃腔，清除发酵的胃内容物。

对饲料中毒病例（如有毒饲料、饲料中混有农药、黑斑病甘薯等），可在早期进行手术，将有毒胃内容物取出；剩余部分用大量温盐水冲洗，并放置相应的解毒药。

②贲门的探查：贲门开口于前背盲囊的瘤胃前庭。贲门口可插入 3 ~4 个手指，黏膜光滑。当牛发生胸部食管梗塞时，其梗塞部多靠近贲门口或距贲门 5 ~6cm 处的食管内。当用保守疗法无效时，可作瘤胃切开术，经贲门用手直接取出梗塞物，或用异物钳经贲门取出梗塞物，取出异物时先行食管插管和食管内注入液体石蜡和2% 利多卡因溶液。

③网胃腔内探查与处理：术者手自瘤胃前背盲囊向前下方，经瘤网胃孔进入网胃。首先检查网胃前壁和胃底部每个多角形黏膜隆起褶—网胃小房有无异物刺入（如针、钉、钢丝等），胃壁有无硬结和脓肿等。已刺入胃壁上或游离于胃底部的金属异物或其他非金属异物（如网胃结石、网胃底部的泥沙、塑料片及绳索等）都应全部取出。网胃壁上的硬结多为异物刺入点，应注意检查异物是否仍在硬结内。手抓住网胃前壁向网胃腔内提拉，可确定网胃与膈有无粘连。自网胃硬结与附近组织形成索状瘘管，可判断其异物穿出后所损伤器官的位置。

网瓣胃孔的探查与处理网瓣胃孔位于网胃右侧稍下方，口径有 3 ~4 指宽，在开张状态下手可通过。手术中有时发现网瓣胃孔角质爪状乳头增生，增生的乳头似鸟爪状，硬如皮革，约 3cm 长，其上半部粗硬，下半部稍软，易于拔除。异常生长的角质爪状乳头一般有 15 ~20 根，能引起网瓣胃孔狭窄，使胃内容物通过受阻，临床上常表现前胃弛缓的症状。对增生的乳头拔除后无出血或其他并发症。

④瓣胃梗塞的探查与处理：于瘤胃腔的右侧前肌柱附近，隔瘤胃壁触诊瓣胃体积，在瓣胃梗塞的情况下，较正常增大 2 ~3 倍，坚实，指压无痕。网瓣胃孔常呈开张状态，孔内与瓣胃沟中充满干涸胃内容物，瓣胃叶间嵌入大量干燥如茶砖或豆饼样硬度的内容物，可用胃冲洗进行治疗。瓣胃冲洗前，先将瘤胃基本掏空，然后左手进入网瓣胃孔内，取出网瓣胃孔内和瓣胃沟内干涸内容物后，将双列弹性环的橡胶排水袖筒洞巾套入瘤胃腔内，然后术者左手持胃导管的一端带入网瓣胃孔内，导管另一端在体外连接漏斗向瓣胃内灌注大量温盐水，以泡软瓣胃沟及瓣胃叶间的内容物，泡软冲散下来的内容物随水返流至网胃和瘤胃腔内。在瓣胃叶间干涸的内容物未全部泡软冲散前，切忌疏通开瓣皱胃孔，以免灌注的水大量涌入皱胃并进入肠腔造成不良后果。由于其解剖学特点，瓣胃左上方叶间干涸的内容物最难泡软冲散，手指的指端也难以触及该部。应将手退回到瘤胃腔内，在前肌柱下部隔瘤胃壁按压瓣胃的左上角，以促使瓣胃叶间干涸的物质松散脱落。经反复、大量的温水灌注冲洗和手指对干涸物质松动，可将瓣胃内容物全部冲散除尽。大量冲洗瓣胃返流到瘤胃腔内的液体，不断地经瘤胃双列弹性环橡胶排水袖筒排出。

⑤皱胃积食的胃冲洗法：皱胃积食常继发瓣胃梗塞，因此，胃冲洗的步骤应先冲洗瓣胃。当瓣胃沟和大部分瓣胃叶间干涸内容物已被松散脱落后，手持胶管端对准瓣皱胃孔冲洗，待瓣皱胃孔内干涸内容物被冲洗以后，手持胶管端进入皱胃内继续冲洗，一边灌注温水，一边用手指松动皱胃内干涸胃内容物。已被冲散的皱胃内容物和水经瓣胃再返流至瘤网胃腔内，并自双列弹性环橡胶排水袖筒排出体外，返流出的冲洗液体出现胃酸味。皱胃后半部干硬物，在体型较大的牛，手难以直接触及松动皱胃内容，主要依靠温盐水浸泡冲洗与体外撬杠按摩的方法松动解除。也可在瘤胃腹囊处，隔瘤胃壁对皱胃进行按摩。皱胃

内干涸，胃内容物比瓣胃内容物软，易泡软冲散，在皱胃幽门部阻塞物冲开前，一定要基本解除瓣胃和皱胃的干涸阻塞物后，方可将皱胃幽门部阻塞物冲开，至此皱胃积食的胃冲洗术即告结束。

将瘤胃、网胃腔内过多的液体，经胶管虹吸至体外，剩余在瘤胃腔内的液体水平面，在瘤胃腔的下 1/3 处。向瘤胃腔内填入 1.5 ~2kg 青干草与健牛瘤胃内容物，以促进瘤胃恢复收缩蠕动能力。撤除双列弹性环橡胶排水袖筒，准备胃壁缝合。

6. 清理瘤胃创口与胃壁缝合

用生理盐水冲净附着在瘤胃壁表面上的胃内容物和血凝块。拆除纽扣状缝合线，在瘤胃壁创口进行自下而上的全层连续缝合，进针或出针点在浆膜面距创缘 1 ~1.5cm，在黏膜表面距创缘 0.5 ~0.8cm，防止黏膜外翻（“V”字形缝合）。

用生理盐水再次冲洗胃壁浆膜上的血凝块，拆除瘤胃浆膜肌层与皮肤创缘的连续缝合线，与此同时，助手用灭菌纱布抓持瘤胃壁并向腹壁切口外牵引，以防当固定线拆除后瘤胃壁向腹腔内陷落。再次冲洗瘤胃壁浆膜上的血凝块，除去遗留的缝合线头及其他异物。

手术人员重新洗手消毒，污染的器械不许再用。对瘤胃进行连续伦贝特氏或库兴氏缝合。

7. 术后护理

术后禁食 36 ~48h 以上，待瘤胃蠕动恢复、出现反刍后开始给以少量优质的饲草。术后 12h 即可进行缓慢的牵遛运动，以促进胃肠机能的恢复。术后不限饮水，对术后不能饮水者应根据动物脱水的性质进行静脉补液；术后 4 ~5d 内，每天使用抗生素防止继发感染。

【检查】

一、工作过程检查

根据“实施”步骤，验证并分析理论与实际工作的偏差。实施过程验证如表 3 –26 所示。

表 3 –26　实施过程验证

实际工作中的要求	实际工作程序
理论与实际工作的偏差分析	

二、职业能力和资格测试

根据上述学习情况进行职业能力和资格测试，以检查你的学习掌握程度。

1. 牛瘤胃切开术最适宜的保定方法是（　　）。

A. 站立保定　　B. 仰卧保定　　C. 左侧卧保定　　D. 右侧卧保定

2. 瘤胃手术过程中，从污染术转为无菌术的一步是（　　）。

A. 打开腹腔　　B. 瘤胃固定　　C. 瘤胃切开　　D. 胃壁缝合

3. 瘤胃手术过程中，从无菌术转为污染术的一步是（　　）。

A. 打开腹腔　　B. 瘤胃固定　　C. 瘤胃切开　　D. 胃壁缝合

（　　）1. 对粗饲料引起的积食，可取出瘤胃内容物总量的1/3~1/2，剩余部分掏松后分散到瘤胃各部。

（　　）2. 对饲料中毒病例，手术中需取出部分或大部分有毒内容物，并用大量温盐水反复冲洗，再投予相应的解毒药，对严重中毒病例可换入正常瘤胃内容物。

（　　）3. 对网胃异物，可切开网胃找到并取出异物。

（　　）4. 瓣胃阻塞的疏通，可经瘤胃切口伸入瓣胃内掏取阻塞物。

（　　）5. 瘤胃积食的病例进行瘤胃切开术时采用四角吊线法固定瘤胃。

牛（羊）瘤胃切开术的主要步骤?

【评价】

本学习任务评价主要由学院教师、企业技师、学生自评和小组互评共同完成，评价成绩均采用100分制，成绩评价表如表3－27所示，该成绩记入学生成长记录。

表3－27　成绩评价表

序号	能力维度	分值	学院教师	企业技师	学生自评	小组互评	得分
1	专业能力	30					
2	方法能力	40					
3	社会能力	30					
	合计						

任务八　真胃变位手术治疗

【学习任务】

真胃变位的手术整复。

【与其他学习任务的关系】

真胃变位是奶牛产后多发的一种疾病，保守疗法效果不确切，一般经手术整复固定。

【资讯】

真胃左方变位是真胃通过瘤胃下方移到左侧腹腔，置于瘤胃和左侧腹壁之间（图3－25）。经保守治疗无效时，需进行手术复位并固定。

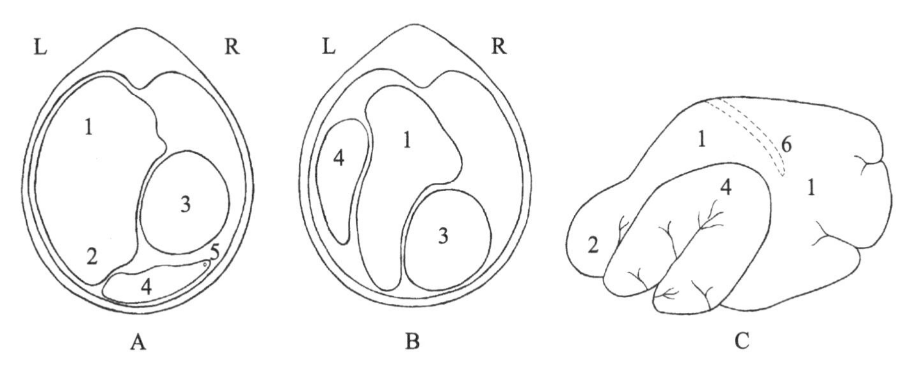

图 3－25　皱胃左方变位示意图

A. 正常位置　B. 左方变位　C. 左侧观变位后的皱胃

1. 瘤胃　2. 网胃　3. 瓣胃　4. 皱胃　5. 幽门部　6. 最后肋骨（R－右侧，L－左侧）

【决策】

根据工作任务的要求，对手术的决策见表 3－28。

表 3－28　手术的决策

动物	手术选择
牛	真胃变位整复术

【计划】

根据实践案例，编制完成任务的计划如下。

1. 计划动物

牛。

2. 计划器材

常规手术器械。

3. 角色分配

（表 3－29）

表 3－29　角色分配

序号	学生	角色	主要工作
1	甲	术者	手术组织和实施
2	乙	助手	协助术者完成手术
3	丙	助手	协助术者完成手术

【实施】

一、术前准备

检查病牛的全身情况，判定病牛脱水程度，在术前和术中进行补液、强心和纠正电解质、酸碱平衡紊乱。

二、保定与麻醉

六柱栏内站立保定，术部剃毛、清洗与消毒，在牛体左侧用2%盐酸利多卡因或普鲁卡因进行腰旁神经、肋间神经传导麻醉，术部配合局部浸润麻醉，或者仰卧保定，用0.5%盐酸利多卡因或普鲁卡因做术部浸润麻醉。

三、切口定位

整复常采用左肷部前下切口，固定线穿出部位为右侧肋弓下真胃大弯体表投影处。或腹直肌肉侧白线旁（右侧）切口。

四、术式

1. 左肷部整复缝合固定法

左肷部前下方腹壁切开20～25cm，显露变位至左侧的皱胃。真胃位于切口的前下方，呈囊状，界于左侧腹壁和瘤胃之间。术者手伸入腹腔内，隔生理盐水纱布用手抓住真胃壁轻轻向切口外牵引，以显露真胃大弯及大网膜浅层。

在皱胃大弯上先作一荷包缝合，线尾不抽紧，在缝合圈中央切开皱胃并向皱胃腔内插入乳胶管，抽紧荷包缝合线，排出皱胃内积液、积气。皱胃减压后，抽出排液管，抽紧荷包缝合线。常规消毒后，用长1.8m的10#缝合丝线于皱胃大弯网膜附着点上作3个浆膜肌层水平纽扣缝合，间距3～4cm；三个水平纽扣缝合线的线尾在体外分别放置。

术者按顺序手持皱胃固定线线尾，经瘤胃下方伸至腹腔右侧腹底部皱胃的正常位置处，用手指在腹腔内向外推顶，指示助手在右侧做皮肤小切口（图3－26）。助手用止血钳经皮肤小切口向腹腔内刺入，用止血钳将线尾缓缓牵引至体外。然后，以3～4cm的间距按顺序再作第二个、第三个皮肤小切口并按同法引出固定线线尾。

三根固定线都引出体外后，术者用手推送皱胃经瘤胃下方进入腹腔右侧，与此同时，助手轻轻牵拉三根固定线，使皱胃在推送和牵拉的配合下复位。术者检查是否有肠管或网膜缠绕在固定线上，在确信皱胃复位、无内脏缠结的情况下，第一和第三根固定线分别与第二根固定线在切口内打结（图3－27）。缝合皮肤小切口。常规闭合左肷部腹壁切口，腹膜、腹横肌一同连续缝合，间断缝合腹内、腹外斜肌，皮肤作间断缝合。刀口消毒后打结系绷带。

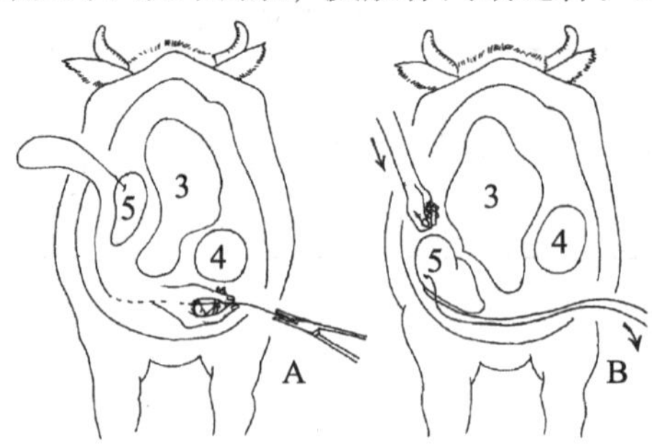

图3－26　皱胃左侧整复，右侧固定法

A. 术者抓持一固定线线尾，手经左侧腹壁切口进入右侧腹腔，助手持止血钳经皮肤小切口刺入腹腔内，钳夹线尾引出体外　B. 术者一边向右侧推移皱胃，助手一边向外牵引固定线，使皱胃复位

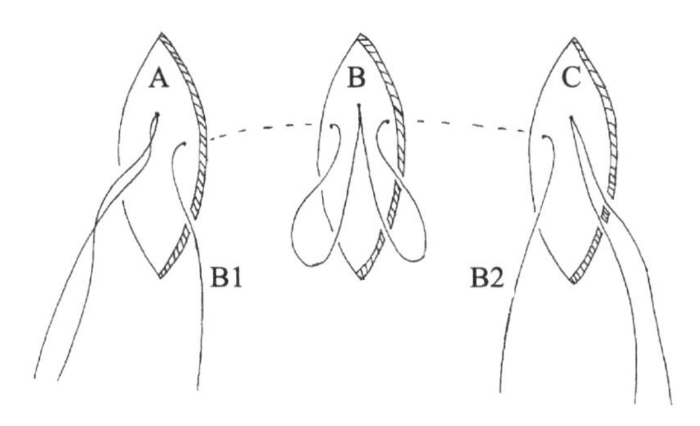

图 3－27　皱胃固定线体外打结法

A. 第一根固定线　B. 第二根固定线　C. 第三根固定线。第一根和第三根固定线分别与第二根固定线的一端在小切口内打结

2. 仰卧复位缝合固定法

先将病牛右侧卧保定，将两前肢与两后肢分别固定，再使病牛滚转呈仰卧姿势，以牛背为轴心向左向右呈 70°角摇晃 3min，突然骤停，病牛仍呈仰卧姿势，躯干两侧填充好装有软草的布袋，以保持其仰卧姿势。

在腹中线脐孔处的右侧 5cm 处（腹直肌肉侧白线旁）向后做一长 20 ~ 25cm 腹壁切口，显露腹腔。术者手伸入腹腔，沿左侧腹壁探查变位的皱胃，用手臂的摆动和移动动作将其复位。确定皱胃幽门部，用弯圆针带 10 号丝线，从幽门窦至胃底部做 3 ~ 5 针浆膜肌层与腹膜、腹直肌的间断缝合，将皱胃固定在腹壁切口的右侧。最后，关闭腹底壁切口。

3. 术后护理

术后保持术部干燥，使用抗生素 5 ~ 6d。限制饮食，5 ~ 7d 出现反刍后饲喂少量易消化饲草，逐日增多，待牛吃草完全恢复正常后，再添加精料，并逐日增多，直至恢复正常的饲喂。可做自由活动或适当的牵遛运动。

【检查】

一、工作过程检查

根据“实施”步骤，验证并分析理论与实际工作的偏差。实施过程验证如表 3－30 所示。

表 3－30　实施过程验证

<table>
<tr><td>实际工作中的要求</td><td>实际工作程序</td></tr>
<tr><td></td><td></td></tr>
<tr><td colspan="2">理论与实际工作的偏差分析</td></tr>
<tr><td colspan="2"></td></tr>
</table>

二、职业能力和资格测试

根据上述学习情况进行职业能力和资格测试，以检查你的学习掌握程度。

皱胃左方变位的手术整复方法。

【评价】

本学习任务评价主要由学院教师、企业技师、学生自评和小组互评共同完成，评价成绩均采用100分制，成绩评价表如表3－31所示，该成绩记入学生成长记录。

表3－31 成绩评价表

序号	能力维度	分值	学院教师	企业技师	学生自评	小组互评	得分
1	专业能力	30					
2	方法能力	40					
3	社会能力	30					
	合计						

任务九 疝的诊断与整复技术

【学习任务】

疝的诊断与整复技术。

【与其他学习任务的关系】

疝是指腹腔脏器连同系膜从解剖孔或病理性破裂孔脱至于皮下或邻近的解剖腔内的一种疾病。多发生于仔猪、犊牛、马驹、犬、猫，外伤性腹壁疝多发于牛、野生动物。

【资讯】

一、病因分析

① 脐孔闭锁不全或没闭锁，腹股沟扩大，具有遗传性。
② 机械性外伤，顶伤、挫伤、踢伤等。
③ 各种原因引起腹内压增高，咳嗽、便秘、排尿困难、腹水等。
④ 手术后遗症—腹壁手术切口愈合不良、去势不当。

二、疝的组成

疝由疝孔、疝囊和疝内容物组成，如图3－28所示。

疝孔：闭锁不全、异常扩大的解剖孔或病理性破裂孔，腹腔脏器经此脱出。疝孔呈圆形、卵圆形、裂隙、狭窄管道。

由于病理过程长短不一样，疝孔的结构也不一样。新发生的疝孔，多数因断裂的肌纤维收缩，使疝孔变薄，而陈旧性的疝孔多因局部结缔组织增生，使疝孔增厚，边缘变钝。

疝囊：疝囊应包括囊颈、囊体及囊底。疝囊壁由皮肤、皮下组织、肌肉、腹膜（外伤性腹壁疝腹膜多破裂)。疝囊大小决定于疝孔大小、腹膜是否破裂、腹压大小。疝囊的形状取决于发生部位的局部解剖结构，可呈鸡卵形、扁平形或圆球形。小的疝囊常被忽视，大的疝囊可达人头大或更大。

疝内容物：通过疝孔脱出到疝囊内的一些可移动的内脏器官，常见的有小肠及肠系膜、网膜，其次为真胃，较少为子宫、膀胱等。几乎所有病例疝囊内都含有数量不等的浆液—疝液。这种液体常在腹腔与疝囊之间互相流通。在可复性的疝囊内疝液常为透明、微带乳白色的浆液性液体，数量不多。当发生箝闭性疝时，疝液增多，疝液变为混浊、呈紫红色，时间长时带有恶臭腐败气味。在正常的腹腔液中仅含有少量的嗜中性白细胞和浆细胞。当发生疝时，如果血管和肠壁的渗透性发生改变，则在疝液中可以见到大量崩解阶段的嗜中性白细胞，而几乎看不到浆细胞，依此可作为是否有箝闭现象存在的一个参考指征。当疝液减少或消失后，脱到疝囊的肠管等就和疝囊壁发生部分或广泛性粘连。

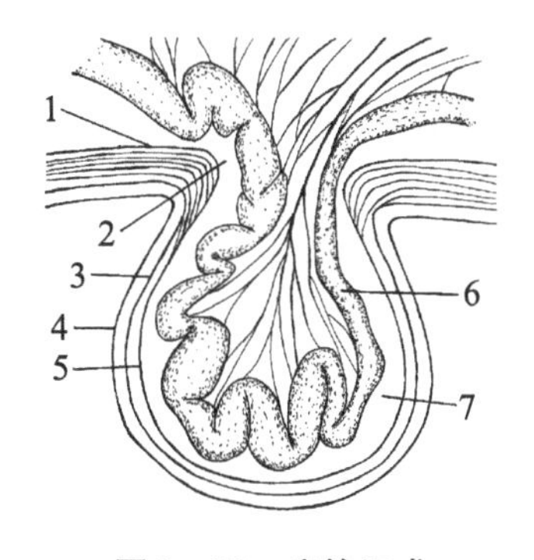

图 3－28　疝的组成

1. 腹膜　2. 疝轮　3. 囊壁组织　4. 皮肤　5. 疝囊内层　6. 疝内容物　7. 疝囊腔

三、疝的分类

①根据向体表突出与否，凡突出体表者叫外疝，不突出体表者叫内疝（例如膈疝）。

②根据发生的解剖部位分为脐疝、腹股沟阴囊疝、腹壁疝、会阴疝等。

③根据疝内容物能否还纳腹腔，可将疝分为可复性疝与不可复性疝，这种分类具有诊断意义和指导手术治疗意义。

可复性疝：其临床特点是当动物体位改变或压迫疝囊时，疝内容物可还纳腹腔；并可摸到疝孔；疝囊的大小会随腹内压的变化增大或缩小；局部听诊有肠音；无热无痛，无全身症状。

不可复性疝：其临床特点是动物体位改变或压迫疝囊，疝内容物依然不能还纳回腹腔内，故称为不可复性疝，不具备可复性疝的特点。

不可复性疝又可分为箝闭性疝和粘连性疝二种。

嵌闭性疝：是指脱出的脏器（肠管）被狭窄的疝孔嵌闭而不能还纳腹腔。其发生一是弹力性嵌闭，由于腹内压突然增大将疝孔扩大，肠管经此脱出，当腹内压缩小时，被扩大的疝孔由于弹性回缩而使肠管不能还纳回腹腔；二是逆行性嵌闭，脱出至疝囊内的某一部分肠管由于逆蠕动又回到腹腔内使疝孔内肠增多不能还纳回腹腔（图 3－29)。三是粪性嵌闭，脱出的肠管内充满粪便使其体积增大而不能自行还纳腹腔。

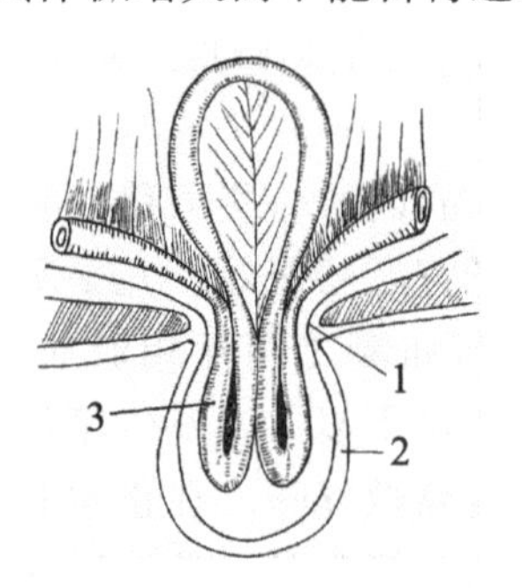

图3-29　不可复性疝

1. 疝轮　2. 疝囊　3. 疝内容物

临床表现为突然发病，不同程度腹痛，甚则卧地滚转，疝囊肿胀、变硬、疼痛，无肠音，排便障碍，常有呕吐。由于肠管被箝闭，血循障碍发生淤血、渗出、炎症、坏死，穿刺液混浊或血样或有腐败气味，全身症状重剧。

粘连性疝：是指脱出的肠管与肠管之间发生粘连，或者肠管与疝囊壁之间发生粘连而不能自行还纳回腹腔。临床一般呈慢性经过，间歇腹痛，触诊无热无痛，摸不到疝孔，听不到肠音，消化障碍。

四、诊断与鉴别诊断

根据发病部位较固定，如脐部、阴囊部、腹侧壁；在疾病过程中疝囊大小不定；可复性疝无热无痛，外伤性、嵌闭性疝有热有痛；可复性和不可复性疝的特点；穿刺液变化等即可确诊。

1. 脓肿

由感染引起，肿胀发生缓慢，炎症反应明显，触诊发热、疼痛、硬、有波动，穿刺为脓汁；

2. 血肿

由挫伤引起，肿胀发生快，炎症反应明显，触诊疼痛，紧张有弹性、波动、捻发音，穿刺为血液；

3. 淋巴外渗

由挫伤引起，肿胀发生缓慢，炎症反应轻微，触诊柔软有弹性、波动、拍水音，无热无痛，穿刺为淋巴液；

4. 外伤性腹壁疝

由挫伤引起，肿胀发生快，炎症反应明显，触诊能摸到疝孔，还纳肠管，听到肠音，穿刺为疝液。

【决策】

根据工作任务的要求，对手术的决策见表3－32。

表 3－32　手术的决策

动物	手术选择
牛、猪、犬	疝整复术

【计划】

根据实践案例，编制完成任务的计划如下。

1. 计划动物

牛。

2. 计划器材

常规手术器械。

3. 角色分配

（表 3－33）

表 3－33　角色分配

序号	学生	角色	主要工作
1	甲	术者	手术组织和实施
2	乙	助手	协助术者完成手术
3	丙	助手	协助术者完成手术

【实施】

一、脐疝

1. 临床诊断

脐部出现局限性，半球形，柔软而有弹性的肿胀，疝囊大小不定，无热无痛。如为可复性疝，触诊无热无痛，压迫疝囊疝内容物还入腹腔，可摸到脐孔，局部听诊有肠音。如发生嵌闭，疝内容物不能还纳腹腔，动物腹痛不安，犬与猪还可见呕吐，不食，排粪停止，全身症状重剧。病程长时，肠管与疝囊壁或肠管与肠管之间发生粘连，出现间歇腹痛。猪病程久的病例，疝囊与地面摩擦往往形成粪瘘，继发腹膜炎。

2. 手术治疗

（1）术前准备

术前禁食，牛 24～36h，单胃动物 12～24h；停止饮水 4～6h。

（2）麻醉与保定

全身麻醉或局部浸润麻醉，仰卧保定或前驱半仰卧保定。

（3）术式

切口在疝囊底部，呈梭形。皱襞切开疝囊皮肤，仔细切开疝囊壁，以防伤及疝囊内的脏器。认真检查疝内容物有无粘连和变性、坏死。仔细剥离粘连的肠管，若有肠管坏死，需行肠部分切除术。若无粘连和坏死，可将疝内容物直接还纳腹腔内，然后缝合疝轮。

将腹膜囊推入腹腔，用可吸收缝线作内翻或荷包缝合，然后再闭合疝轮。若疝轮较小，可直接作荷包缝合或纽扣缝合，但缝合前需将疝轮光滑面作轻微切割，形成新鲜创面，以便于愈合。如果病程较长，疝轮的边缘变厚变硬，此时一方面需要切割疝轮，形成新鲜创面，进行纽扣缝合；另一方面在闭合疝轮后，需要分离囊壁形成左右两个纤维组织瓣，将一侧纤维组织瓣缝在对侧疝轮外缘上，然后将另一侧的组织瓣缝合在对侧组织瓣的表面上。或者对疝轮左右侧腹壁肌肉和筋膜作褥式重叠缝合（图 3 – 30）。缝合时先穿好缝线，最后一并逐个拉紧打结。

若公畜的包皮覆盖疝轮时，可沿包皮作 U 形切口，将包皮翻向后方。疝修补后再将包皮复位。修整皮肤创缘，皮肤作结节缝合和减张缝合。

用脐疝修补网缝合在疝环内或疝轮外进行修补手术，在牛、马已取得成功。制修补网的材料有塑料、不锈钢、尼龙及碳纤维等。

术后不宜喂得过饱，限制剧烈活动，防止腹压增高。术部包扎腹绷带，保持 7 ~ 10d，可减少复发。连续应用抗生素 5 ~7d。

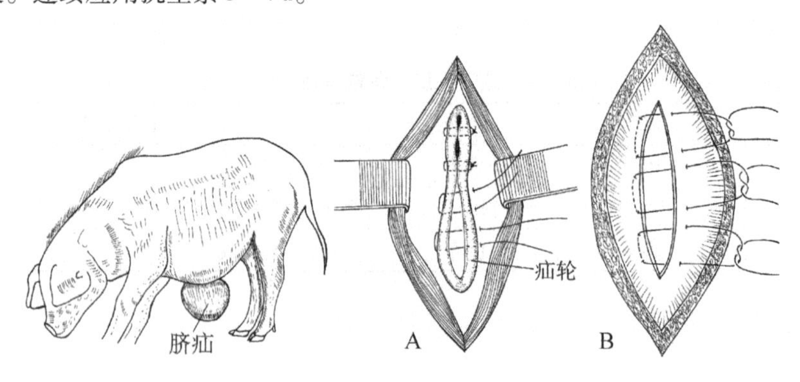

图 3 – 30　脐疝修补术

A. 水平纽扣缝合法闭合疝轮　B. 疝囊两侧重叠闭合术

二、腹股沟阴囊疝

1. 临床诊断

腹股沟疝外观无明显症状，只有当疝内容物发生嵌闭或进入阴囊时，才会引起注意。腹股沟阴囊疝可复性疝，患侧阴囊肿大下垂，皮肤紧张发亮，触诊柔软有弹性，无热无痛，触压阴囊或倒提，疝内容物可还回腹腔，阴囊体积缩小，可摸到扩大的腹股沟外环，腹压增大时患侧阴囊增大。病程较长者患畜腹痛不安，排粪停止，摸不到睾丸，全身症状重剧（图 3 – 31）。

2. 手术治疗

（1）术前准备

腹股沟阴囊疝常发生嵌闭，动物表现为阴囊肿大、剧烈腹痛，常伴有电解质和酸碱平衡紊乱，术前需要镇静、止痛，输液、强心、抗休克。一旦确诊，需要马上手术。对发生肠坏死的病例，特别是马属动物，有时在肠切除后仍发生死亡，与吸收毒素导致中毒性休克有关。

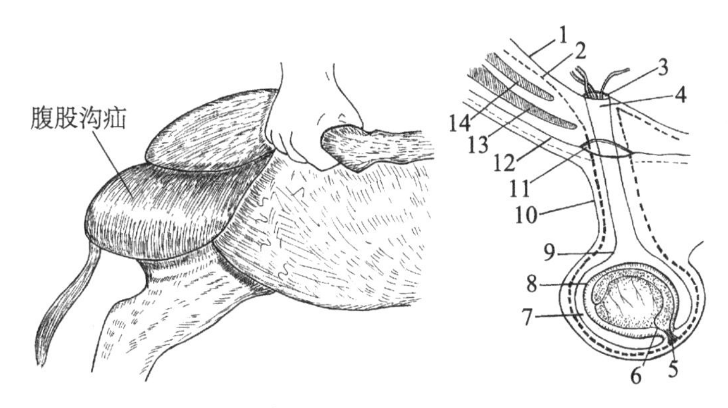

图 3－31　腹股沟疝及腹股沟的解剖结构

1. 腹膜　2. 腹横筋膜　3. 腹股沟深环　4. 鞘环　5. 阴囊韧带　6. 附睾尾韧带　7. 鞘膜腔　8. 脏层总鞘膜　9. 壁层总鞘膜　10. 皮肤　11. 腹股沟浅环　12. 腹外斜肌腱膜　13. 腹内斜肌　14. 腹横肌

（2）麻醉与保定

全身麻醉配合局部麻醉，仰卧保定。

（3）术式

若不是为了保留优良的种公畜，整复手术常与公畜去势术同时进行。

在阴囊颈部前外侧沿腹股沟管切开皮肤，剥离总鞘膜，一边整复疝内容物一边向外牵引总鞘膜。大家畜可同时由助手自直肠内帮助牵引、整复。整复后，将总鞘膜及精索捻转数周后于距离腹股沟外环约 3～4cm 处，用丝线双重贯穿结扎精索和总鞘膜，连同总鞘膜一并切除睾丸。将切断的精索游离端送回腹股沟管中作为生物填塞，用可吸收缝线在每侧缝 1～2 针。对腹股沟管外环处做 2～3 针纽扣缝合。对于腹股沟阴囊疝肠管脱出较多、且又发生箝闭的，必须先将腹股沟环扩大，以改善脱出肠管的血液循环。然后，切开总鞘膜，用温生理盐水纱布托住箝闭的肠管，视其颜色能否由暗紫红色转为鲜红色，肠蠕动能否逐步恢复。若肠管发生坏死，需要行肠切除术和端端吻合术。还纳肠管后，分别结扎精索和总鞘膜，纽扣缝合闭合腹股沟内外环（将内环的腹内斜肌、腹直肌与腹股沟韧带进行缝合；闭合腹外斜肌腱膜的裂隙即外环）。在阴囊底部做一全层小切口，以供术后排液。结节缝合皮肤。若为腹股沟疝，行腹股沟内外环闭合术。

若保留种公畜的睾丸，需要先切开总鞘膜，整复疝内容物后对腹股沟内外环作纽扣缝合，以缩小腹股沟管环的内径，但不能妨碍睾丸的血液供应。

三、外伤性腹壁疝

腹壁受伤后局部即出现一局限性扁平、柔软、有弹性的肿胀，形状、大小不定，触压疝囊疼痛明显，有压缩性，内容物还回腹腔后肿胀缩小，可摸到疝孔，局部听诊有肠音。随炎性症状逐渐发展，形成越来越大的扁平肿胀并逐渐向下、向前蔓延。如发生嵌闭则腹疼不安，排粪停止，内容物不能还纳，全身症状重剧，局部穿刺为血样液体，深部穿刺物为混有草末的液体。

腹壁疝内容物多为肠管（小肠），但也有网膜、真胃、瘤胃、膀胱、怀孕子宫等各种脏器，并经常与相近的腹膜或皮肤粘连，尤其是在伤后急性炎症阶段更为多见。

1. 术前准备

手术是积极可靠的方法，术前应作好确诊和手术准备。停喂一顿，饮水照常。对疝轮较大的病例，要充分禁食，以降低腹内压，便于修补。关于进行手术的时间问题，应根据病情决定。国外不少人主张发病后急性炎症阶段（5～15d）不宜动手术；但国内许多单位经长期实践证明，手术宜早不宜迟，最好在发病后立即手术。

2. 麻醉与保定

全身麻醉。马、小动物侧卧保定，患侧在上。牛则可做局部浸润或腰旁神经传导麻醉，站立保定或侧卧保定。

3. 术式

切口部位的选择决定于是否发生粘连。在病初尚未粘连的，可在疝轮附近作切口；如已粘连须在疝囊处作一皮肤梭形切口。钝性分离皮下组织，将内容物还纳入腹腔，缝合疝轮，闭合手术创。

（1）新患腹壁疝

当疝轮小，腹壁张力不大时，若腹膜完整，分离腹膜并对其做束状结扎或荷包缝合；若腹膜已破裂，用可吸收缝线缝合腹膜和腹横肌，然后用简单间断缝合法闭合疝轮，皮肤结节缝合。

当疝轮较大，腹壁张力大时，腹膜与腹横肌一起缝合后，先用粗丝线作减张缝合，然后对疝轮作连续或纽扣缝合。减张缝合的方法是：缝针先从疝轮一侧皮肤外刺透皮肤、腹肌至疝轮出针，再自对侧疝轮进针，缝针穿过对侧腹肌、皮肤至体外。待所有缝线穿好后逐一收紧，使疝轮两侧靠紧；在皮肤切口的左右侧缝线分别两两打结，线结下放置圆枕或大纽扣（图3－32）。在无张力的情况下对疝轮作修补缝合，皮肤结节缝合。

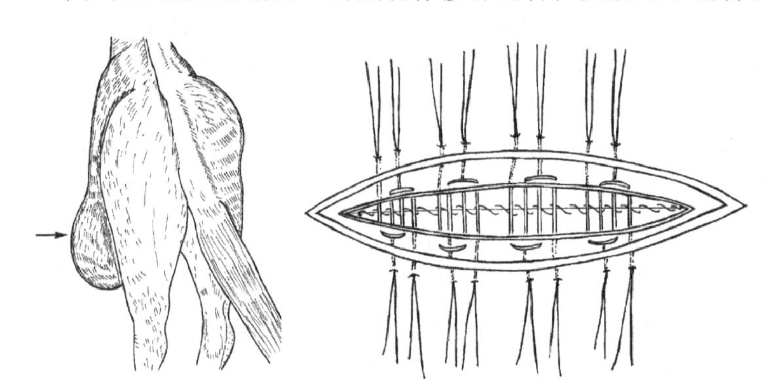

图3－32　腹壁疝及交叉水平纽扣闭合术

（2）陈旧性腹壁疝

因疝轮大部分已瘢痕化、肥厚、硬固，需将瘢痕化的结缔组织用外科刀切削成新鲜创面，用纽扣缝合法闭合疝轮；如果疝轮过大还需用临近的组织制作组织瓣或用人造疝修补网（如金属丝、合成纤维如聚乙烯、尼龙丝等）修补疝轮。切开皮肤后，先用刀将疝囊的皮下纤维组织与皮肤囊分离。然后，切开疝囊，外科刀切削瘢痕化的疝轮边缘，形成新鲜创面。将一侧的纤维组织瓣用纽扣缝合法缝合在对侧的疝轮组织上，根据疝轮的大小作若干个纽扣缝合；再将另一侧的组织瓣用纽扣缝合法覆盖在对侧组织瓣的上面或将人造疝修补网缝置在疝轮内侧或外侧。用减张缝合法闭合皮肤切口。

术后保持术部清洁、干燥，防止摔跌。限制饮食，预防便秘，降低腹内压，减少运动，禁止做跳跃、剧烈运动。

【检查】

一、工作过程检查

根据“实施”步骤，验证并分析理论与实际工作的偏差。实施过程验证如表 3－34 所示。

表 3－34　实施过程验证

实际工作中的要求	实际工作程序
理论与实际工作的偏差分析	

二、职业能力和资格测试

根据上述学习情况进行职业能力和资格测试，以检查你的学习掌握程度。

1. 下列属于内疝的为（　　）。

A. 脐疝　　B. 阴囊疝　　C. 外伤性腹壁疝　　D. 膈疝

2. 疝轮的闭合常采用（　　）缝合。

A. 连续　　B. 结节　　C. 纽扣　　D. 荷包

（　　）1. 疝一般包括疝孔（疝轮）、疝囊和疝内容物。

（　　）2. 疝是腹部的内脏从自然孔道或病理性破裂孔脱至皮下或其他解剖腔的一种常见病。

（　　）3. 陈旧性疝手术治疗时，切开疝囊，找到疝轮后直接缝合。

1. 犊牛脐疝手术治疗的方法?
2. 公猪腹股沟阴囊疝的手术治疗方法?
3. 牛腹壁疝手术治疗的方法?
4. 疝的临床诊断方法?

【评价】

本学习任务评价主要由学院教师、企业技师、学生自评和小组互评共同完成，评价成绩均采用 100 分制，成绩评价表如表 3－35 所示，该成绩记入学生成长记录。

表3-35 成绩评价表

序号	能力维度	分值	学院教师	企业技师	学生自评	小组互评	得分
1	专业能力	30					
2	方法能力	40					
3	社会能力	30					
	合计						

任务十 直肠和肛门脱垂整复技术

【学习任务】

直肠和肛门脱垂整复技术。

【与其他学习任务的关系】

直肠和肛门脱垂是指直肠末端的黏膜层脱出肛门（脱肛）或直肠一部分、甚至大部分向外翻转脱出至肛门外（直肠脱）。直肠脱包括完全性脱出与不完全性脱出两种类型，前者是直肠的各层及其周围组织的脱出，后者仅是直肠黏膜的脱出。严重的病例，在发生直肠脱的同时并发肠套叠或直肠疝。本病多见于猪和犬，马、牛和其他动物也可发生，均以幼龄和老龄动物易发。

【资讯】

直肠是结肠的延续部分，与结肠之间无明显分界。直肠前部又称腹膜部，此处有腹膜覆盖，与结肠相连接；此部狭窄，在直肠检查时称为直肠狭窄部。直肠腹膜部背侧由直肠系膜固定于荐椎腹侧。直肠后部又称腹膜外部，即位于腹膜反折垂直线以后的部分，无腹膜覆盖（图3-33）。此部肠腔膨大，又称直肠壶腹部或直肠膨大部，借疏松结缔组织、脂肪和肌肉附着于盆腔周壁。两侧及背面接骨盆壁，腹侧面在公畜邻接膀胱、输精管末端、精囊、前列腺、尿道球腺和尿道，母畜则与子宫、阴道及阴门相邻接；周围有大量疏松结缔组织。

肛门外面被覆薄的皮肤，无被毛生长，富有皮脂腺和汗腺。犬、猫等动物的肛管皮带部（肛管中部）两侧有肛门囊（副肛窦）的腹外侧开口。肛门内括约肌为直肠环行肌的末端部，为平滑肌；肛门外括约肌为环行横纹肌，环绕前者的外围，有一些肌纤维向背侧方向走，附着于尾筋膜；还有一些附着于腹侧的会阴部筋膜。

在肛门两侧有肛提肌（或肛缩肌），位于直肠与荐坐韧带之间，尾骨肌的内侧，肌纤维起自坐骨棘和荐坐韧带，止于肛门外括约肌的深侧面，其作用是排粪时可牵缩肛门，该肌肉与尾骨肌相合形成一种类盆隔样结构，封闭盆腔后口（图3-34，图3-35）。

肛门囊又称副肛窦，位于肛门内、外括约肌之间（近似于时钟的4~5时和7~8时处），开口于肛管皮带部；囊壁内含有皮脂腺，分泌灰色不洁的皮脂样物质，呈黏液状、恶臭味，肛门括约肌的张力控制囊内物质的排放。

直肠由阴部内动脉系统的直肠中动脉和直肠后动脉，以及由肠系膜系统的直肠前动脉供应血液（图3-36）。由直肠中神经、直肠后神经以及交感神经腹下神经节和副交感神经系统的骨盆神经支配，肛门的神经来自阴部神经。

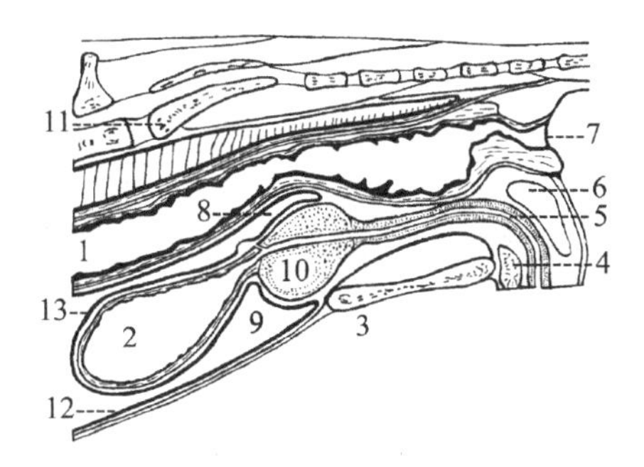

图 3－33 公犬腹腔后部腹膜覆盖

1. 降结肠 2. 膀胱 3. 耻骨及骨盆联合 4. 阴茎根 5. 尿道 6. 球海绵体肌 7. 肛门外口 8. 直肠生殖凹陷 9. 耻骨膀胱凹陷 10. 前列腺 11. 荐骨 12. 腹膜壁层 13. 腹膜脏层

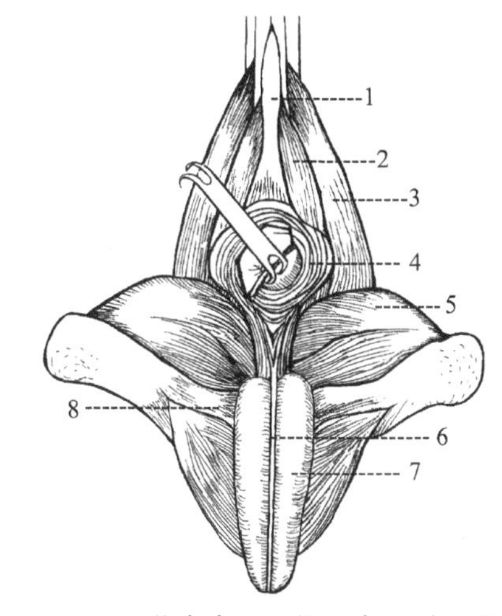

图 3－34 公畜直肠肛门肌肉（后面观）

1. 直肠尾骨肌 2. 肛提肌 3. 尾骨肌 4. 肛门外括约肌 5. 闭孔内肌 6. 阴茎缩肌 7. 球海绵体肌 8. 坐骨尿道肌

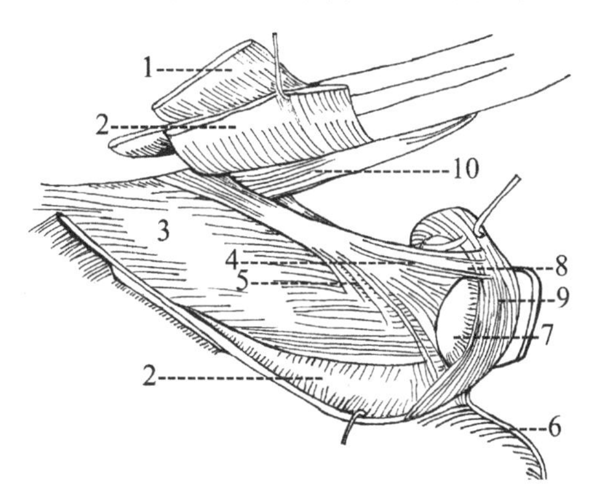

图 3－35 直肠肛门肌肉（侧面观）

1. 尾骨肌 2. 肛提肌 3. 直肠 4. 阴茎缩肌肛门部 5. 阴茎缩肌直肠部 6. 阴茎缩肌 7. 肛门囊 8. 肛门内括约肌 9. 肛门外括约肌 10. 直肠尾骨肌

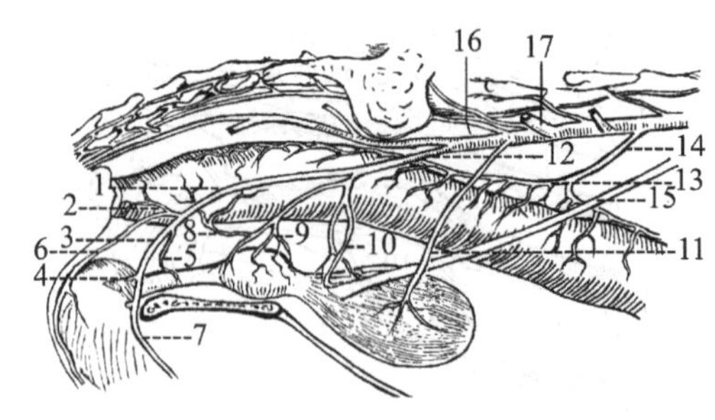

图3-36 公犬直肠肛门部血液供应(动脉)

1. 阴部内动脉 2. 直肠后动脉 3. 阴茎动脉 4. 阴茎球动脉 5. 尿道动脉 6. 会阴腹动脉 7. 阴茎背动脉 8. 直肠中动脉 9. 前列腺动脉 10. 膀胱后动脉 11. 脐动脉 12. 阴部内动脉 13. 直肠前动脉 14. 肠系膜动脉 15. 输尿管 16. 髂内动脉 17. 髂外动脉

【决策】

根据工作任务的要求,对手术的决策见表3-36-1。

表3-36-1 手术的决策

动物	手术选择
猪、犬、牛	直肠和肛门脱垂整复手术

【计划】

根据实践案例,编制完成任务的计划如下。

1. 计划动物

猪、犬、牛。

2. 计划器材

常规手术器械。

3. 角色分配

(表3-36-2)

表3-36-2 角色分配

序号	学生	角色	主要工作
1	甲	术者	手术组织和实施
2	乙	助手	协助术者完成手术
3	丙	助手	协助术者完成手术

【实施】

一、麻醉与保定

家畜荐尾或第1、第2尾间隙硬膜外传导麻醉,站立保定;烈性家畜、犬猫需做全身麻醉。后躯垫高,俯卧保定,两后肢伸出手术台,尾巴朝向动物的后背固定。猪和犬等小型动物可将两后肢提起保定。

二、术式

发病初期或黏膜性脱垂的病例，先用0.2%温高锰酸钾溶液或1%明矾溶液清洗患部，除去污物或坏死黏膜，然后用手指谨慎地将脱出的肠管还纳复位。整复时从肠腔口或肛门口开始，谨慎地将脱出的肠管向肛门内翻入。在送入肠管时，术者应将手臂（猪、犬用手指或橡胶管）随之伸入肛门内，使直肠完全复位。在肠管还纳复位后，在肛门处给予温敷。

若直肠水肿严重，不易整复或黏膜干裂、坏死的病例。先用温水洗净患部，以温防风汤（防风、荆芥、薄荷、苦参、黄柏各12g，花椒3g，加水适量煎两沸，去渣，候温待用）冲洗患部。然后，用剪刀剪除或用手指剥除干裂坏死的黏膜，再用消毒纱布兜住肠管，撒上适量明矾粉末，排出水肿液，用温生理盐水冲洗后涂布1%碘石蜡油润滑。

为了防止再次脱出，整复后应加以固定，方法是在肛门周围距肛门孔1～3cm处，作一穿至皮下的荷包缝合，收紧缝线并保留适当大小的排粪口（牛2～3指），打成活结，以便根据具体情况调整肛门口的松紧度，经7～10d病畜不再努责时，则将缝线拆除（图3－37，图3－38）。

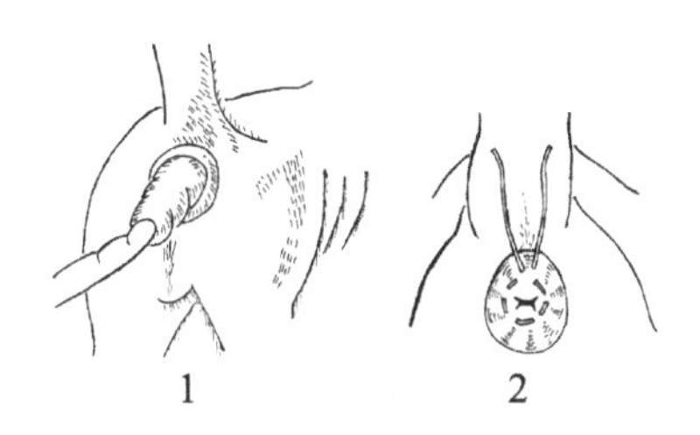

图3－37　直肠脱的整复固定

1. 用手指整复脱出的直肠　2. 荷包缝合固定

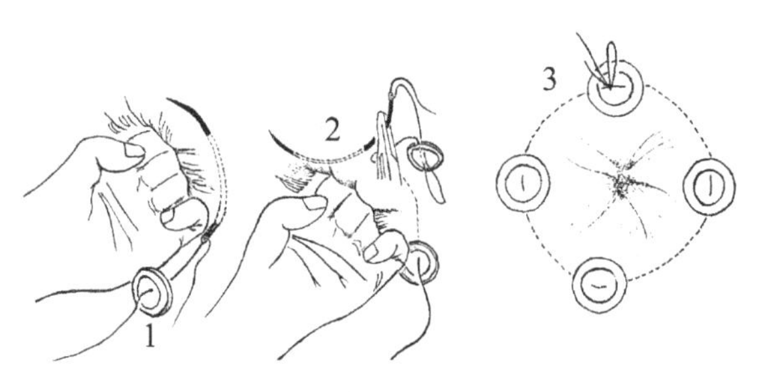

图3－38　加胶垫荷包缝合固定法

1. 缝针自橡胶垫上穿出　2. 沿肛门周围作皮下缝合　3. 肛门周围放置四个橡胶垫，打活结固定

对频繁脱出的病例，在整复、固定的基础上利用药物刺激使直肠周围结缔组织增生，借以固定直肠防止再次脱出。可在在距肛门孔2～3cm处，肛门上方和左、右两侧直肠旁组织内分点注射70%酒精3～5ml（猪和犬）和2%盐酸普鲁卡因溶液3～5ml；注射的针头平行于直肠侧壁向前方刺入3～10cm。为了使进针方向与直肠平行，避免针头远离直肠或刺破直肠，在进针时应将食指或手插入直肠内引导进针方向，操作时应边进针边用食指触知针尖位置并随时纠正方向。

对脱出过多、整复有困难、脱出的直肠发生坏死、穿孔或有套叠而不能复位的病例，可作直肠部分截除术。在充分清洗消毒脱出肠管的基础上，取两根灭菌的兽用麻醉针或针灸针或细编织针，紧贴肛门处交叉刺穿脱出的肠管将其固定，以防缩回。若是马、牛等大动物，直肠管腔较粗大，可先在直肠腔内插入一根橡胶管或塑料管，然后用缝针在类似于时钟的1点，4点，8点，11点处作全层间断缝合，针穿至胶管后返回穿出直肠壁，线尾留得长一些，以便于拆除。在固定针/线远心处约2cm，将直肠环形横切，充分止血后（应特别注意位于肠管背侧的动脉的止血），用可吸收缝线和圆针把肠管两层断端的肠壁做结节缝合，针距和边距均为2mm。为了减少出血，可以一边切除一边缝合。直肠部分切除的手术方法可参照图3－39、图3－40和图3－41。缝合结束后用0.2%高锰酸钾溶液充分冲洗、蘸干，涂以碘甘油或抗生素药膏。拆除固定针或固定缝合线，小心地将肠管送回，在肛门周围作荷包缝合以防再脱出。

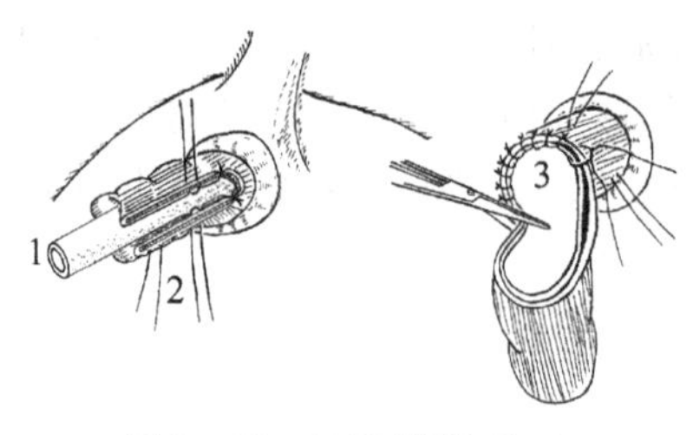

图3－39　直肠截除术-1

1. 插入肠腔的橡胶管　2. 在切开线前后分别缝合固定内外两层肠壁

3. 边剪边结节缝合内外两层肠壁全层

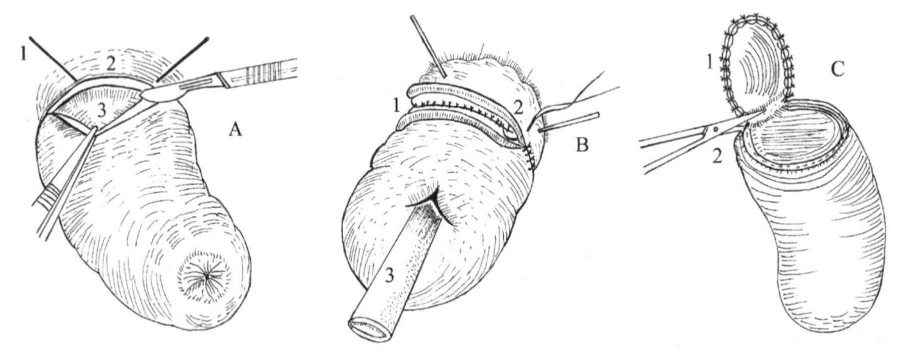

图3－40　直肠截除术-2

A. 钢针固定直肠并切开外层肠壁（1. 钢针 2. 外层肠壁 3. 内层肠壁浆膜肌层）

B. 浆膜肌层缝合完毕，再缝合黏膜层（1. 缝合的浆膜肌层 2. 缝合黏膜层 3. 插入肠腔的橡胶管）

C. 剪掉病变肠管并缝合肠壁（1. 黏膜层结节缝合 2. 边剪断边缝合肠壁）

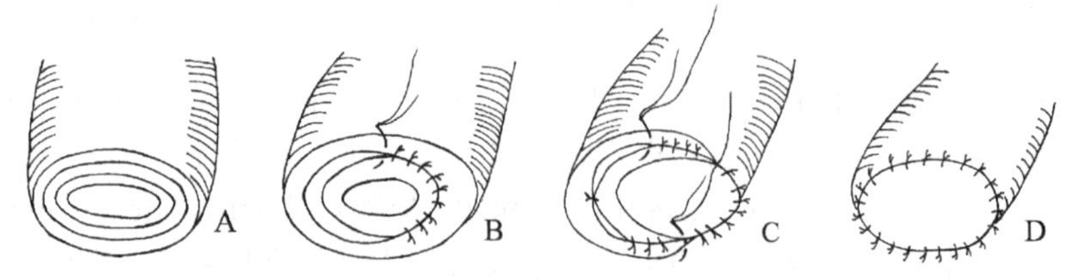

图3－41　直肠截除术-3

A. 脱出直肠横切面　B. 间断缝合两层肠壁的浆膜肌层

C. 两层肠壁的黏膜层间断缝合　D. 直肠横切断面缝合完毕

对单纯性直肠脱且黏膜损伤、坏死严重者，可作黏膜及黏膜下层切除术。在距肛门周缘约1cm处，环形切开达黏膜下层，向下剥离，并翻转黏膜层，将其剪除；显露的肌层若过多，作水平褥式间断缝合，使两侧黏膜创缘靠近，便于缝合与术后愈合（图3－42）。最后顶端黏膜边缘与肛门周缘黏膜边缘用肠线作结节缝合。整复脱出部，肛门口作荷包缝合。

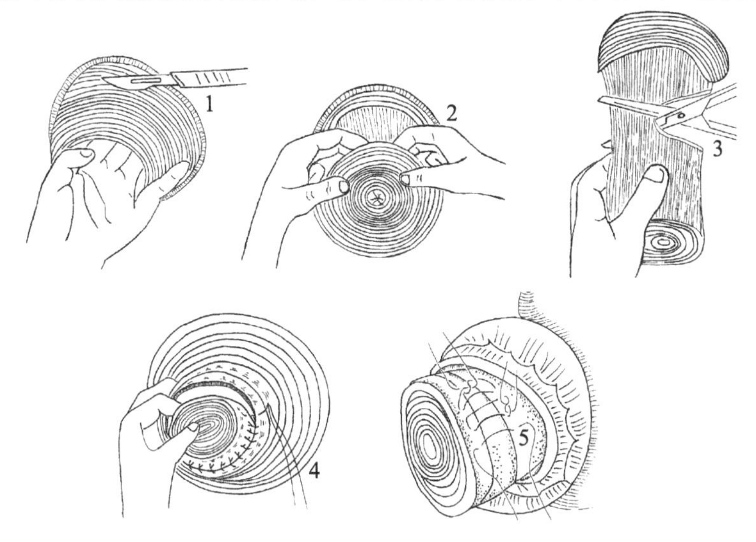

图3－42　直肠黏膜层切除术

1. 在脱出肠管基部环切黏膜至黏膜下层　2. 剥离病变黏膜层　3. 剪除病变黏膜
4. 间断缝合黏膜创缘　5. 若切除的黏膜层较宽，对肌层做水平褥式缝合后再间断缝合黏膜创缘

经过肛门周围荷包缝合、注刺激性药物后仍然脱出者，可以施行结肠—腹壁固定术。打开腹腔，向前牵引降结肠，将降结肠对肠系膜侧浆膜肌层与腹白线左侧2.5～3.0cm处腹膜和腹肌作间断缝合（图3－43）。或者将直肠与左侧髂骨结节内侧的腹膜和肌肉作间断缝合。对并发肠套叠脱出或体外整复有困难时，采用开腹整复，整复后施行结肠—腹壁固定术。

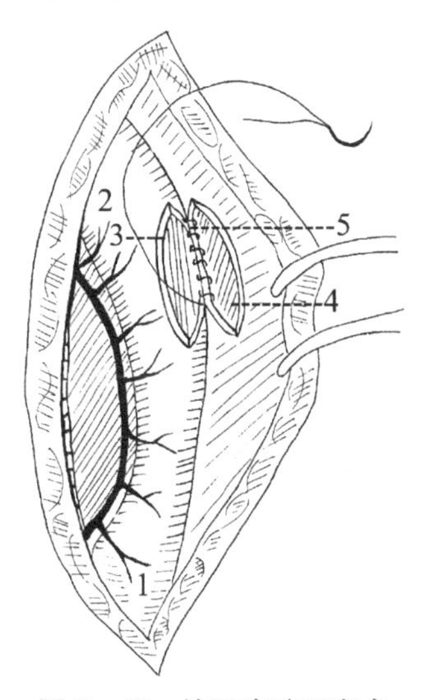

图3－43　结肠腹壁固定术

1. 直肠　2. 结肠　3. 结肠对肠系膜侧浆膜肌层切口
4. 左侧腹壁腹膜与肌层切口　5. 结肠切口与腹壁切口的边缘做连续缝合

术后2~3周内饲喂麸皮、米粥、青草和柔软饲料，充分饮水，少卧地。根据病情给予镇痛、消炎等对症疗法。肛门荷包缝合线拆除时间，单纯整复固定3~5d，肠截除术1~2d。

【检查】

一、工作过程检查

根据“实施”步骤，验证并分析理论与实际工作的偏差。实施过程验证如表3-37所示。

表3-37 实施过程验证

<table>
<tr><th>实际工作中的要求</th><th>实际工作程序</th></tr>
<tr><td></td><td></td></tr>
<tr><td colspan="2">理论与实际工作的偏差分析</td></tr>
<tr><td colspan="2"></td></tr>
</table>

二、职业能力和资格测试

根据上述学习情况进行职业能力和资格测试，以检查你的学习掌握程度。

直肠脱的病例手术整复后，防止再次脱出常采用在肛门周围作（　　）缝合。
A. 连续　　B. 结节　　C. 纽扣　　D. 荷包

（　　）为了便于整复直肠脱，猪、犬等可将两后肢提起，马牛可取前低后高的保定姿势。

直肠和肛门脱垂手术整复方法？

【评价】

本学习任务评价主要由学院教师、企业技师、学生自评和小组互评共同完成，评价成绩均采用100分制，成绩评价表如表3-38所示，该成绩记入学生成长记录。

表3-38 成绩评价表

<table>
<tr><th>序号</th><th>能力维度</th><th>分值</th><th>学院教师</th><th>企业技师</th><th>学生自评</th><th>小组互评</th><th>得分</th></tr>
<tr><td>1</td><td>专业能力</td><td>30</td><td></td><td></td><td></td><td></td><td></td></tr>
<tr><td>2</td><td>方法能力</td><td>40</td><td></td><td></td><td></td><td></td><td></td></tr>
<tr><td>3</td><td>社会能力</td><td>30</td><td></td><td></td><td></td><td></td><td></td></tr>
<tr><td></td><td colspan="6">合计</td><td></td></tr>
</table>

任务十一　四肢病的诊断与治疗技术

【学习任务】

四肢病的诊断与治疗技术。

【与其他学习任务的关系】

四肢病是家畜运动器官疾病的总称，包括前肢从蹄以上到与头、颈、躯干相连的肩部，后肢从蹄以上到与腰、荐相连的骨盆部各种组织的有关疾病。牛发病率较高，猪、羊、犬的四肢病也不少。中国南方的乳牛四肢病较北方多发。

【资讯】

四肢病种类繁多，其中常见的骨的疾病有骨膜炎和骨折；关节疾病有关节扭伤、脱位，变形性关节炎，滑膜炎和骨软骨病；肌肉疾病有肌炎和肌肉病；腱和腱鞘疾病有腱炎和腱鞘炎以及外周神经麻痹、黏液囊炎等。多为原发性，少数继发于内科病、传染病、产科病和寄生虫病。原发性四肢病多由暴力如打击、跌倒、蹴踢和冲撞引起，滑走和急驰也是常见的病因。化脓性微生物感染可导致关节或黏液囊等出现化脓性炎症。肢势不正、蹄形异常、削蹄和装蹄不当、过早使役和使役不当，以及饲养管理欠佳等都可促使本病发生。

一、骨折

骨或骨软骨的完整性遭到破坏，出现断、裂、碎的现象，称为骨折。骨折同时常伴发有不同程度的周围组织软损伤，如皮肤破裂，肌肉挫伤，血管、神经的损伤等。

引起骨折的原因很多，主要有外伤性骨折和病理性骨折两种。外伤性骨折在小动物较常见，如交通事故引起、且由此原因所引发的骨折病例在逐年增多。另外，犬猫从高处坠落也是一个常见的原因。病理性骨折主要是由于骨质疾病造成的，如佝偻病、骨软症以及慢性氟中毒等，这些处于病理状态下的骨，骨质疏松脆弱，有时不能承受大的外力，也可以引起骨折。

骨折的分类方式有多种，依据骨折处是否与外界相通，分为开放性骨折和非开放性骨折。当骨折处皮肤、肌肉的完整性遭到破坏时，称之为开放性骨折，这种骨折的病情复杂，并容易发生感染化脓；反之称为非开放性骨折。

依据骨折发生的解剖部位，分为骨干骨折和骨骺骨折。前者发生于骨干部分，临床上多见；后者多指幼龄动物骨骺的骨折，在成年动物多为干骺端骨折。

根据骨折的严重程度，分为全骨折和不全骨折。不全骨折是指骨的连续性和完整性仅有部分断裂，如发生骨裂。而全骨折指骨的连续性或完整性完全被破坏，骨折处形成骨折线，一般伴有明显的骨错位（图3－44），依据骨折线的方向不同，全骨折又可分为横骨折、斜骨折、纵骨折、螺旋骨折等（图3－45）；如果骨断离成两端以上，称之为粉碎性骨折，这类骨折复位后大多数不稳定，容易出现移位。

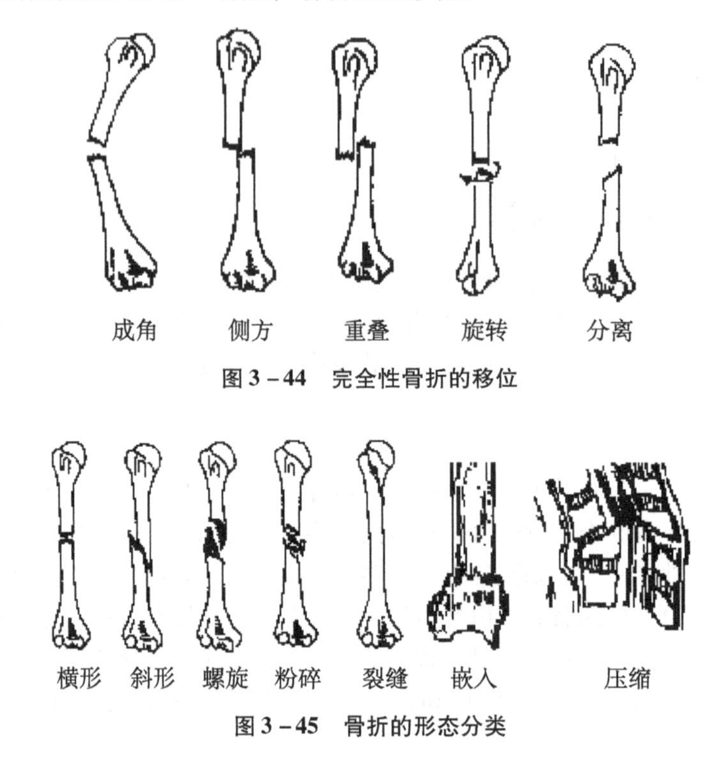

图3－44　完全性骨折的移位

图3－45　骨折的形态分类

1. 机能障碍

由于构成肢体支架的骨骼断裂，肌肉失去了固定的支架，肢体会出现部分或全部功能障碍，这是骨折最突出的症状。例如四肢骨骨折引起突发性严重跛行；椎体骨折容易伤及骨髓可引起相应区后部的躯体瘫痪；颅骨骨折可引起意识障碍等。

2. 疼痛

骨折发生会出现骨膜和神经受损，动物会出现剧烈疼痛，肌肉震颤，出汗等症状。当自动或被动运动时，更加不安、疼痛、局部敏感，出现顽抗。在安静或骨折部固定后会减轻，压迫或骨断端移位时会加剧。触诊有明显的疼痛部位，但不易区别骨痛和软组织痛，此时可握住长骨两端向中央挤压，如果疼痛表明是骨痛。骨裂时，手压迫骨折部，呈现线状压痛。

3. 出血和局部肿胀

骨折时由于软组织损伤、水肿，使局部肿胀明显。由于骨折时血管的破裂，开放性骨折时，血液从开放的创口流出；非开放性骨折时，出现淤血或形成血肿。闭合性骨折时肿胀的程度主要取决于受损伤血管的大小、骨折的部位以及周围软组织损伤的轻重。随着炎症发展，肿胀在受伤后很快加重，如不发生感染，数十天后逐渐消散。

4. 变形

当发生全骨折时，容易发生骨折端移位，使受伤部位形状发生改变，如肢体成角、弯曲、扭转、延长或缩短等异常姿势。诊断时可把健肢和患肢放在一起，仔细观察和测量肢体有关段的长度并加以比较。

5. 骨摩擦音

全骨折时，活动骨折断端可听到骨摩擦音或感到骨摩擦感，这在小动物肢体骨折尤其明显。但不全骨折、骨折断端分离较远或骨折部位肌肉肥厚，肿胀严重时通常听不到骨摩擦音。

6. 异常活动

正常情况下，肢体完整而不活动的部位，当发生全骨折后负重或作被动运动时，在骨折点部位常出现异常活动，如伸屈、扭转等。但肋骨、椎骨、蹄骨等部位的骨折，异常活动通常表现不明显或缺乏。

另外，骨折后如出现内出血或内脏损伤，可发生失血性贫血、休克等症状。小动物闭合性骨折一般在1～2d后血肿分解，因组织破坏后分解产物和血肿的吸收，体温会稍有升高。如开放性骨折，创口裂开，骨折端外露，容易引起感染，出现局部疼痛加剧、体温升高、食欲减退等症状。

骨折发生后，根据外伤史和骨折部位的外部检查，一般不难做出初步诊断。但要确诊，还必须要借助一些辅助检查方法。

1. X射线检查

对诊断骨折有十分重要的参考价值，可以通过检查清楚地了解骨折的形状、骨折线状态以及骨骼变形的情况等，还可以用于关节附近的骨折和关节脱位的鉴别诊断。此外，X射线检查不仅可用于确定骨折的类型和程度，还可指导整复、监测愈合情况。

2. 骨折传导音的检查

主要用于四肢长骨骨折的诊断。检查时将听诊器集音头放于骨折的任何一端骨隆起部位作为收音区，用叩诊锤轻轻敲击另一端的骨隆起部位，病肢和健肢作比较。依据骨传导音质和音量的改变，判断有无骨折的存在。正常骨的传导音是清脆实质感，骨折后音质变钝浊，甚至听不清楚。

3. 开放性骨折

除具有上述变化以外，还可以见到骨折引起的皮肤与软组织的创伤。骨折断端暴露于创口外面，创内损伤复杂，有的形成创囊，常见创内有血凝块、碎骨片以及异物等，容易继发感染。

骨折整复复位是使移位的骨折段重新对位，重建骨的支架作用。时间要越早越好，力求做到一次整复正确。复位时需要无痛和局部肌肉松弛。一般应在侧卧保定下，根据病畜的种类、损伤的部位和性质，选用全身麻醉、局部浸润麻醉或神经阻滞麻醉，必要时同时使用肌肉松弛剂。

1. 闭合复位

整复前使病肢保持于伸直状态。前肢可由助手以一手固定前臂部，另一手握住肘突用力向前方推，使病肢肘以下各关节伸直；后肢则一手固定小腿部，另一手握住膝关节用力向后方推，肢体即伸直。

轻度移位时，可由助手将病肢远端适当牵引后，术者对骨折部托压、挤按，使断端对齐、对正；若骨折部肌肉强大，断端重叠而整复困难时，可在骨折线两侧各系一绳，马四肢远端也可用铁丝系在蹄壁周围，牛可在第三、第四指（趾）的蹄壁角质部，离蹄底2cm处，与蹄底垂直，各钻两个孔（相距约2.5cm）穿入铁丝牵引。

按“欲合先离，离而复合”的原则，先轻后重，沿着肢体纵轴作对抗牵引，然后使骨折的远侧端凑合到近侧端，根据变形情况整复，以矫正成角、旋转、侧方移位等畸形，力求达到骨折前的状态。复位是否正确，可以根据肢体外形，抚摸骨折部轮廓，在相同的肢势下，按解剖位置与对侧健肢对比，观察移位是否已得到矫正。有条件的最好用X光判定。在兽医临床中，粉碎骨折和肢体上部的骨折，在较多的情况下只能达到功能复位，即矫正重叠、成角、旋转，有的病例骨折端对位即使不足1/2，只要两肢长短基本相等，肢轴姿势端正，角度无明显改变，大多数病畜经较长一段时间后，可逐步恢复功能。

2. 开放复位

适合粉碎性骨折或需要作内固定的骨折复位。不同的解剖部位和不同的骨折类型，其整复技术不同，但都必定要在眼的直视下进行。整复操作的基本原则是，要求术者熟知病部的局部解剖，操作时要求尽量减少软组织的损伤（如骨膜的剥离、软组织和骨的分离、血管和神经损伤等）。按照规程稳步操作，更要严防组织的感染。整复操作包括利用某些器械发挥杠杆作用，如骨刀、拉钩柄或刀柄等，借以增加整复的力量；利用抓骨钳直接作用于骨片上，使其复位；将力直接加在骨片上，向相反方向牵拉和矫正、转动，使骨片复位等。重叠骨折的整复较为困难，特别是受伤若干天，肌肉发生挛缩或组织出现增生，需要有良好的肌肉松弛或作组织分离后方能整复。

整复的骨折片在骨愈合期间，要限制活动，进行外固定，使病畜疼痛减轻，预防骨折片再次移位或形成角度。外固定是兽医临床常用的骨折固定方法，但骨折固定时应尽可能让肢体关节尚能有一定范围的活动，不妨碍肌肉的纵向收缩。肢体合理的功能活动，有利于局部血液循环的恢复和骨折端对向挤压、密接、愈合。长时间限制关节活动，易产生纤维化、软组织萎缩、关节僵硬等副作用。所以，限制关节活动的病畜，应尽早开始活动。外固定的方法有多种，如硬化绷带（石膏绷带、聚丙烯绷带或玻璃纤维绷带）、夹板绷带、改良式托马斯夹板绷带等，常用于肘关节或膝关节以下的闭合性骨折、开放性骨折以及与内固定联合应用。

对大家畜四肢骨折，无论用何种方法进行外固定，需使用悬吊装置，以减轻患肢负重，如在四柱栏内悬吊保定。

1. 髓内针固定

髓内针用于骨折治疗，既可单独应用，又可与其他方法结合应用。常用于长骨干骨折，如肱骨、股骨、胫骨、尺骨和某些小骨的骨折。髓内针的优点抗成角应力作用较强，能够抗弯曲负荷，与其他埋植物相比（如接骨板、外固定器），圆形的髓内针能够平衡来自各个方向的弯曲负荷。缺点是抗轴压力、扭转应力及对骨折处的固定效果差。髓内针只能借助针和骨骼间的摩擦力来抵抗旋转负荷和轴向压力。通常情况下，这种摩擦力不能阻止骨折处的旋转和轴的断裂。

髓内针有多种类型，从针的横断面可分为圆形、菱形、三叶形和“V”字形。使用最多的是圆形钢针，有不同的直径和大小；常用套管型和平凿型。平凿型有两个削面，其穿过高密度骨密质时效果较好。套管型具有3个削面，较易插入骨松质。髓内针有的是光滑的，也有在针尾处有螺纹的。将针插入骨折两端的骨质层内，针太短固定效果差，但也不能长到影响关节活动。针的直径与骨髓腔内径最狭部相当，把针挤住才能产生良好效果。

髓内针安装技术有开放和闭锁两种，闭锁技术用于单纯骨折，骨折片容易复位。当单独应用髓内针固定技术达不到稳定骨片的要求时，需要配合其他固定技术，防止骨片的转动和短缩。常用的辅助技术有：环形结扎和半环形结扎；插入骨螺钉时的延缓效应；同时插入两个或多个髓内针；骨间矫形金属丝对骨针的固定等。

闭锁（非开放）插针方法是针从骨的一端插入，穿过骨折线至对侧骨质内。开放性骨折，插针的方式有两种，一是在开放整复后仍从骨的一端把针插入，直接穿过骨折线至对侧骨质内；另一种则是从骨折断端先逆行插入后，当针自骨的一端穿出后再将针改为顺行插入，自对侧骨折断面插入骨质内（图3－46）。

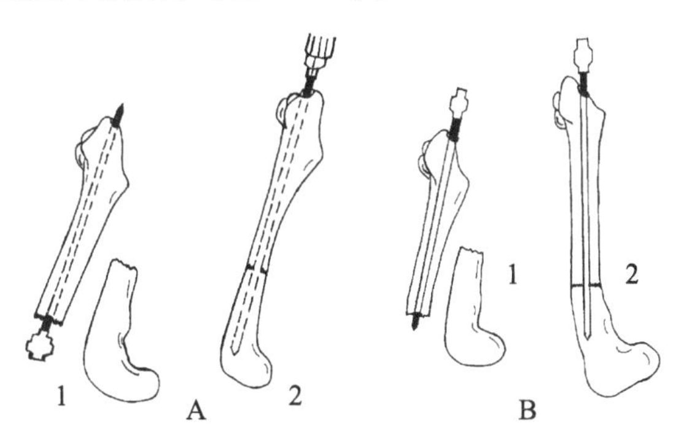

图3－46 髓内针安装方法

A. 逆向穿针法 1. 先向近心端钻孔，针出骨髓腔 2. 退出钻头，自近心端向远心端钻孔并置入髓内针

B. 正向穿针法 1. 钻头自近心端向远心段钻孔至骨髓腔，钻头穿出断面，继续向远心端钻孔，然后置入髓内针

2. 骨螺钉固定

螺钉可以用于固定接骨板和骨碎片，可分为皮质骨（密质骨）螺钉和松质骨螺钉两种（图3－47）。松质骨螺钉的螺纹较深，螺纹距离较宽，多用于骺端和干骺端骨折；在靠近螺帽的1/3～2/3长度缺螺纹，该部直径为螺柱直径，当固定骨折时螺钉的螺纹越过骨折线后，再继续拧紧，则可产生良好的压力作用。在骨干的复杂骨折，骨螺钉能用于骨片整复和辅助固定。

皮质骨螺钉的螺纹密而浅，多用于骨干骨折。为了加强螺钉的固定作用，先用骨钻打孔，旋出螺纹，再装螺钉固定。当骨干斜骨折固定时，螺钉的插入方向应在皮质垂直线和骨折面的垂直线的夹角的中间。为了使皮质骨螺钉发挥应有的加压固定作用，可在近侧骨的皮质以螺纹为直径的钻头钻孔（滑动孔），而远侧皮质的孔以螺钉柱为直径（螺纹孔），这样在骨间能产生较好的压力作用。

3. 不锈钢丝固定

钢丝常用于环扎术和半环扎术，与其他内固定器联用，补充骨折轴向支持、扭转支持和弯曲支持（图3－48）。环扎是围绕骨周围缠绕的矫形钢丝；半环扎线是在预先打孔的

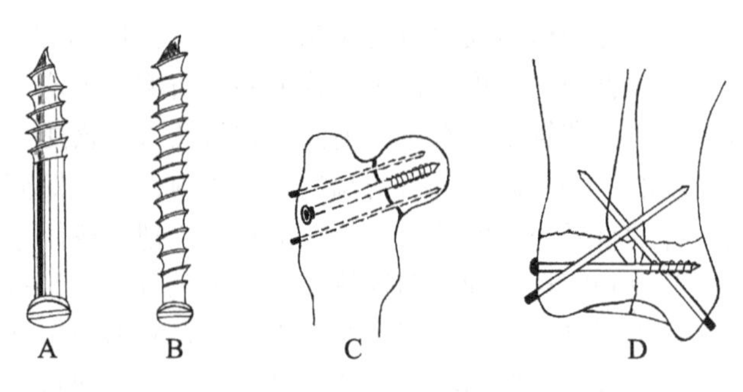

图 3－47　骨螺钉固定法

A. 松质骨螺钉　B. 密质骨螺钉　C. 股骨头的固定　D. 肩胛骨远端的固定

骨骼上缠绕的矫形钢丝，可预防骨折碎片移位。钢丝与克氏针联合使用，有降低骨折部张力的作用，称为张力钢丝。环扎钢丝多用于长斜骨折、螺旋骨折及粉碎性骨折的固定。钢丝固定通常不用于短的斜骨折或横骨折。

环扎时，应有足够的强度，但又不能过力而将骨片压碎，注意血液循环，保持和软组织的连接。用弯止血钳或专门器械将金属丝传递过去。如果长的骨折片需要多个环形结扎，环与环之间应保持 1～1.5cm 的距离，过密将影响骨的活力。

对肘突、大转子和跟结节等部位的骨折，配合髓内针使用。先切开软组织，将骨折片复位，在肘突、跟结节或大转子的后内角和后外角分别将针插入，针朝向前下皮质，以固定骨折片。若针尖达不到远侧皮质，只到骨髓腔内，则其作用降低。插进针之后在远端骨折片的近端，用骨钻作一横孔，穿金属丝，与骨髓针剩余端作 8 字形缠绕和扭紧。

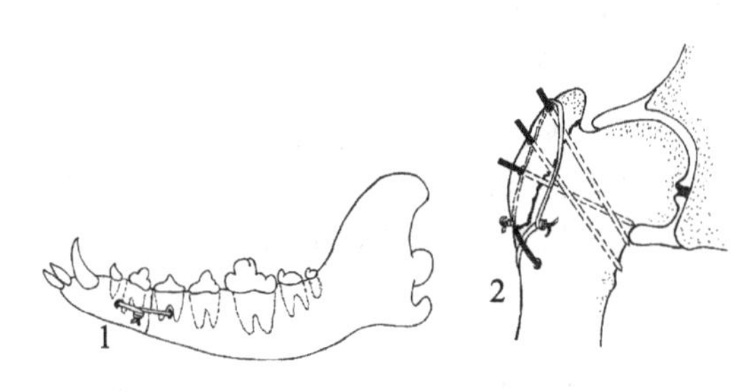

图 3－48　金属丝固定法

1. 下颌骨的固定　2. 大转子的固定

4. 接骨板固定

接骨板的种类很多，根据功能可将接骨板分为张力板、中和板和支持板三种。张力板和中和板，均装在张力一侧，起到中和抵消张力、弯曲力、分散力等的作用；用于松骨质的骨骺和干骺端骨折处的，称为支持板。

接骨板与螺钉固定是骨折固定中常用的方法，可用于任何长骨骨折（图 3－49）。其优点是安装后术后疼痛较轻，肢体功能恢复较快。螺钉可以对骨折处产生压迫，这样可以增加骨断端之间的摩擦并且可以抵抗对骨折处的负重。如果负重过大时，必须依靠接骨板帮助。接骨板能有效地承受轴向负重、弯曲负重与骨折处的扭转力。接骨时两侧骨断端应适度对接，接触过紧或留有间隙，都得不到正常骨的愈合过程，出现断端坏死或增殖大量假骨，延迟骨的愈合。

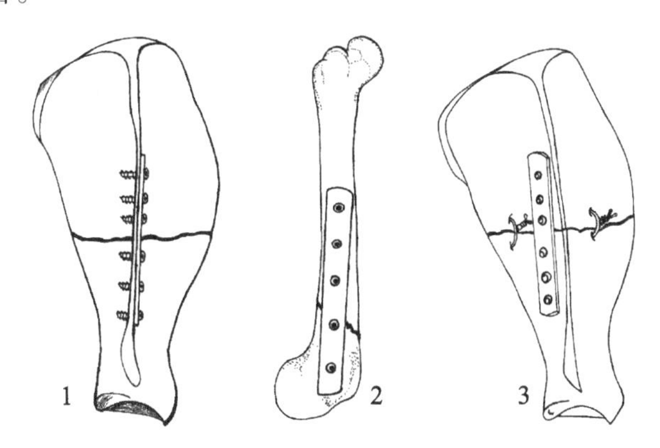

图 3－49　接骨板固定

1. 肩胛冈的固定　2. 股骨远端的固定　3. 配合金属丝固定肩胛板

二、关节扭伤

关节扭伤是在突然间接外力作用下，关节发生瞬间的过度伸展和屈曲或扭转，超越了生理范围，引起关节组织损伤。系关节（球节）、跗、肩关节、髋关节多发。

在使役和放牧中，失步蹬空、滑倒、急转、急走骤停、误踏深坑，不合理保定等，即跌、打、扭、挫伤等，使关节剧伸、屈曲、扭转，超越了生理范围，轻者引起关节韧带和关节囊纤维发生部分断裂，严重时发生完全断裂。甚至引起软骨和骨骺的损伤。

关节扭伤主要表现为疼痛、跛行、肿胀、温热和骨赘等症状。

受伤后立即出现剧烈疼痛，不同程度的跛行，患肢屈曲、蹄尖着地，减负体重，跛行随运动而加剧，局部增温，出现不同程度肿胀、溢血；触诊患部皮肤紧张、敏感，关节侧韧带有明显的压痛点；被动运动疼痛剧烈，若韧带断裂则活动范围增大，重者可听到骨端撞击音。

慢性病例则常在韧带、关节囊和骨的结合部形成骨赘，无热无痛，坚硬如骨，若结缔组织增生则肥厚，移动性小，关节可被固定。

系关节扭伤　马多见。以蹄尖着地，系部直立，运动时不敢下沉，以支跛为主。

肩关节扭伤　牛多见。肩部弛缓无力，弯曲变形，跛尖着地，运动时，举扬困难，向外划弧形前进，混跛。

髋关节扭伤　马、牛多见。站立时，屈曲膝、跗关节，以蹄尖着地，患肢外展，后退疼痛明显，内收更为明显，运动时拖拉前进，混跛。

腰部扭伤　站立时拱腰努背，运动时患肢抬不高，喜卧。

根据在运动中突然发生跛行、明显支跛，关节肿胀、疼痛、温热可确诊。

治疗上以抑制溢血和渗出，促进吸收，镇痛消炎，防止增生为原则。

1. 抑制溢血和渗出

初期可用冷敷法，患部清洗或除毛，用毛巾或脱脂棉浸入5～10℃的冷水或药液中，如20%硫酸镁溶液、3%明矾溶液，敷于患部，不等其变温，不断进行交换保持低温，并以绷带固定，每日数次，每次30min。为避免皮肤反复遭受湿的浸渍，也可用干冷法，即将冷水、冰块、雪装入塑料袋中，以毛巾包裹敷于患部。然后外敷安德利斯散（薄荷脑10g，樟脑10g，明矾50g，醋酸铅100g，白陶土820g）或扭伤散（桃仁、杏仁、红花、栀子等份），具有收敛、消炎、止痛、消肿的作用，以冷醋调成糊状外敷。

2. 促进吸收

急性中后期可用温热刺激疗法，热敷的敷料由四层，第一层为湿润层，直接和患部接触，用两层毛巾或脱脂棉制作，比患部要大；第二层为隔离层，防止透水，用塑料布制作，稍大于第一层；第三层为保温层，用棉花或脱脂棉制作；第四层为固定层，用卷轴绷带将上面三层固定。

温敷时，先将患部清洗，用湿润层浸上热水或药液，如复方醋酸铅溶液（醋酸铅50g，明矾10g，水1 000ml）、20%硫酸镁溶液或食醋，敷于患部，按上述四层进行包扎，3次/d，每次30～60min，热敷后患部应加以保温。

刺激疗法用于慢性炎症，能使局部血管扩张，血液循环旺盛，从而促进炎性渗出物的吸收和消散，加速组织修复过程的作用，95%酒精热绷带，10%鱼石脂酒精，10%樟脑酒精。

3. 镇痛消炎

穴位封闭法，用0.25%～0.5%盐酸普鲁卡因20～30ml，青霉素40万～80万IU，或者30%安乃近10～30ml，注射到经脉径路上的穴位内，产生特殊的效果，一般前肢疾病常注入抢风穴，后肢注入百会穴、汗沟穴，其他常用的穴位还有肾俞、白环俞、环跳、承扶、殷门、委中、阳陵泉等。0.25%～0.5%普鲁卡因5～10ml，每日或隔日一次，3～5次为一疗程。

在球节上方，用青霉素100万IU（用蒸馏水10ml稀释）再加2%普鲁卡因10ml作环形封闭，隔天1次。如关节囊内有较多积液，用针头刺入放出积液，并注入上述普鲁卡因青霉素2～4ml，或者注醋酸化可的松注射液2～3ml，隔天1次，一般2～3次即可。

4. 活血化淤，消肿止痛

《跛行镇痛散》（当归、土鳖虫、乳香、没药、地龙、川军、血竭、制南星、醋然铜各25g，红花、骨碎补各20g，甘草40g，黄酒250ml）。

5. 治疗白芨膏对亚急性和慢性关节炎症有较理想的疗效

取醋500ml加热，放入乳香50g、没药50g，待其溶化后，放入白芨粉200g，充分搅拌，待其成膏状，停止加热，温度降至50～60℃时，摊在纱布上并撒冰片粉10g、麝香10g。患部除毛清洗后包扎，外面再裹以塑料布，上下两端用绷带固定。药膏干时向塑料布内注入热醋，保持湿润。

三、脱臼

关节脱臼是指关节受到突然强烈的外力间接或直接作用，使关节头脱离关节窝，失去正常接触面而出现移位。本病多见于牛、马、犬的髋关节、膝盖骨脱臼、肩关节。发病类型可分为习惯性脱臼、完全脱臼、不全脱臼。

间接外力是发生关节脱臼的主要原因，如滑倒、蹬空、扭转、剧伸；其次为直接外力，如打击、冲撞、踢蹴。常伴有关节韧带和关节囊的损伤。

由于关节窝浅，关节囊、关节韧带松弛，不能固定关节，常易引发习惯性脱臼。

1. 关节脱臼的共同症状

（1）关节变形

由于关节骨端脱出，在关节正常位置处出现异常凸起或凹陷。

（2）异常固定

脱出的关节骨端被高度紧张的肌肉和韧带固定于异常的位置上。此时不能自主运动，被动运动受限制。

（3）肢势异常

患肢在站立时表现内收、外展、屈曲、伸展等姿势。

（4）关节肿胀

关节周围组织受到破坏出血及急性炎症反应，引起关节的肿胀与疼痛。

（5）机能障碍

伤后立即出现，由于关节骨端变位和疼痛，患肢发生程度不同的运动障碍，甚至不能运动。

2. 髋关节脱臼

（1）前方脱位

股骨头脱出于髋关节窝，被异常地固定在其前方，髋关节变形隆起。站立时患肢短缩，外展，股骨几乎成直立状态并伸向后方，蹄尖向外。运动步态强拘，呈三肢跳跃或拖曳而行，患肢抬举困难，表现为以悬跛为主的混跛。被动运动时，有时也可以听到股骨头与髂骨的摩擦音。

（2）上方脱位

股骨头被异常地固定在髋关节的上方，大转子明显向上方突出。站立时患肢明显缩短，呈内收肢势，蹄尖向前外方，他动患肢外展受限，内收容易。运动时，患肢拖拉前进，并向外划大的弧形。

关节不全脱位时，突发重度混合跛行，多数患肢能轻轻负重，关节变形、关节异常固定和肢势无明显变化。

3. 膝盖骨脱臼

（1）上方脱位

在运动中突然发生，站立时，患肢膝关节、跗关节向后伸直不能屈曲，运动时以蹄尖着地拖曳前进，同时患肢外展或三肢跳跃。被捕动运动患肢不能屈曲。触诊膝盖骨上方移位，被异常固定于股骨内侧滑车嵴的顶端。

（2）外方脱位

站立时膝、跗关节屈曲，患肢向前伸，以蹄尖轻轻着地。运动时除髋关节能负重外，其他关节均高度屈曲，表现支跛。触诊膝盖骨外方变位，其正常位置出现凹陷。

根据主要症状关节变形、异常固定、肢势异常、局部肿胀与疼痛、重度跛行可以确诊。

治疗上以正确复位，合理固定，恢复功能为原则。

1. 髋关节脱臼

复位是使脱出的关节骨端回到原来关节窝正常的位置，从临床看复位越早越好。全身浅麻醉或神经干传导麻醉，减轻肌肉和韧带紧张，患肢在上侧卧保定。用绳系住患肢将被异常固定的关节拉开，根据关节正常解剖位置，确定关节骨端位置和用力方向，灵活运用拉、推、按、揣、揉、抬等方法使关节复位，当已复位时可听到类似“嘎巴”的声响。

复位后，患者肢应保持安静 1 ~2 周，为了防止复发，在患肢上装置制动夹板绷带固定，经过 3 ~4 周后拆除。

2. 膝盖骨脱臼

膝盖骨脱臼复位，将缰绳缩短靠近头部，使患畜作骤然急剧后退运动，当患肢踏地伸展时促其复位。

也可用长绳一端系于颈基部，另一端经腹下绕于患肢的系部，再经腹下向前返回，在对侧颈基部绳套穿出，用力将患肢向前上方牵引，同时术者以手用力向下推压脱位的膝盖骨，使患畜急剧后退，膝关节向前伸展，促进复位。

侧卧复位，患肢在上侧卧保定，全身浅麻醉，用力牵引后肢作前方转位，同时由后上方向前下方推压膝盖骨，促其复位。

【决策】

根据工作任务的要求，对手术的决策见表 3－39。

表 3－39　手术的决策

动物	手术选择
犬	桡骨、尺骨骨折固定术

【计划】

根据实践案例，编制完成任务的计划如下。

1. 计划动物

犬。

2. 计划器材

常规手术器械。

3. 角色分配

（表 3－40）

表3-40 角色分配

序号	学生	角色	主要工作
1	甲	术者	手术组织和实施
2	乙	助手	协助术者完成手术
3	丙	助手	协助术者完成手术

【实施】

一、麻醉与保定

全身麻醉，配合局部浸润麻醉。内侧手术通路时动物仰卧保定，悬吊患肢或侧卧保定，患肢在下。外侧手术通路时侧卧保定，患肢在上。

二、切口定位

内侧手术通路是自臂骨内上髁至桡骨茎突做切开，对尺骨暴露不充分（图3-50）。外侧手术通路是以桡骨外缘为中心，自桡骨头至桡骨远端作切开，可同时暴露桡骨和尺骨（图3-51）。

三、术前准备

对患肢进行X线检查，以确定切开部位和选择合适的内固定材料。对桡骨、尺骨的开放性创伤，在打开创口前应该先仔细地进行创伤处理。在检查完后应首先对动物进行镇静止痛。对患肢进行剃毛、消毒和隔离。

四、术式

1. 内侧手术通路

切开皮肤后，注意保护远端的头静脉。切开皮下筋膜，自腕桡侧伸肌和旋前肌之间向上切开臂深筋膜，沿伸肌向下切开，注意保护下部的臂动脉、静脉和正中神经（图3-50）。向前侧牵引伸肌群，显露旋后肌。若要暴露桡骨近端，切开旋前圆肌和旋后肌的附着点。牵引旋前圆肌和旋后肌，显露桡骨近端。桡神经位于旋后肌下面，注意保护。可再继续向后分离腕桡侧屈肌和指深屈肌，进一步显露桡骨干，但注意保护桡骨和肌肉间的桡动脉和肌间后动脉。固定后，旋前圆肌、旋后肌与其附着点一起缝合，若附着点组织不足，可与附近组织缝合。腕桡侧伸肌肉侧缘与旋前圆肌缝在一起。常规缝合前臂深筋膜、皮下筋膜和皮肤。

2. 外侧手术通路

切开皮肤、皮下脂肪、前臂浅筋膜，沿指总伸肌前缘切开臂深筋膜，分离、游离该肌肉。向后牵引指总伸肌和指外侧伸肌，向前牵引腕桡侧伸肌，显露桡骨干（图3-51）。为了更好显露桡骨和尺骨后外侧面，可切开拇长展肌在尺骨的附着点。皮肤切口可进一步向远端延长至爪部背面，显露桡骨远端和腕骨。固定后，拇长展肌与其起点或拇长伸肌缝合。常规缝合前臂筋膜、皮下组织和皮肤。对尺骨近端骨折，可作尺骨后外侧或外侧手术通路（图3-52，图3-53）。

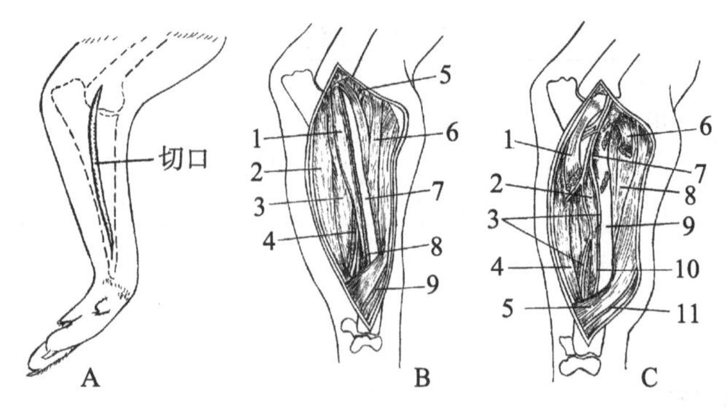

图 3－50　桡骨内侧切口

A. 桡骨内侧切口线　B. 1. 腕桡侧屈肌　2. 指浅屈肌　3. 指深屈肌　4. 正中动脉神经
5. 臂二头肌腱　6. 腕桡侧伸肌　7. 桡骨　8. 桡动脉　9. 头静脉
C. 1. 旋前圆肌　2. 腕桡侧屈肌　3. 正中动脉神经　4. 指浅屈肌　5. 拇长展肌腱及筋膜
6. 旋后肌　7. 旋前方肌　8. 腕桡侧伸肌　9. 桡骨　10. 桡动脉　11. 头静脉

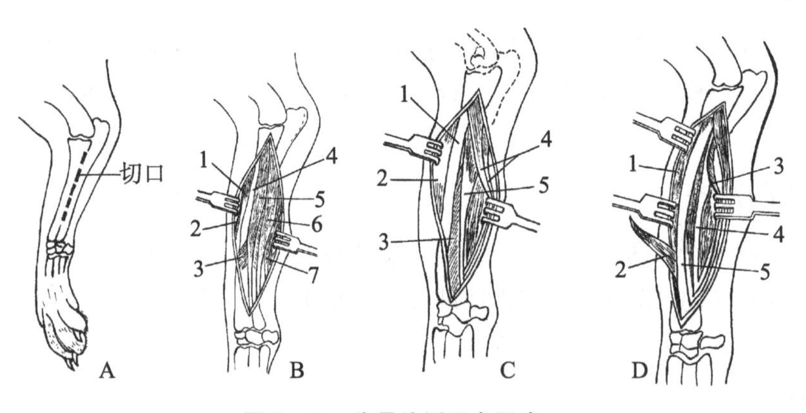

图 3－51　桡骨外侧手术通路

A. 虚线为切口线　B. 1. 腕桡侧伸肌　2. 头静脉　3. 拇长展肌
4. 桡骨　5. 指总伸肌　6. 指外侧伸肌　7. 尺外侧肌
C. 1. 桡骨　2. 腕桡侧伸肌　3. 拇长展肌　4. 指总伸肌与指外侧伸肌　5. 拇长伸肌
D. 1. 腕桡侧伸肌　2. 拇长展肌　3. 拇长伸肌　4. 尺骨　5. 桡骨

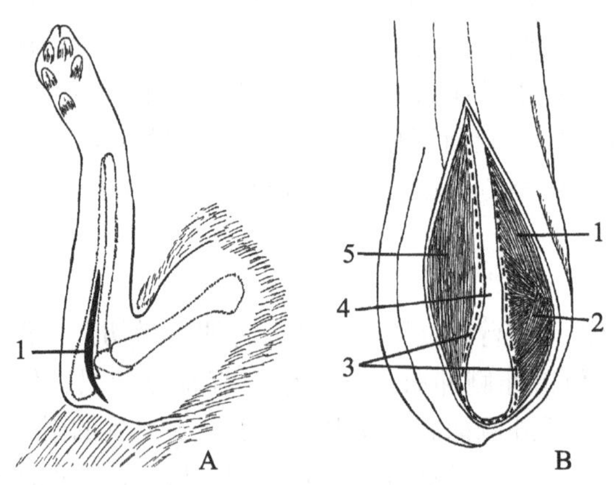

图 3－52　尺骨后外侧手术通路

A. 尺骨后外侧　1. 皮肤切口　B. 显露尺骨后部　1. 腕尺侧伸肌
2. 肘肌　3. 骨膜切开线　4. 尺骨远端　5. 腕尺侧屈肌

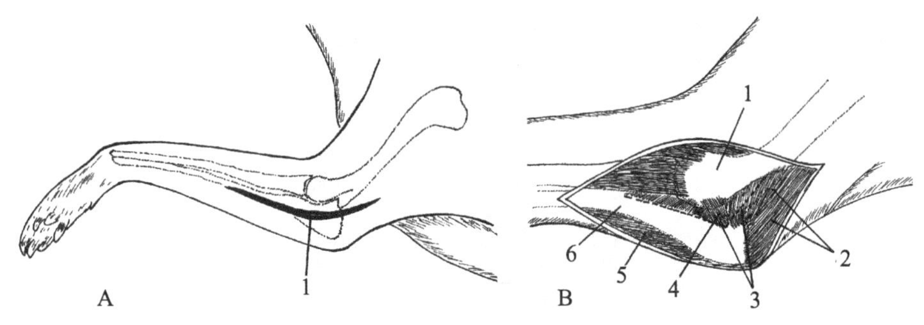

图 3－53　尺骨外侧手术通路

A. 尺骨外侧　1. 皮肤切口　B. 显露尺骨　1. 臂骨外上髁
2. 臂三头肌　3. 切开线　4. 肘肌　5. 腕尺侧伸肌　6. 尺骨

临床上采用的内固定法主要有髓内针固定法、接骨板固定法、骨螺钉固定法（图 3－54，图 3－55）。

因为桡骨的骨髓腔较小，且在插入髓内针时常侵害腕关节，所以桡骨骨折不宜用髓内针固定。但髓内针可用于尺骨骨折，并可间接地辅助粉碎性桡骨骨折的固定。髓内针应从肘突近端表面进入髓腔，并使针在骨髓腔内平行于皮质行走。髓内针应尽可能往深处插，但不能穿透皮质骨。最后，在尺骨近端皮下剪断髓内针，并突出于肘突表面。

接骨板通常用在桡骨、尺骨的横骨折，长斜骨折或螺旋状的骨折可结合用骨螺丝固定。粉碎性骨折可以通过大骨片拼合后用支撑接骨板来进行固定。

当固定骨折时，螺钉的螺纹越过骨折线再继续拧紧，可产生良好的固定作用。皮质骨螺钉的螺纹密而浅，多用于桡骨、尺骨的骨干部骨折。用螺钉固定时，其插入方向应在皮质垂直线与骨折面垂直线夹角的二等分处。

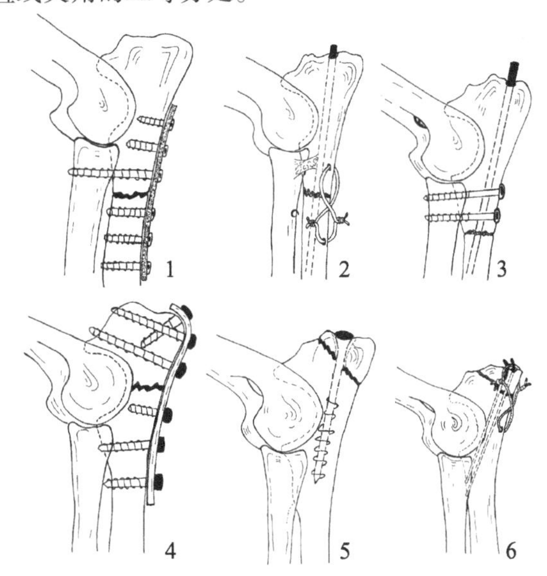

图 3－54　尺骨近端骨折的固定方法

1. 骨螺钉配合接骨板固定尺骨头中部骨折　2. 金属丝配合髓内针固定尺骨头中部骨折　3. 骨螺钉配合髓内针固定尺骨头中部骨折　4. 接骨板固定尺骨头近端骨折　5. 松质骨螺钉固定尺骨头近端骨折　6. 金属丝配合克氏针固定尺骨头近端骨折

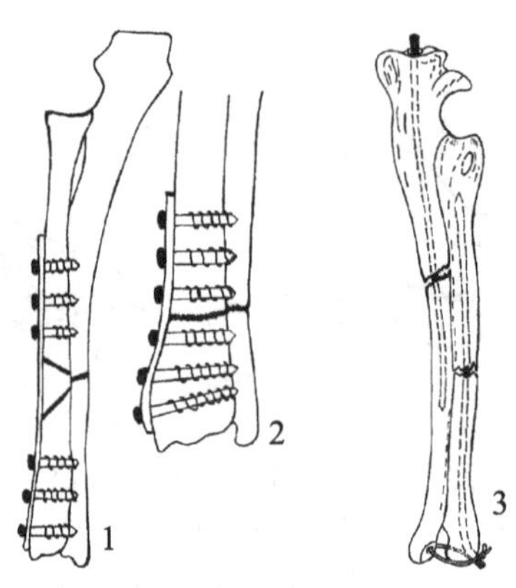

图 3－55　桡骨骨折

1. 桡骨尺骨干复合骨折　2. 桡骨尺骨远端骨折　3. 桡骨尺骨髓内针固定

利用可塑性夹板可使肘关节和腕关节得到较好的固定，方法见“胫骨、腓骨骨折”。

术后拍 X 光片记录骨折复位的情况。4～6 周内限制运动。对于开放性的桡骨、尺骨骨折或是做开放性整复的，在 2 周后复查看是否可以皮肤拆线，4～6 周后拍 X 光片评估骨折的恢复程度。骨愈合后如果埋植物有障碍或是软组织有排斥反应，应取出埋植物。

【检查】

一、工作过程检查

根据“实施”步骤，验证并分析理论与实际工作的偏差。实施过程验证如表 3－41 所示。

表 3－41　实施过程验证

实际工作中的要求	实际工作程序
理论与实际工作的偏差分析	

二、职业能力和资格测试

根据上述学习情况进行职业能力和资格测试，以检查你的学习掌握程度。

1. 关节受到突然强烈的外力间接或直接作用，使关节头脱离关节窝，失去正常接触面而出现移位，称（　　）。

A. 关节扭伤　　B. 关节挫伤　　C. 骨折　　D. 脱臼

2. 在突然间接外力作用下，关节发生瞬间的过度伸展和屈曲或扭转，超越了生理范围，引起关节组织损伤，称（　　）。

A. 关节扭伤　　B. 关节挫伤　　C. 骨折　　D. 脱臼

3. 不是骨折特有症状的是（　　）。

A. 骨摩擦音　　B. 异常活动　　C. 疼痛　　D. 肢体变形

（　　）1. 患畜在运动中突然发病，站立时，患肢膝关节、跗关节向后伸直不能屈曲，运动时以蹄尖着地拖曳前进，同时患肢外展或三肢跳跃。被捕动运动患肢不能屈曲。触诊膝盖骨被异常固定于股骨内侧滑车嵴的顶端，此病为膝盖骨上方脱位。

（　　）2. 患畜站立时膝、跗关节屈曲，患肢向前伸，以蹄尖轻轻着地。运动时除髋关节能负重外，其他关节均高度屈曲，表现支跛。触诊膝盖骨外方变位，其正常位置出现凹陷，此病为膝盖骨外方脱位。

（　　）3. 髋关节扭伤主要表现为以蹄尖着地，系部直立，运动时不敢下沉，以支跛为主。

（　　）4. 肩关节扭伤主要表现为肩部弛缓无力，弯曲变形，跛尖着地，运动时，举扬困难，向外划弧形前进，混跛。

（　　）5. 系关节扭伤主要表现为站立时，屈曲膝、跗关节，以蹄尖着地，患肢外展，后退疼痛明显，内收更为明显，运动时拖拉前进，混跛。

犬桡骨、尺骨骨折固定手术操作方法？

【评价】

本学习任务评价主要由学院教师、企业技师、学生自评和小组互评共同完成，评价成绩均采用100分制，成绩评价表如表3－42所示，该成绩记入学生成长记录。

表3－42　成绩评价表

序号	能力维度	分值	学院教师	企业技师	学生自评	小组互评	得分
1	专业能力	30					
2	方法能力	40					
3	社会能力	30					
	合计						

任务十二　风湿病的诊断与治疗技术

【学习任务】

风湿病的诊断与治疗技术。

【与其他学习任务的关系】

风湿病是一种易于反复发作的急性或慢性非化脓性炎症。常侵害对称性的骨骼肌、关节及蹄、心脏。中兽医称之为“痹症”。临床特征为病情反复发作，发病部位呈对称性、游走性，疼痛，跛行随运动而减轻。本病在我国各地均有发生，常发生于寒冷、潮湿的季节和环境，多发于的冬季、秋季和初春，见于各种家畜和小动物。

【资讯】

一、病因分析

风湿病病因复杂，近年来经临床诊疗、流行病学及免疫学的研究证明，风湿病是由于A型溶血性链球菌引起的一种变态反应疾病。链球菌所引起的疾病，一种是化脓性感染，另一种是引起变态反应性疾病。常与链球菌所引起的疾病，如咽炎、喉炎和急性扁桃体炎等上呼吸道的流行季节分布有关。动物血清中有各种链球菌抗体。青霉素可预防和治疗风湿病。

不仅溶血性链球菌，而且其他种抗原及某些半抗原物质也可引起风湿病。如细菌蛋白质、异种血清、经肠道吸收的蛋白质等，也会引起变态反应，发生风湿性疾病。

其次，风湿病的发生与自然因素风、寒、潮湿、湿热等密切相关。因此，舍阴冷、潮湿、湿热、受贼风侵袭或放牧时被大雨浇淋等，成为风湿病发生的重要诱因。

中兽医认为，风湿病是风、寒、湿三种病邪乘虚侵入机体，引起气滞血凝、气机不畅的一种疾病。可分为行痹（风盛）、痛痹（寒盛）、着痹（湿盛）、热痹（风湿热盛）等类型。采取祛风、除湿、散寒、通络等治法，药用通经活络散、独活寄生汤等，取得了很好的疗效。

二、主要临床表现

1. 肌肉风湿病（风湿性肌炎）

肌肉风湿常发生于活动性较大的肌群，颈肌群、四肢肌群、背腰肌群、肩臂肌群、臀肌群，由于发病部位不同、病程不同，既有其共性症状，也有其不同的症状。

急性肌肉风湿　有明显的全身症状。突然发病，精神觉郁，食欲减退，体温升高1～1.5℃，结膜潮红，口腔黏膜发红，脉搏、呼吸增数。

常发生于1～2肢，四肢运动不协调，步态强拘、不灵活，步幅短，悬跛或以悬跛为主的混跛，跛行常随运动量的增加和时间延长减轻或消失，卧下困难。局部触诊，患部温热，疼痛明显，肿胀，患部触诊凸凹不平，有硬感，同时出现肌肉挛缩，抗拒触诊。急性风湿具有游走性，往往一肢好转时另一肢又发病。病程数日或1～2周，但环境发生改变时易于复发。

慢性肌肉风湿　全身症状不明显，皮肤肌肉缺乏弹性，肌肉变硬或萎缩，常有结节样肿，凸凹不平。因游走性而出现四肢交替跛行，易疲劳，喜卧，不愿站立。

颈部肌肉风湿　一侧颈部肌肉风湿，头颈弯向患侧，两侧颈肌肉风湿，头颈僵直，不敢低头，避免回转运动。

肩臂肌肉风湿　一侧风湿，站立时患肢前踏，减负体重。肩臂肌肉出现阵发性颤抖，疼痛，明显悬跛。二侧风湿，头颈向上，步幅短，以蹄尖着地，关节屈伸不利。

背腰肌肉风湿　为慢性经过，站立时背腰拱起，触诊肌肉僵硬疼痛，凹腰反射减弱或消失。运动时呈黏着步样，步幅短，不灵活，不能转小弯，难以起卧。

臀股肌肉风湿　运动时，后肢屈曲困难，步幅短，运步缓慢，触诊肌肉僵硬、疼痛。

全身风湿　全身肌肉和关节僵硬，呈木马样。

2. 关节风湿病（风湿性关节炎）

急性关节风湿　急性期有全身症状。对称性关节同时发生，有游走性，腕关节、肘关节、肩关节、膝关节多发。关节囊及周围组织水肿，有浆液性或浆液纤维素性渗出物，外形粗大。触诊局部温热，疼痛，有时有波动。关节活动范围小，步态强拘、紧张，不同程度跛行，以支跛或以支跛为主的混跛。

慢性关节风湿　关节囊及周围组织增生、肥厚，关节肿大，轮廓不清，活动范围小，屈伸不利，他动运动能听到“噼啪”音响，严重时关节愈着。

无论何种风湿都有在夏季或遇热则病情减轻，在冬季或遇寒病情则加重的表现，风波病的发生和受风、寒、湿的侵袭密切相关。

【决策】

根据工作任务的要求，对手术的决策见表3－43。

表3－43　手术的决策

动物	手术选择
牛、犬、猫	

【计划】

根据实践案例，编制完成任务的计划如下。

1. 计划动物

牛、犬、猫。

2. 计划器材

常规诊疗器械。

3. 角色分配

（表3－44）

表3－44　角色分配

序号	学生	角色	主要工作
1	甲	兽医师	临床诊断及治疗

【实施】

一、临床诊断

本病有受风寒湿侵袭的病史；患部具有对称性、游走性、复发性特点；局温增高，肿胀，疼痛，能摸到硬结。跛行时轻时重，随运动量增加和时间延长其症状减轻或消失；步态强拘，黏着步样。

临床也可用水杨酸钠皮内反应试验作辅助检查，用新配制的0.1%水杨酸钠10ml，分数点注入颈部皮内。注射前和注射后30min、60min分别检查白细胞总数。其中白细胞总数有一次比注射前减少1/5，即可判定为风湿病阳性。

二、治疗措施

治疗上以加强护理，消除病因，解热镇痛抗风湿，消除炎症，祛风解痉，通经活络为原则。

1. 水杨酸疗法

10%复方水杨酸钠，马、牛100～200ml，猪、羊10～50ml，犬1～5ml，静脉注射，1次/d，连用3～5d。也可与乌洛托品、葡萄糖酸钙联合应用。或者内服，马、牛10～60g/次，猪、羊2～5g/次，犬、猫0.1～0.5g/次，或保泰松，马、牛4.4mg/kg体重，猪、羊3.3mg/kg体重，犬2.0mg/kg体重，内服，2次/d，三天后用量减半。

2. 皮质激素疗法

0.5%强的松龙，马、牛0.05～0.15g，猪、羊0.01～0.02g，1次/d，静脉或肌肉注射。关节腔注射，马、牛4～8ml，或者0.5%氢化可的松注射液，牛、马40～100ml，猪、羊4～10ml，犬1～5ml，用生理盐水或5%葡萄糖注射液稀释，静脉注射，1次/d。关节腔注射，马、牛10～20ml。或者普可安（0.5%普卡200ml，0.5%氢化可的松40ml，10%CNB20ml，5%糖盐水500ml）静脉注射，1次/隔日或每日。或者醋酸可的松注射液，马、牛0.25～1g，猪0.05～0.1g，羊0.01～0.025g，犬0.025～0.1g，2次/d，肌肉注射；

3. 抗生素疗法

急性风湿病初期，无论是否证实机体有链球菌感染，均需使用抗生素。首选青霉素160万IU×10～15支，地塞米松10～15ml，生理盐水1 000ml，静脉注射，2～3次/d，6d一个疗程。

4. 镇痛疗法

30%安乃近20～30ml，穴位或肌肉注射。氢化可的松10～25mg，前肢主穴抢风穴，配穴中搏、下腕；后肢主穴百会、大胯，配穴小胯、大转，分注于主穴和配穴，1次/d，连用3～5次。

5. 物理疗法

麸皮热敷，麸皮与醋按4∶3的比例混合炒热，装于布袋，敷于患部，至皮肤微微出汗为止，温敷后要注意患部保温，1～2次/d，连用6～7d。也或用酒精热绷带敷于患部。

【检查】

一、工作过程检查

根据“实施”步骤，验证并分析理论与实际工作的偏差。实施过程验证如表3－45所示。

表 3－45 实施过程验证

<table>
<tr><td>实际工作中的要求</td><td>实际工作程序</td></tr>
<tr><td></td><td></td></tr>
<tr><td colspan="2">理论与实际工作的偏差分析</td></tr>
<tr><td colspan="2"></td></tr>
</table>

二、职业能力和资格测试

根据上述学习情况进行职业能力和资格测试，以检查你的学习掌握程度。

风湿的诊断和治疗措施?

【评价】

本学习任务评价主要由学院教师、企业技师、学生自评和小组互评共同完成，评价成绩均采用100分制，成绩评价表如表3－46所示，该成绩记入学生成长记录。

表 3－46 成绩评价表

序号	能力维度	分值	学院教师	企业技师	学生自评	小组互评	得分
1	专业能力	30					
2	方法能力	40					
3	社会能力	30					
	合计						

项目四　动物产科疾病的诊断与治疗技术

【学习目标】

掌握动物妊娠诊断技术、产前检查与接产技术、怀孕期分娩期产后期疾病诊疗技术、阴道子宫疾病诊疗技术、乳房炎诊疗技术及卵巢疾病的诊疗技术。

任务一　产前检查与接产技术

【学习任务】

了解常见动物的分娩预兆和分娩过程；熟悉接产前准备、正常分娩时的接产步骤和新生仔畜的护理方法；能对动物进行正确产前检查和接产。

【与其他学习任务的关系】

动物孕期和分娩过程中难免会发生各种问题，为了保证母畜安全和胎儿健康，正确合理的产前检查和接产技术显得尤为重要，以便及时发现和处理问题，以减少孕畜及仔畜的风险和死亡，提高动物健康水平，保障动物福利。

【资讯】

一、分娩预兆

随着胎儿发育成熟和分娩期临近，为适应排出胎儿及哺育仔畜的需要，妊娠母畜在生理和行为上会发生一系列变化，主要表现在乳房、外阴、骨盆韧带和精神状况 4 个方面，通常将这些变化称为分娩预兆。通过观察分娩预兆，可预测分娩时间，做好相应的接产准备。

1. 乳房

乳房在分娩前迅速发育，腺体充实。有的在乳房底部出现浮肿，临近分娩时，可从乳头中挤出少量清亮胶状液体或初乳，有的出现漏乳现象。乳头的变化对估计分娩时间也比较可靠，分娩前数天，乳头增大、变粗。但在营养状况不良的母畜，乳头变化不太明显。

2. 外阴

临近分娩前数天，阴唇逐渐柔软、肿胀、增大，阴唇皮肤上的皱襞展平，皮肤稍变红。阴道黏膜潮红，黏液由浓厚、黏稠变为稀薄、滑润。某些畜种由于封闭子宫颈管的黏液塞软化，流入阴道而排出阴门外，呈透明、能够拉长的条状黏液。子宫颈在分娩前数天开始松软、肿胀。

3. 骨盆韧带

骨盆部韧带在临近分娩的数天内，变得柔软松弛，特别明显的是位于尾根两侧的荐坐韧带后缘由硬变得松软，因此，荐骨的活动性增大，当用手握住尾根上下活动时，能够明显感觉到荐骨后端容易上下移动。由于骨盆部韧带的松弛，臀部肌肉出现明显的塌陷现象。

4. 行为

行为方面也有明显改变，如猪在分娩前 6～12h 有衔草做窝现象。分娩前数天，多数家畜出现食欲下降，行动谨慎小心，喜好僻静地方，群牧时有离群现象。

1. 牛

奶牛的乳房变化较明显，初产牛在妊娠四个月时乳房开始变大，经产牛在分娩前 10d 乳房开始肿大。产前 2d，乳房极度肿大，乳房中充满黄色初乳。有的奶牛会出现漏奶现象，如果出现漏奶则一般在漏奶开始后数小时至 1d 内分娩。从分娩前 1 周开始，阴唇开始肿胀、柔软，色泽变红。分娩前 1～2d，子宫颈开始松弛，子宫颈管中的黏液栓软化、外流。分娩前 1～2 周，荐坐韧带开始软化，至分娩前 12～26h 荐坐韧带变得非常松软，荐椎两旁组织明显塌陷。妊娠母牛的体温从产前 1 个月开始发生变化，产前 7～8d 缓慢升至 39～39.5℃；产前 12h（有些为 3d）下降 0.4～1.2℃。

2. 羊

羊临产前 2 个月乳房开始变大。荐坐韧带软化十分明显，尾根上下可明显活动，尤其是山羊。产前数小时阴唇显著增大，从产道中开始向外排少量黏液。

3. 猪

产前 3d 左右，乳头向外伸展，中部两对乳头可挤出少量清亮液体。产前 1d 左右，可挤出 1～2 滴白色初乳。随分娩期临近，母猪前腹部大而下垂。产前 3～5d，阴唇开始肿大，有些在产前数小时排出黏液。在产前数天（或 6～12h），有衔草做窝现象。

4. 马

马在产前数天，乳头变粗大，二乳头向外开张呈“八”字形，开始漏奶后往往于当天或次日夜分娩。阴唇于产前 10 余小时肿大、松软、变红。荐坐韧带也变松软，但由于臀肌肥厚，故尾根活动不明显。

5. 犬

犬分娩前 2 周乳房开始变大，分娩前数天乳房分泌乳汁，外阴肿大、充血。子宫颈口流出水样透明黏液，同时伴有少量出血。分娩前 1～1.5d，精神不安，主动寻找黑暗、安静的地方开始筑窝。产前 24～36h 食欲骤减，行动急躁，不断用爪刨地，啃咬物品等。临产前 3d 左右，体温下降，临产时则体温回升。分娩前 3～10h，开始出现阵痛，起卧不安，频频排尿，常发出呻吟或尖叫声。

二、决定动物分娩过程的要素

分娩过程能否顺利完成，主要决定于产力、产道和胎儿3个因素。在分娩过程中，如果这3个因素正常，而且三者间能相互适应，就可保证顺利分娩，否则可能导致发生难产。

母体将胎儿从子宫中排出到体外的力量就是产力。产力由阵缩和努责这两种力量构成，阵缩是子宫肌的节律性收缩，努责是腹肌和膈肌的节律性收缩。阵缩和努责对分娩过程中胎儿的顺利产出起着十分重要的作用。

1. 阵缩

阵缩是子宫壁的纵行肌和环形肌发生的蠕动性收缩和分节收缩。动物的分娩过程启动后就随之出现了阵缩，当胎衣排出后阵缩停止。分娩初期动物呈现的腹部阵痛就是阵缩引起的临床表现，阵缩是一阵一阵的有节律的收缩。起初，阵缩短暂而无规律，力量弱，持续时间短，间歇时间长；以后则逐渐变得持久有力，间歇时间变短。每次阵缩都是由弱变强，持续一段时间后又减弱消失，两次阵缩之间有一定的时间间隔。单胎动物的阵缩从孕角尖端开始，向后移行；多胎动物的阵缩先由靠近子宫颈的部分开始，子宫角的其他部分仍呈安静状态。

阵缩对保证分娩过程中胎儿的安全及调整胎位、胎势有着重要意义。子宫收缩时，子宫上的血管受到挤压，胎盘上的血液供给受到限制；子宫收缩间歇时，子宫的挤压解除，血液循环又得以恢复。如果说子宫持续收缩，无间歇期，胎儿就会因缺氧而发生窒息。每次的收缩间歇期，子宫肌的收缩虽暂停，但并不完全迟缓，因此子宫壁逐渐变厚、子宫腔逐渐变小。

2. 努责

努责的力量大于阵缩，伴随努责动作，动物腹部会出现明显的起伏。当子宫颈口开张、胎囊出子宫颈口后，动物开始努责，胎儿排出后努责停止。

产道是胎儿产出的通路，包括软产道和硬产道两部分。

1. 软产道

由子宫颈、阴道、阴道前庭和阴门组成。妊娠期间，子宫颈质地紧张、子宫颈口紧闭；分娩开始后，子宫颈变得松弛、柔软，子宫颈口开张，以保证胎儿在分娩过程中顺利通过。分娩过程中子宫颈口的开张程度，是动物难产检查中的一个重点内容。阴道、前庭和阴门为了适应分娩过程中胎儿顺利排出的需要，在临分娩前和分娩时也会变松弛、柔软。

2. 硬产道

就是骨盆，由荐椎、前三个尾椎、髋骨（髂骨、坐骨、耻骨）和荐坐韧带组成。骨盆可分为4个部分，即入口、出口、骨盆腔和骨盆轴（图4－1，图4－2，图4－3）。

骨盆轴是由入口荐耻径、骨盆垂直径、出口上下径3条线的中点所连成的一条曲线。骨盆轴是分娩过程中，胎儿在盆腔中运行的轨迹，骨盆轴越短、越直，胎儿就越易顺利通过；骨盆轴还表示了牵引助产过程中不同阶段的牵引用力方向。

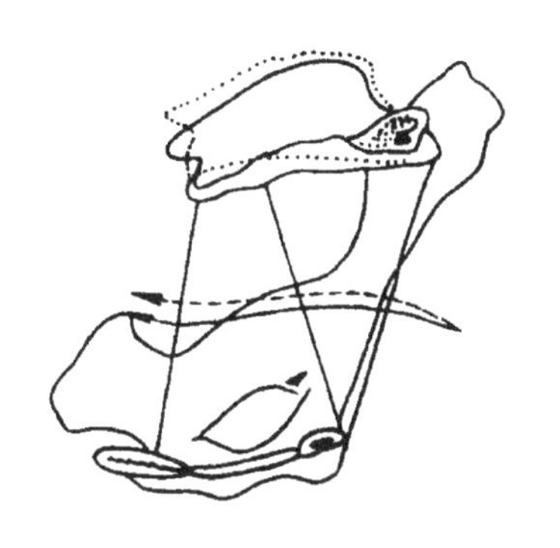

图 4－1　牛的骨盆轴

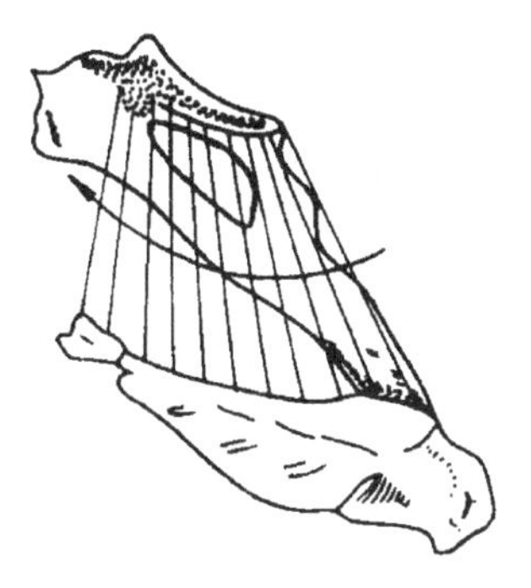

图 4－2　羊的骨盆轴

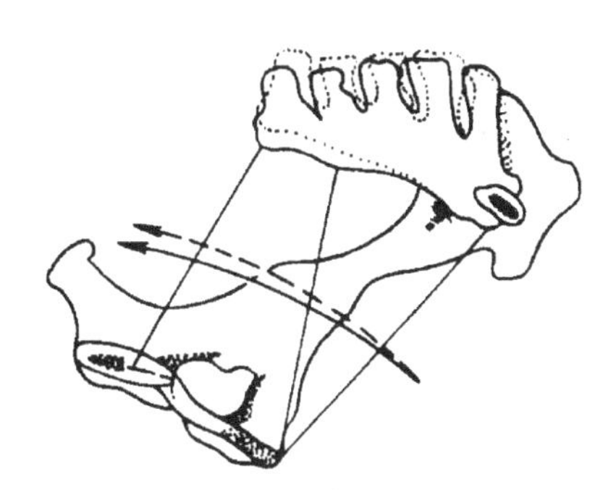

图 4－3　马的内盆轴

（图中虚线代表胎儿通过时的情况）

用来描述胎儿和母体产道关系的术语有：胎向、胎位、胎势和前置。

1. 胎向

就是胎儿的方向，也就是胎儿纵轴与母体纵轴的关系，胎向有 3 种。

（1）纵向

指胎儿纵轴和母体纵轴平行。纵向包括正生和倒生 2 种情况。正生是指胎儿纵轴和母体纵轴平行，但方向相反，即头和前肢先进入产道。倒生是指胎儿纵轴和母体纵轴平行，但方向相同，即胎儿后肢或臀部先进入产道。

（2）横向

指胎儿横卧于子宫内，胎儿纵轴和母体纵轴呈水平垂直。背部向着产道的称背部前置横向（背横向）；腹底面向着产道的（四肢伸入产道）称腹部前置横向（腹横向）。

（3）竖向

指胎儿纵轴和母体纵轴上下垂直。背部朝向产道的称背竖向；腹部朝向产道者则称腹竖向。

纵向是正常的胎向，横向和竖向均属于不正常的胎向。横向和竖向不可能十分严格，不要生硬死板地去理解。

2. 胎位

即胎儿的位置，描述的是胎儿背部和母体背部或腹部的关系，胎位也有 3 种。

（1）上位（背荐位）

是胎儿伏卧在子宫内，背部在上，靠近母体背部。

（2）下位（背耻位）

是胎儿仰卧在子宫内，背部朝下，靠近母体腹部。

（3）侧位（背髂位）

是胎儿侧卧在子宫内，背部位于一侧，靠近母体腹侧壁及髂骨。

上位属于正常胎位，下位和侧位于均属于不正常的胎位。轻度的侧位可归于上位或下位。

3. 胎势

即胎儿的姿势，描述的是胎儿各局部呈显的曲伸状态。一般而言，正常的胎势应该是两前腿及头颈伸直、头颈放在两条腿上或两后腿伸直。

4. 前置

也叫先露，描述的是胎儿某一部分和产道的关系，那一部分朝向产道或先露出于产道，就叫那一部分前置。通常情况下是用“前置”这一名词来描述胎儿的反常情况的。例如，胎儿头颈部向一侧弯曲，颈侧面朝向产道，就可描述为颈部前置。

分娩时胎儿的正常方向应该是纵向，否则一定会引起难产；正生和倒生均属于正常，但相对而言倒生的难产率要高一些。

分娩时胎儿的正常胎位应该是上位，但轻度的侧位一般也不会引起难产，所以也可以认为是正常的。

三、分娩过程

分娩是指从子宫开始阵缩到胎衣完全排出的整个过程。分娩本身是一个完整复杂的生理过程，可人为的将其分为 3 个阶段，即开口期、胎儿产出期和胎衣排出期（表 4－1）。

开口期也叫子宫颈开张期，从子宫出现阵缩开始到子宫颈口充分开张为止。这一时期一般只有阵缩，没有努责。开口期中，产畜一般会寻找不易受干扰的地方独处待娩，期间表现食欲减退、轻微不安、时起时卧、尾根抬起、常作排尿姿势，并不时排出少量粪尿，脉搏和呼吸加快。初产动物在这一时期的不安尤其明显。另外，动物间也有差别，马最为敏感。开口期的中期子宫阵缩为 1 次/15min，每次 15 ~ 30s；随后阵缩频率加强，可达1 次/3min。

产出期指从子宫颈口充分开张到将胎儿排出的这一时期。努责是产出期开始的标志，将胎儿完全排出则是其终止标志。该阶段中，阵缩和努责同时存在。当子宫颈口充分开张后，胎囊及胎儿的前置部分对子宫颈及阴道发生刺激，使垂体后叶素的释放增加，从而引起腹肌和膈肌发生强烈收缩，导致阵缩出现。

产出期各种动物的主要表现是极度不安，时起时卧，前蹄刨地，后蹄踢腹，拱背努责，哞叫等显著增强。当胎头通过骨盆腔时，分娩的动物一般会侧卧，因为侧卧可增加腹压、加强产出的力量。胎头最宽处通过骨盆腔时，母畜努责表现最为强烈，有的母畜甚至表现张口伸舌、呼吸紧促、眼球转动、四肢痉挛样伸直等。当胎头出骨盆腔出口之后，分娩母畜会稍作休息，然后继续努责，当胎儿胸部出骨盆腔出口后，努责会显著缓和。倒生时，胎儿的最宽处为胎儿臀部，当胎儿臀部通过骨盆腔时会呈现出类似于正生的表现。

胎膜俗称胎衣，但胎衣不包括母体胎盘。胎衣排出期即从胎儿产出到胎衣完全排出的这一时期。当母体产出胎儿后，经几分钟短暂休息，子宫又开始阵缩，此时一般无努责或仅有轻微努责，通过阵缩使子宫和胎膜分离，最后将其排出体外。胎膜是胎儿发育过程中的一个暂时性器官，当胎儿出生后胎衣将被母体视为一种异物，必需将其排出，否则将会导致胎衣不下。

牛、羊的胎盘属于上皮结缔绒毛膜胎盘，其母体胎盘和子体胎盘结合紧密，所以胎衣排出期所需时间较长。牛和羊相比，它们虽属同一类型胎盘，但羊的母体胎盘和子体胎盘结合的不如牛紧密，所以羊的胎衣排出时间要短于牛。由于子宫的阵缩是由子宫角尖端开始的，所以胎衣与子宫黏膜的分离也开始于子宫角尖端，然后外翻而出，从而导致尿膜绒毛膜的内膜翻于外面。牛怀双胎时，胎衣在两个胎儿排出后排出。山羊怀多胎时，胎衣在全部胎儿排出后，分次或一起排出胎衣。马的胎盘属于上皮绒毛膜胎盘，母体胎盘和子体胎盘结合较为疏松，胎衣排出期较短。猪的胎衣排出期稍长于马，但猪为多胎动物，其胎衣可分二堆或几堆排出。犬有吃胎衣的习惯，如果胎儿数目较多，应该限制这一习性。

表 4－1　动物分娩各期时间表

	开口期	产出期	胎儿产出间隔	胎衣排出期
牛	2～8h （0.5～24h）	3～4h （0.5～6h）	20～120min	4～6h （<12h）
水牛	19min	4～5h	—	—
绵羊	4～5h （3～7h）	1.5h （0.25～2.5h）	15min （5～60min）	0.5～4h
山羊	6～7h （4～8h）	3h （0.5～4h）	5～15min	0.5～2h
猪	2～12h		2～3min（中国猪种） （1～10min） 11～17min（引进猪种） （10～30min）	30min 10～60min
马	10～30min	10～20h	20～60min	5～90min
犬	4h （6～12h）	3～4h	10～30min	5～15min/仔

四、各种动物分娩期的特点

努责开始后常卧地，羊膜绒毛膜形成囊状突出阴门外，该膜为淡白或微黄色半透明，膜上有少数细而直的血管，内有羊水和胎儿。羊膜绒毛膜囊破裂后排出羊水和胎儿。羊水浓稠，颜色淡白或微带黄色。胎儿产出后，在胎衣排出期，尿囊绒毛膜囊开始破裂流出黄褐色尿水。因此牛的第一胎水一般是羊水，但有时尿囊绒毛膜也可先破裂，然后尿囊羊膜囊才突出阴门破裂。牛的胎衣排出期时间较长，一般为 2～8h，最长的可达 12h，这与牛胎盘属上皮结缔绒毛膜型胎盘，构造较为复杂，胎儿胎盘和母体胎盘结构紧密相关。

基本和牛相似。羊在一昼夜任何时间都能产羔。但在上午 9～12 时和下午 15～16 时产羔较多见。胎衣通常在分娩后 2～4h 内排出。

猪分娩时均为侧卧。子宫除纵向收缩外，还有分节收缩。子宫收缩由距子宫颈最近的胎儿前方开始，子宫的其余部分则不收缩，然后两个子宫角轮流收缩，逐渐达到子宫角尖端。猪的胎膜不露在阴门之外，胎水也少，当猪努责1~4次即可产出1仔，娩出两个胎儿的间隔时间，通常为5~20min或更短，猪产出期所需时间依胎儿多少而不同，一般为2~8h。产后10~60min，先后从两个子宫角排出两堆胎衣，每个胎儿的胎衣彼此套叠，粘连在一起。

犬胎儿的数目因品种不同而异，一般每胎产2~8只。分娩时，母犬以腹部和子宫的节律性收缩将胎儿排出。产仔间隔为5min至1h，母犬产仔时往往沿其窝周围走动，舔净仔犬身上的黏液，自行咬断脐带和撕破仔犬身上的囊膜。多数母犬将胎衣吞食，母犬从分娩开始到产仔结束，一般为3~6h。

猫在分娩前表现不安、鸣叫。从胎膜破裂到产出第一个胎儿需30~60min，产出胎儿时常发出尖叫声。每产一个胎儿，母猫则快速舔胎儿，咬断脐带，有的母猫先清洁自身，然后才舔仔猫。产仔间隔时间为5min至1h，整个产仔过程约2~6h。胎衣一般随各仔一同排出。母猫有吃胎衣的习性。

五、接产的准备工作

接产的目的在于对母畜和胎儿进行观察，并在必要时加以帮助，避免胎儿和母体受到损失，达到母子安全。但应特别指出，接产工作一定要根据分娩的生理特点进行，不要过早、过多地进行干预。

对产房的一般要求是清洁干燥，阳光充足，通风良好，无贼风，宽敞，配有照明设备。墙壁及饲槽须便于消毒。褥草不可铺设过厚，且须经常更换。猪的产房内还应设仔猪栏，以避免母猪压死仔猪。天冷的时候，产房须温暖，特别是猪，温度应不低于15~18℃，否则导致分娩时间延长，及仔猪死亡率增高。根据预产期，应在产前7~15d将待产母畜送入产房，以便让其熟悉环境。

在产房里，应事先准备好常用的接产用具及药品（70%酒精，2%~5%碘酊，煤酚皂溶液，催产药物等），并应放在一定的位置，以免临时缺此少彼，造成不便。条件许可时，最好备有一套常用的手术助产器械。

接产人员应当受过接产训练，熟悉各种母畜分娩的规律，严格遵守接产的操作规程及必要的值班制度，尤其是夜间值班制度。

【决策】

按照完成此项任务的工作要求，设计产前检查的内容、接产前准备、接产及新手仔畜处理见表4-2所示。

表 4-2　产前检查及接产技术方案

<table>
<tr><th colspan="2">工作任务</th><th>内容</th></tr>
<tr><td colspan="2" rowspan="4">产前检查</td><td>了解母畜生产经历</td></tr>
<tr><td>检查母畜的整体状况</td></tr>
<tr><td>产道检查</td></tr>
<tr><td>经产道检查胎畜</td></tr>
<tr><td colspan="2" rowspan="5">接产前准备工作</td><td>预产期推算</td></tr>
<tr><td>产房检查</td></tr>
<tr><td>将母畜转入产房</td></tr>
<tr><td>产房准备接产基本药物和器械</td></tr>
<tr><td>熟悉接产程序</td></tr>
<tr><td rowspan="9">接产技术</td><td rowspan="4">正常分娩时接产技术</td><td>清洗并消毒母畜外阴部及其周围</td></tr>
<tr><td>穿好工作服</td></tr>
<tr><td>临产检查，确定胎向、胎势和胎位</td></tr>
<tr><td>掌握产道检查时机，及时助产</td></tr>
<tr><td rowspan="5">新生仔畜处理</td><td>擦干羊水</td></tr>
<tr><td>处理脐带</td></tr>
<tr><td>辅助哺乳</td></tr>
<tr><td>称重登记</td></tr>
<tr><td>观察胎衣排出情况</td></tr>
</table>

【计划】

根据实践案例的描述以及养殖户的要求，编制完成任务的计划如下。

1. 计划动物

牛、羊、猪、犬、猫。

2. 计划器材

临床诊断检查器械、常规外科器械、常用产科器械、常用消毒药、常用麻醉药、体重秤、洁净纱布等。

【实施】

一、产前检查

①检查前先了解是初产或经产，胎膜是否破裂，有无羊水流出，腹围及母畜大小。初产母畜多因产道狭窄而难产；经产母畜的难产多由于胎畜的位置、方向、姿势不正引起。

②检查产道是否黏膜水肿、表面干燥和有无损伤，并注意损伤的程度及有无感染。

③通过产道检查胎畜时，应注意胎位是否正常以及胎畜生死情况。

④检查母畜的全身情况，如精神状况、体温、心跳、呼吸等。

二、接产前的准备工作

①根据配种日期做好预产期推算工作，分娩前 7 ~ 15d 将母畜转入产房，并仔细观察

和护理，做好观察待产工作。

②检查产房是否符合要求。

③放置接产所需的基本药械，包括消毒液、催产药物、70%酒精、2% ~5%碘酊；注射器及针头、丝线、助产绳、棉花、纱布、剪刀、常用产科器械、体温计、听诊器；毛巾、肥皂、水桶或脸盆、热水及大块塑料布等。

④对接产人员进行专业培训，使其熟悉正常分娩过程，了解接产程序。

三、接产技术

接产应该在严格消毒的情况下进行，在接产过程中防止产道感染是控制生殖系统疾病发生的一个重要环节，接产者应该对其手臂和所用器械进行严格消毒。现以牛为代表，简介接产的步骤、方法。

①清洗母畜外阴部及其周围，并用消毒药水擦洗；用绷带或细绳系住尾巴、将其拉向一侧、另一端系于颈部；仔细观察，以待接产或助产。在产出期开始时，接产人员穿好工作服及胶围裙、胶靴。

②为防止难产，当胎儿前置部分进入产道时，可将手臂消毒、润滑后伸入产道，进行临产检查，以确定胎向、胎位及胎势是否正常，以便对胎儿的异常作早期诊断。及早发现、及早矫正，不但容易克服难产，甚至还能救活胎儿。

③当胎儿的嘴巴露出阴门外时，若胎膜尚未破裂，应将胎膜人为撕破，并将胎儿鼻孔中的黏液擦拭干净，以防胎儿在分娩过程中吸入羊水或发生窒息。但也不要过早撕破，以免胎水过早流失。

④掌握产道检查时机，及时助产。根据分娩过程中母畜和胎儿状况，适时进行产道检查，及时进行助产，对保证胎儿成活和防止母畜产后疾病具有重要意义。当母体努责微弱、分娩过程延长、阴门外只有一条腿、大家畜阴门外只露嘴巴而不见两前肢、或者只见两前肢而无嘴巴、或者两蹄掌心相反、或者外露的两肢异常，此时应及时进行产道检查，以确定相应的助产方法。对牛而言，当“头水”破裂后1h胎儿的前置部分仍未出产道时，应及时进行产道检查；对羊而言，当“头水”破裂后40min胎儿的前置部分仍未出产道时，应及时进行产道检查。过早助产易导致人为难产，过早检查易对产道造成感染，但贻误助产时机则会对胎儿的生命安全造成威胁。所以，在进行产道检查及助产时，应该认真观察分娩过程，做到适时检查、适时助产。

1. 擦干羊水

当胎儿产出后要及时擦干其鼻孔及嘴巴周围的羊水，并观察呼吸是否正常，若呼吸异常或无呼吸，则必须进行相应的救治处理。对吸入少量羊水的胎儿应将其倒置或采用相应的治疗措施以促进其排出。

天气寒冷时，还要将胎儿身上的黏液及时擦干，并注意保温。对于牛、羊，可让母畜舔干胎儿身上的黏液。由于羊水中含有雌性激素、前列腺素等物质，母畜舔胎儿身上的黏液可促进母体子宫收缩、促进胎衣排出。

2. 处理脐带

处理脐带的目的主要是为了防止脐带感染、促进脐带干燥。大多数动物出生后脐带会被自行扯断，只有马等少数动物的脐带不易自行扯断。断脐时，脐带不可留的过长或过短，过长易导致脐带感染，而过短则易导致“漏脐”，一般以 3～6cm 为宜。断脐后，将脐带断端在碘酊内浸泡片刻或外涂碘酊，如有出血则应进行结扎。

3. 辅助哺乳

仔畜出生后，应擦洗母畜乳头，协助仔畜尽早吃上初乳。对于活力较差而无法自行吮食乳汁的仔畜，应及时进行人工哺乳，尽量保证在出生 1h 内让仔畜吃上初乳。

对于不足月的仔畜或特别虚弱的仔畜，应注意保温（有条件者可人工吸氧），进行人工哺养。当母畜无哺乳能力时，应做好保姆代乳工作。

4. 称重登记

对某些养殖场或某些家畜来说，还应做好出生仔畜的登记、称重、编号及免疫注射等工作。

5. 观察胎衣排出情况

胎儿出生后，还要仔细观察母体胎衣排出情况，对于胎衣未及时排出或未完全排出者，要进行相应的治疗处理。对排出的胎衣要及时处理，牛、羊、兔吃食胎衣后可引起消化不良，猪吃胎衣后易致食仔癖。

【检查】

一、工作过程检查

根据“实施”步骤，验证并分析理论与实际工作的偏差。实施过程验证如表 4－3 所示。

表 4－3 实施过程验证

实际工作中的要求	实际工作程序
理论与实际工作的偏差分析	

二、职业能力测试和职业资格测试

根据上述学习情况进行职业能力测试和职业资格测试，以检查自己的学习掌握程度。

职业能力测试

1. 母畜无乳或死亡时，应采取的措施是（　　）。

A. 辅助喂养　　B. 寄养　　C. 辅助哺乳　　D. 以上均可

2. 分娩过程中，阵缩和努责共同作用的是（　　）。

A. 开口期　B. 胎儿产出期　C. 胎衣排出期　D. 以上均可

3. 胎儿呈下列胎向、胎位时，哪个属于正常（　　）。

A. 纵向，上位　B. 横向，下位　C. 竖向，侧位　D. 以上均正常

4. 单胎动物分娩时，子宫收缩（　　）。

A. 从孕角尖端开始　B. 孕角整体进行

C. 从子宫体开始　D. 从子宫颈胎儿之前开始

5. 软产道不包括（　　）。

A. 子宫　B. 子宫颈　C. 阴道　D. 前庭

6. 分娩过程中胎儿最难通过母体盆腔的部位是（　　）。

A. 头部　B. 肩胛部　C. 胸廓部　D. 腹部

E. 骨盆

（　　）1. 奶牛将于数小时至1d 分娩的特征征兆是漏乳。

（　　）2. 新生仔畜和母畜最好注射破伤风抗毒素，以防感染。

（　　）3. 产力即指努责。

1. 如何对动物进行产前检查？

2. 正常分娩时如何进行接产？

职业资格测试

某母猪临产，为其顺利生产，请你进行接产前准备工作。

奶牛顺利产下一牛犊，请你对犊牛进行处理。

【评价】

本学习任务评价主要由学院教师、企业技师、学生自评和小组互评共同完成，评价成绩均采用100 分制，成绩评价表如表4 –4 所示，该成绩记入学生成长记录。

表4 –4　成绩评价表

序号	能力维度	分值	学院教师	企业技师	学生自评	小组互评	得分
1	专业能力	30					
2	方法能力	40					
3	社会能力	30					
	合计						

任务二　妊娠期疾病的诊断与治疗技术

【学习任务】

了解动物流产和产前截瘫发生的原因；熟悉动物流产和产前截瘫的临床症状；能对流产和产前截瘫动物作出诊断，并进行相应治疗。

【与其他学习任务的关系】

流产的危害很大，不仅使胎儿发育受阻或夭折，而且经常损害母畜健康，严重的导致不孕、不育，甚至危及母畜生命。产前截瘫也是母畜妊娠期常见疾病，给养殖业造成了不同程度的经济损失，影响了养殖业的健康发展。

【资讯】

一、流产

流产是由于胎儿或母体异常而导致妊娠生理过程发生紊乱，或者它们之间的正常关系遭到破坏，导致妊娠中断，胎儿被母体吸收或排出体外的一个病理现象。流产是哺乳动物妊娠期间的一种常见疾病，流产不仅会导致胎儿死亡或发育受到影响，而且还会影响到母体的生产性能和繁殖性能。

流产可能为胎儿及胎盘异常或受到损伤的结果，也可能为孕畜疾病的一种症状，还可能是饲养管理不当的后果。流产的原因非常复杂，概括起来可分为传染性流产和非传染性流产。

1. 传染性流产

传染性流产是由于孕畜感染传染病和寄生虫病而引起的流产，可以是侵害胎膜、胎儿及孕畜生殖器官引起的自发性流产，如布鲁氏杆菌病、胎毛滴虫病、马沙门氏菌病及锥虫病；也可以是作为疾病的一种症状而发生的症状性流产，如结核、马传染性贫血、牛环形泰勒焦虫病等。从某种意义上来说，当某种传染病和寄生虫病导致孕畜或胎儿的生理功能发生一定程度紊乱时，均可引起流产。

2. 非传染性流产（普通性流产）

非传染性流产是由非传染性因素所引起的一类流产，可大致归纳为自发性流产和症状性流产。

（1）自发性流产

以胎膜及胎儿发育畸形所致者较多见。

①胎膜异常　胎膜是胎儿生长发育必不可少的器官，若胎膜异常，则胎儿和母体间物质交换受到限制，胎儿不能正常发育而致流产发生。胎膜异常有时为先天性的，如子宫发育不全或胎膜绒毛发育不全可导致胎盘结构异常或胎盘数量不足；有时则可能为后天性的，子宫黏膜发炎变性，致使胎膜绒毛膜上的绒毛不能与发炎变性的子宫黏膜发生联系而退化。

②胚胎发育停滞。配子（精子或卵子）衰老或存在缺陷、染色体异常、配种过迟、近亲繁殖等因素，可降低受精卵活力，造成胚胎多数在发育途中死亡，也有的畸形胎儿可发育至足月。胚胎发育停滞所引起的流产多发生于妊娠早期。

（2）症状性流产

引起症状性流产的可能原因也很多，但并非一定会引起流产，还与畜种、个体反应程度和生活条件有关，也可能是几种原因共同作用的结果。

①继发于某些疾病。母畜生殖器官疾病，如慢性子宫内膜炎、阴道脱、阴道炎、子宫粘连等疾病，可造成胎膜损伤，影响胎儿继续发育而引起流产。非传染性全身疾病，如瘤胃臌气、疝痛、妊娠毒血症、胃肠炎、肺炎等，也可导致流产发生。此外，引起体温升高、呼吸困难、高度贫血的疾病，均有可能引发流产。

②饲养不当。饲料严重不足及饲料中矿物质和维生素含量缺乏均可引起流产；饲喂发霉、变质饲料或含有有毒物质的饲料亦可引起流产；饲喂方式改变，使孕畜贪食过多或暴饮冷水也可引起流产。

③管理不当是散发性流产发生的重要原因之一，主要由于对孕畜使用和管理不当，使孕畜子宫或胎儿受到直接或间接的物理性损伤，引起子宫反射性收缩而致流产。

动物妊娠后，因地面光滑、轰赶、出入圈舍时过分拥挤、剧烈运动、翻越障碍物等所引起的跌跤或冲撞，可使胎儿受到过度振动而发生流产。此外，使役过度、强烈应激和粗暴对待孕畜等，也是造成流产的重要原因。

④医疗错误。误用引起子宫收缩的药物（如毛果芸香碱、氨甲酰胆碱、催产素、麦角制剂等）可引起流产；误用催情或引产药物（如雌激素制剂、前列腺素、地塞米松等）和孕畜忌用药物可导致流产；大剂量使用泻剂、利尿剂、驱虫剂，错误的注射疫苗，及不恰当的麻醉等，均有可能引起流产；不规范的直肠检查、产道检查和超声波诊断（阴道、直肠探入）亦可引起流产；妊娠后误配，也可能引起流产。

一般而言，妊娠母畜发生流产时表现为不同程度的腹痛不安，拱腰，频频作排尿动作，从阴道中流出多量黏液或污秽不洁的分泌物或血液。由于流产发生的原因、时期及孕畜反应能力不同，则流产的临床症状也存在差异，但基本可归纳为以下 4 种。

1. 隐性流产（胎儿消失）

妊娠初期，胚胎的大部分或全部被母体吸收，称为隐性流产。隐性流产常无明显的临床表现，只是配种后诊断为妊娠的母畜，经过一段时间（牛经 40～60d，马经 2～3 个月，猪经 1.5～2.5 个月）却再次发情，并从阴门中流出较多量的分泌物。

2. 早产

流产的预兆和过程与正常分娩类似，胎儿是活的，但未经足月即产出，故称为早产。早产的产前预兆不像正常分娩预兆那样明显，往往仅在流产发生前 2～3d 出现乳房突然胀大，阴唇轻度肿胀，乳房内可挤出清亮液体等类分娩预兆。早产胎儿若有吮吸反射时，进行人工哺养，可以存活。

3. 小产（半产）

提前产出死亡而未经变化的胎儿即为小产，这是最常见的流产类型。妊娠前半期的小产，流产前常无预兆或预兆轻微，排出时不易发现，有时可能被误认为隐性流产；妊娠后半期的小产，其流产预兆和早产相同。胎儿未排出前，直肠检查摸不到胎动，妊娠脉搏变弱。阴道检查发现子宫颈口开张，黏液稀薄。

小产时，若胎儿排出顺利，则预后良好，一般对母体繁殖性能影响不大。若子宫颈口开张不好，胎儿不能顺利排出时，则应及时采取助产措施，否则可导致胎儿腐败，引起母畜子宫内膜炎或继发败血症而表现全身症状。

4. 延期流产（死胎停滞）

胎儿死亡后由于阵缩微弱，子宫颈不开张或开张不大，胎儿死亡后长期停留于子宫内，称为延期流产。延期流产可表现为两种形式：胎儿干尸化和胎儿浸溶。

（1）胎儿干尸化

胎儿死亡后未被排出，其组织中的水分及胎水被母体吸收，胎儿体积缩小，变为棕黑色样的干尸，称为胎儿干尸化。胎儿干尸化常见于牛、羊、猪。干尸化胎儿可于子宫中停留相当长时间。母牛一般是在妊娠期满后数周，黄体作用消失后，才将胎儿排出。排出胎儿也可发生于妊娠期满以前，个别干尸化胎儿则长久停留于子宫内而不被排出。母畜表现发情停止，随妊娠时间延长腹部并不继续增大。直肠检查，不感胎动，子宫内无胎水，但有硬固物，子宫中动脉不变粗，且无妊娠样搏动。在牛，一侧卵巢有十分明显的黄体。干尸化胎儿，有时伴随发情被排出。在猪上常见有正常胎儿与干尸化胎儿交替地排出。

（2）胎儿浸润

妊娠中断后，死亡胎儿的软组织被分解、液化，形成暗褐色、黏稠的液体流出，而骨骼则因子宫颈开张不够而滞留于子宫内，称为胎儿浸溶。胎儿浸溶现象比胎儿干尸化少见，有时见于牛、羊，猪也可发生。

发生胎儿浸润时，母畜表现精神沉郁，食欲减退，体温升高，腹泻，体重减轻；随努责可见红褐色或黄棕色腐臭黏液及脓液排出，且常混有小的骨片；尾部和后躯被黏液污染，干后成为黑痂；阴道检查，子宫颈开张，阴道及子宫发炎，在子宫颈或阴道内可摸到胎骨；直肠检查，在子宫内可摸到残留的胎儿骨片。

科学的饲养管理是预防流产的基本措施。严禁饲喂冰冻、霉败及有毒饲料，防止孕畜暴食和暴饮。孕畜运动和使役要适当，防止挤压、碰撞、跌摔。合理选配，且应做好配种记录。妊娠诊断及直肠和阴道检查要严格遵守操作规程。孕畜患病时，要早诊断，早治疗，用药应谨慎。对于群发性流产发生时，要先行采取隔离措施，同时及时进行实验室诊断，以防传染性流产散播。

二、产前截瘫

产前截瘫是妊娠末期母畜既无导致瘫痪的局部因素（如腰、臀部及后肢损伤），又无明显的全身症状，但后肢不能站立的一种疾病。该病可发生于各种家畜，但以牛和猪发病率较高，马也可发生此病。

产前截瘫的发病原因非常复杂，可能是妊娠末期许多疾病（如胎水过多、严重的子宫捻转、酮血病、风湿等）的症状，也可能是下列因素导致的结果。

①饲料中钙、磷含量不足或比例失调，是导致产前截瘫的主要原因。饲料中钙、磷含

量缺乏或比例失调时，骨骼中钙盐沉着不足，血钙浓度下降，促进甲状旁腺素分泌增加，骨钙动用加速以维持血中钙生理水平，而骨的结构因此受到损害，导致截瘫。

②营养不良，圈舍阳光不足，缺乏运动等因素是引发产前截瘫的重要诱因。

③胎儿躯体过大形成对盆腔神经和血管的压迫，也可能引发产前截瘫。

④胃肠机能紊乱、慢性消化不良及维生素 D 缺乏等，影响小肠对钙的吸收，使血钙浓度降低，也可发生产前截瘫。

牛一般于分娩前 1 个月左右逐渐出现运动障碍。发病初期表现为站立不稳，两后肢交替负重；行走时，后躯摇摆，步态不稳；卧地后，起立困难或不愿起立。后期则不能站立，卧地不起。临床检查，后躯无可见的病变，触诊无热、痛反应。通常无全身症状，但有时心跳快而弱。卧地时间较长时，可能发生褥疮或患肢肌肉萎缩，有时也可能伴发阴道脱。

猪多于产前几天至数周发病。发病初期表现为卧地不起，站立时四肢强拘，系部直立，行走困难。一般地，一前肢最先出现跛行，以后波及至四肢。触诊掌（跖）骨有疼痛反应，表面凹凸不平，不愿站立，驱之不敢迈步，疼痛嚎叫，甚至两前腿跪地爬行。此外，患猪常表现异食癖、消化紊乱及粪便干燥。

①科学饲养，保证孕畜饲料中有足够的钙、磷、维生素及微量元素。也可根据当地草料及饮水中钙、磷含量，添加相应的矿物质。粗、精、青饲料应搭配合理，保证孕畜吃到青草及青干草。一般来说，只要钙、磷的供应能满足需要，并不需要额外补充维生素 D，但冬季舍饲孕畜应多晒太阳。

②科学管理，保证孕畜适量的运动及充足的光照。

③也可用人为控制分娩季节的方法来预防产前截瘫。产前一个多月如能吃上青草，可有效预防母牛产前截瘫。

【决策】

根据工作任务的要求，对妊娠期疾病的诊断与治疗的决策见表 4－5。

表 4－5　妊娠期疾病的诊断与治疗决策

工作任务	妊娠期疾病	
	流　产	产前截瘫
诊断技术	临床症状	饲养管理情况
	直肠检查	临床症状
	产道检查	鉴别诊断
治疗技术	安胎	补钙、磷
	促进子宫内容物排出	引产
	人工引产	对症治疗，给予富含营养物质且易消化的饲料

【计划】

根据实践案例，以及畜主的要求，编制完成任务的计划如下。

1. 计划动物

牛、羊、猪、犬、猫。

2. 计划器材

临床诊断检查器械、注射器、常用药物（孕酮、硫酸阿托品、氯前列烯醇、地塞米松、高锰酸钾、葡萄糖溶液、葡萄糖酸钙、维生素AD、维丁胶性钙等）及电针仪等。

【实施】

一、流产的诊断与治疗技术

主要根据临床症状、直肠检查及产道检查来进行流产诊断。

配种后诊断为妊娠，但经过一段时间后却再次表现发情，这是隐性流产的主要临床诊断依据。预产期未到，而孕畜出现腹痛不安、拱腰、努责、呼吸和脉搏加快，从阴道中排出多量分泌物或血液、污秽恶臭的液体，这是一般性流产的主要临床诊断依据。对延期流产可借助直肠检查或产道检查的方法进行确诊。

针对不同类型的流产，采取不同的治疗措施。

1. 安胎

对有流产征兆，子宫颈口尚未开张，胎儿仍存活且未被排出时，应使用抑制子宫收缩的药物，以安胎、保胎为治疗原则，以防流产。

（1）肌肉注射孕酮

马、牛50～100mg，羊、猪10～30mg，犬、猫2～5mg，每日或隔日一次，连用数次（禁止在食品动物中使用该药）。

（2）肌肉注射盐酸氯丙嗪

马、牛1～2mg/kg体重，羊、猪1～3mg/kg体重，犬、猫1.1～6.6mg/kg体重（禁止在食品动物中使用该药）。

（3）肌肉注射1%硫酸阿托品

马、牛1～3ml，犬、猫0.5mg/kg体重。

2. 促进子宫内容物排出

对有流产征兆，子宫颈口已开张，胎囊或胎儿已进入产道，流产难以避免时，应以促进子宫内容物排出为治疗原则，以免胎儿腐败引起子宫内膜炎，影响日后受孕。

如子宫颈口开张足够，则可用手将胎儿拉出；如胎儿位置及姿势异常，且胎儿已死亡时，可施行截胎术；如子宫颈开张不够，则应及时进行助产，也可肌肉注射催产素以促进胎儿排出，或者肌肉注射前列腺素类药物以促进子宫颈口进一步开张。

3. 人工引产

当发生延期流产时，如果分娩机制仍未启动，则要进行人工引产。肌肉注射氯前列烯醇，牛0.4～0.8mg，羊0.2mg，猪0.1～0.2mg。也可用地塞米松、三合激素等药物进行单独或配合引产。

取出干尸化及浸润胎儿后，需用0.1%高锰酸钾或5%～10%盐水等冲洗子宫，并注射子宫收缩药物，以促进子宫中胎儿分解物的排出。对于胎儿浸润的治疗，除按子宫内膜炎处理外，还应根据全身状况配以必要的全身治疗。

二、产前截瘫的诊断与治疗

结合饲养管理情况和临床症状进行诊断。必要时，应注意与胎水过多、子宫捻转、损伤性胃炎、风湿、酮血病、骨盆骨折、后肢韧带及肌腱断裂等进行鉴别诊断。

①对于缺钙而引起的产前截瘫，可静脉注射钙制剂进行治疗。牛可静脉注射10%葡萄糖酸钙200～500ml及5%葡萄糖500ml，隔日一次；也可静脉注射10%氯化钙100～300ml及5%葡萄糖500ml，隔日一次；猪可静脉注射10%氯化钙20～30ml及5%葡萄糖500ml，隔日一次。为促进钙盐吸收，可肌肉注射维生素AD，牛10ml（1ml含维生素A50 000IU，维生素D 5 000IU），猪、羊3ml，隔2d一次；也可肌肉注射骨化醇（维生素D_2），牛10～15ml（1ml含400 000IU）。猪可肌肉注射维丁胶性钙1～4ml，隔日1次，2～5d后运动障碍即得到改善。

②对缺磷的患畜，可静脉注射磷酸二氢钾。

③发病时间距分娩期较近且病情较轻者，经适当治疗，产后多能很快恢复。而对于已近分娩期，且出现全身感染的病情危重患畜，需进行人工引产，以挽救母畜和胎儿生命。

④对于病因复杂的病例，在进行对症治疗的同时，要耐心做好护理工作，并给予富含蛋白质、矿物质及维生素的易消化饲料。给病畜多垫褥草，每日翻转数次，并对其腰荐部及后肢加以适当按摩，以促进后肢的血液循环。对于有可能站立的病畜，每日应抬起数次。可结合针灸、电针等中医疗法进行治疗，也可选用后躯注射肌肉或脊髓兴奋药物的方法进行治疗。

【检查】

一、工作过程检查

根据“实施”步骤，验证并分析理论与实际工作的偏差。实施过程验证如表4－6所示。

表4－6　实施过程验证

实际工作中的要求	实际工作程序
理论与实际工作的偏差分析	

二、职业能力测试和职业资格测试

根据上述学习情况进行职业能力测试和职业资格测试，以检查你的学习掌握程度。

一、职业能力测试

1. 奶牛配种40d时诊断已怀孕，现又有发情症状，直肠检查原有的妊娠现象消失，则该病为（　　）。

A. 隐性流产　　B. 小产　　C. 早产　　D. 胎儿浸溶

2. 产前截瘫的发生主要因饲料中（　　）含量不足或比例失调所致。

A. 钙、磷　　B. 钙、维生素D　　C. 锌、锰　　D. 锌、铁

3. 下列属于自发性流产的是（　　）。

A. 营养不良性流产　　B. 生殖激素失调性流产

C. 过度使役后流产　　D. 胚胎发育停滞后流产

4. 发生延期流产时，如果分娩机制仍未启动，则需进行（　　）。

A. 安胎　　B. 保胎　　C. 促进胎儿排出　　D. 引产

5. 对于已近分娩期，且出现全身感染的病情危重患畜，需实施（　　）。

A. 安胎　　B. 保胎　　C. 促进胎儿排出　　D. 引产

（　　）1. 发生产前截瘫时，患畜表现前肢不能站立。

（　　）2. 发生小产时，即使胎儿排出顺利，也会严重影响母畜繁殖性能。

（　　）3. 胎儿死亡后未被排出母体，则会发生胎儿干尸化。

（　　）4. 对有流产征兆，子宫颈口尚未开张，胎儿仍存活且未被排出时，应以安胎、保胎为治疗原则。

1. 如何进行流产诊断？

2. 如何治疗产前截瘫患畜？

二、职业资格测试

某生猪场连续2周出现多起母猪流产情况，于是猪场兽医对相同预产期的母猪进行了一定的安胎、保胎处理，但未取得应有效果，仍有母猪发生流产，请你对该群猪发病原因进行分析，并制定治疗措施。

一头高产荷斯坦奶牛，妊娠90d，3d前起立困难，走路后躯摇晃，两后腿无力，今晨卧地无法起立，遂来就诊。临床检查发现患牛体温、脉搏均正常，体弱，消瘦，被毛粗乱无光，营养不良。该患牛四肢均无闪伤、机械性外伤，无神经症状，尿、奶、呼出气体无烂水果味。请你对该患牛进行诊断，并提出治疗方案。

【评价】

本学习任务评价主要由学院教师、企业技师、学生自评和小组互评共同完成，评价成绩均采用100分制，成绩评价表如表4－7所示，该成绩记入学生成长记录。

表 4-7　成绩评价表

序号	能力维度	分值	学院教师	企业技师	学生自评	小组互评	得分
1	专业能力	30					
2	方法能力	40					
3	社会能力	30					
	合计						

任务三　难产的检查与助产技术

【学习任务】

了解能够引起动物难产的原因、难产的种类、各种助产技术的适应症、助产的原则及难产的预防；掌握难产动物的检查方法、助产器械的使用方法、助产的基本方法；学会常见难产的检查方法与助产技术。

【与其他学习任务的关系】

难产是动物常见的产科疾病之一，遇到难产时，若处理不当，则会造成母仔双亡，严重时还会引起母畜产道发生感染而导致不孕症，给养殖业发展带来巨大的经济损失。因此，在母畜分娩过程中，把握难产检查时机、适时科学助产，对于减少母畜生殖器官感染、防止仔畜损伤或死亡具有重要意义。

【资讯】

一、难产的检查技术

难产的原因可分为普通原因和直接原因两大类。普通原因是指通过影响母体或胎儿而使正常的分娩过程受阻。直接原因则是指直接影响分娩过程的因素。

1. 普通原因

引起难产的普通病因主要包括遗传因素、环境因素、内分泌因素、饲养管理因素、传染性因素及外伤因素等。

（1）遗传因素

遗传因素在难产的发生上起有一定的作用，有些因素可引起母畜异常而诱发难产；亲代的隐性基因可引起胎儿畸形而发生难产。双亲的一些隐性基因可通过影响胎儿或胎膜发生各种疾病而引起难产。这些基因中大多数为致死性的，因而引起胎儿死亡，有些可使胎儿发生严重畸形，在产前或分娩时死亡，引起难产。胎儿的大部分畸形也与遗传有关，这些畸形虽不常发生，但发生之后多可引起难产。如果有一定亲缘关系的动物，在一定时间内重复出现相同或类似的异常胎儿或难产，则应怀疑它们的发生可能有遗传背景。

另外，母体的一些先天性异常也可引起难产，如腹股沟疝、谬勒氏管发育不全、阴道或阴门发育不全等，其中有些疾病可能是由遗传因素异常，由于阻止了胎儿的正常排出，因而引起难产。

（2）环境因素

多胎动物如果怀仔少，子宫供给的营养充足，胎儿体格可能会相对过大而发生难产。

（3）内分泌因素

激素的比例及浓度可能在难产的发生上起有一定作用，尤其是孕酮的作用更为明显。如果引起分娩的激素变化延迟发生，或者激素的变化不明显、激素之间比例不平衡，均可导致难产。

（4）饲养管理因素

饲养管理与难产的发生密切相关，如限制妊娠母畜的运动，营养明显不足或营养过剩，配种过早等，均可引起难产。如果母畜配种过早，则由于身体未能充分发育，骨盆相对较小而使难产的发病率增加。

由于营养低下、慢性消耗性疾病、寄生虫病等使母畜生长迟缓，骨盆狭小或发育不全，或者生殖道幼稚，对疾病的抵抗力差，无力将胎儿娩出而发生难产。但营养水平过高，骨盆区可出现大量脂肪蓄积，引起产道狭窄，可使难产的发病率升高。如果妊娠期营养水平过高，则胎儿生长迅速而出现过大，母畜的生长则相对过慢，也可发生难产。

（5）传染性因素

所有影响妊娠子宫及胎儿的传染病均可引起流产、子宫迟缓、胎儿死亡及子宫炎等疾病。如果子宫壁严重感染，则其张力及收缩能力均会受到损害，出现子宫颈开张不全、子宫迟缓等而引起难产。如果胎儿死亡或早产，则多发生胎势异常而引起难产。

（6）外伤性因素

如外伤引起的腹壁疝，妊娠后期耻骨前腱破裂等，由于腹壁难于收缩也可引起难产。

2. 直接原因

难产的直接原因可以分为母体性和胎儿性两个方面，据此也可将难产分为母体性难产和胎儿性难产。母体性难产又包括产力性难产和产道性难产。

（1）母体性难产

主要是指引起产道狭窄或阻止胎儿正常进入产道的各种因素，例如骨盆骨折或骨瘤，母畜配种过早而骨盆狭小，营养不足导致骨盆发育不全，遗传性或先天性产道或阴门发育不全，分娩或其他原因引起产道损伤，子宫颈、阴道或阴门狭窄，骨盆内血肿，阴道周围脂肪过度沉积，犬和猪结肠阻塞或膀胱扩张，骨盆部的软骨肉瘤、子宫颈或阴道的纤维瘤、脂肪瘤、骨盆部淋巴结的淋巴瘤等肿瘤，子宫捻转，子宫折叠于骨盆前缘，子宫颈扩张不全，子宫迟缓，胎膜水肿等。

（2）胎儿性难产

比母体性难产更常发生，主要是由于胎向、胎位及胎势异常，胎儿过大等引起。

1. 牛

胎儿与骨盆大小不适所引起的难产最为常见，尤其是初产牛发病率更高。胎儿气肿引起的胎儿与母体大小不适也时常发生，但多数情况下，这是难产的结果而不是难产的原因。

牛因胎向异常引起的难产不易发生，但是胎儿头颈部胎势异常引起的难产较常见。此外，腕关节屈曲和坐生等也常有发生。

牛子宫捻转的发病率较高，偶尔可见子宫颈开张不全，子宫迟缓也常有发生。裂腹畸形、缺体畸形和重复畸形等怪胎引起的难产在牛比其他动物多见。

2. 羊

最常见的是胎势异常、双胎及三胎引起的难产。绵羊难产中胎儿与母体骨盆大小不适较为常见，但发病率在品种之间差别很大，初产绵羊及产公羔时发病率一般都较高。

胎势异常引起的难产在绵羊最常发生，其中肩部前置和肘关节屈曲发生的难产占绝大多数，其次为腕关节屈曲、坐生、头颈侧弯，但在单侧性肩关节屈曲时，如果肘关节伸直则常能顺产。

绵羊的双胎及多胎引起的难产发病率较高，而且可伴发胎位、胎向及胎势异常，但胎儿与母体骨盆大小不适的发病率较低。

山羊难产最常见的是由两个或几个胎儿同时楔入产道所引起，而且楔入的胎儿常有胎位、胎向及胎势异常。胎儿过大、子宫捻转等引起的难产也相对较多。

3. 猪

母体性难产的发病率约为胎儿性难产的2倍，其中子宫迟缓引起的难产约占40%，其次为产道狭窄等引起的难产。胎儿性难产中坐生、双胎同时进入骨盆腔、胎头下弯及胎儿过大等引起的难产最为常见。胎儿畸形引起的难产时有发生，其中较为常见的有重复畸形、裂腹畸形、缺体畸形及胎头水肿。

4. 马

马属动物胎儿的四肢及颈部较长，因此由于胎向、胎位及胎势异常所引起的难产较多。胎向异常引起的难产中，背横向及腹横向时有发生。有时胎儿四肢及头颈部可占据两个子宫角，胎儿体部横卧于整个子宫体中，这种难产在其他动物罕见，为马所特有，而且极难救治，但横向难产的发病率仅约为0.1%。

胎位异常引起的难产在马偶尔可以见到，其发生的主要原因是胎儿在分娩时未能转正到正常的上位而以下位或侧位楔在骨盆腔中。

各种胎势异常引起的难产在马均可见到，其中最常见的是头颈姿势异常。其次是前肢姿势异常，在临床上表现为腕关节屈曲、肩关节屈曲等。后肢姿势异常主要有跗部前置及坐骨前置，双侧坐骨前置称为坐生，在马比其他动物多见。

5. 犬

由原发性子宫迟缓及胎儿与母体骨盆大小不适引起的难产占多数，其次为头颈姿势异常，胎向异常及胎位异常等引起的难产。每胎1~2个胎儿时也可见到胎儿过大引起难产。此外，母犬分娩时若过度兴奋或环境陌生，也可发生难产。

6. 猫

胎儿头颈姿势异常引起的难产较多，偶尔可见到两个胎儿同时楔入骨盆腔引起的难产。子宫迟缓、胎头水肿也可引起难产。

由于发生的原因不同，临床上将常见的难产分为产力性难产、产道性难产和胎儿性难产三种。前两种是由于母体异常引起的，后一种是由胎儿异常引起的。

1. 产力性难产

产力是胎儿从子宫中的力量，包括子宫肌收缩力量即收缩及腹肌的阵缩力量即努责。如果产力发生异常，即可造成产力性难产，主要是阵缩及努责微弱。分娩时子宫及腹肌收缩无力，时间短、次数少，间隔时间长，以致不能将胎儿排出，称为阵缩及努责微弱。

（1）病因

原发性阵缩微弱，是由于长期舍饲、缺乏运动，饲料质量差，缺乏青绿饲料及矿物质，家畜老龄、体弱或过于肥胖，家畜患有全身性疾病，胎儿过大，胎水过多等。

继发性阵缩微弱，在分娩开始时阵缩和努责正常，进入产出期后，由于胎儿过大、胎儿异常等原因长时间不能将胎儿产出，腹肌及子宫由于长时间的持续收缩，过度疲乏，最后导致阵缩和努责微弱或完全停止。

（2）症状

母畜妊娠期已满，分娩条件具备，分娩预兆已出现，但阵缩力量微弱，努责次数减少，力量不足，长久不能将胎儿排出。

2. 产道性难产

产道性难产主要是产道狭窄，包括硬产道和软产道狭窄。多发生于牛和猪，其他家畜少见。

（1）病因

骨盆骨折及骨质异常增生而形成。肉牛与黄牛杂交，胎儿相对过大，产道相对狭窄，造成分娩困难。

软产道狭窄主要是子宫颈、阴道前庭和阴门狭窄。多见于牛，尤其是头胎分娩时往往产道开张不全；或者由于早产，也可能由于雌激素和松弛素分泌不足，致使软产道松弛不够；此外牛子宫颈肌肉较发达，分娩时需要较长时间才能充分松弛开张；这些都属于开张不全，临床上较多见。而由于以往分娩时或手术助产及其他原因，造成子宫颈和阴道的损伤，使子宫颈形成疤痕、阴道发生粘连等时，也可致分娩时产道不能充分开张。

（2）症状

母畜阵缩及努责正常，但长时间不见胎膜及胎儿的排出，产道检查可发现子宫颈稍开张，松软不够或盆腔狭小变形。

3. 胎儿性难产

（1）胎儿过大

胎儿过大是指母畜的骨盆及软产道正常，胎位、胎向及胎势也正常，由于胎儿发育相对过大，不能顺利通过产道。可能是由于母畜或胎儿的内分泌机能紊乱，母畜的妊娠期过长，使胎儿发育过大。多胎动物在怀胎数目过少时，有时也见有胎儿发育过大而造成难产。

（2）双胎难产

双胎难产是指在分娩时两个胎儿同时进入产道，或者同时楔入骨盆腔入口处，都不能产出。可能发生在一个正生另一个倒生，两个胎儿肢体各一部分同时进入产道。仔细检查，可以发现正生胎儿的头和两前肢及另一个胎儿的两后肢，或者一个胎头及一前肢和另一胎儿的两后肢等多种情况，但在检查时，必须排除双胎畸形和竖向腹部前置胎儿。

(3) 胎儿姿势不正

①胎儿头颈姿势不正。分娩时两前肢虽已进入产道，但是胎头发生了异常。如胎头侧转、后仰、下弯及头颈扭转等，其中以胎头侧转、下弯较为常见。胎头侧转时，可见由阴门伸出一长一短的两前肢，在骨盆前缘可摸到转向一侧的胎头或颈部，通常头是转向伸出较短前肢的一侧。胎头下弯时，在阴门处可见到两蹄尖，在骨盆前缘胎儿头向下弯于两前肢之间，可摸到胎头下弯的颈部。

②胎儿前肢姿势不正。有腕关节屈曲、肩关节屈曲和肘关节屈曲，或者两前肢压在胎头之上等。临床上常见者为一前肢或两前肢腕关节屈曲，其他异常姿势较少见。一侧腕关节屈曲时，从产道伸出一前肢，两侧腕关节屈曲时，则两前肢均不见伸出产道。产道检查，可摸到正常的胎头和弯曲的腕关节。肩关节屈曲时，前肢伸入胎儿腹侧或腹下，检查时，可摸到胎头和屈曲的肩关节。有时胎头进入产道或露出于阴门，而不见前肢或蹄部。

③胎儿后肢姿势不正。在倒生时，有跗关节屈曲和髋关节屈曲两种，临床上以一后肢或两后肢的跗关节屈曲较为多见。两侧跗关节屈曲时，产道检查可摸到屈曲的两个跗关节、尾巴及肛门，其位置可能在耻骨前缘，或者与臀部一齐挤入产道内。一侧跗关节屈曲时，常由产道伸出一蹄底向上的后肢。产道检查，可摸到另一后肢的跗关节屈曲，并可摸到尾巴及肛门。

(4) 胎位不正，有下位和侧位

①下位。有正生下位和倒生下位两种。正生下位时，阴门露出两个蹄底向上的蹄，产道检查可摸到腕关节、口、唇及颈部。倒生下位时，阴门露出两个蹄底向下的蹄。产道检查可摸到跗关节、尾巴，甚至脐带，即可确诊。

②侧位。有正生和倒生两种侧位。正生侧胎位时，两前肢以上下的位置伸出于阴门外，产道检查，可摸到侧位的头和颈；倒生时，则两后肢以上下的位置伸出于阴门外，产道检查可摸到胎儿的臀部、肛门及尾部。

(5) 胎向不正

胎向不正是指胎儿身体的纵轴与产畜的纵轴不呈平行状态。

①腹部前置的横向和腹部前置的竖向

即胎儿腹部朝向产道，呈横卧或犬坐姿势。分娩时，两前肢或两后肢伸入产道，或者四肢同时进入产道。

②背部前置横向和背部前置竖向

即胎儿的背部朝向产道，胎儿呈横卧或犬坐姿势。分娩时无任何肢体露出，产道检查，在骨盆入口处可摸到胎儿背部或项颈部。

难产的预防应从 2 个方面着手，即母畜的妊娠和临产检查。

1. 配种

一般来说，母畜不宜配种过早，否则由于母畜尚未发育成熟，易发生骨盆狭窄，造成难产。牛的配种不应早于 12 月龄，羊不宜早于 1 ~ 1.5 岁，猪不宜早于 6 ~ 8 月龄，马不应早于 3 岁。

2. 母畜营养

要保证青年母畜生长发育的营养需要，以免其生长发育受阻而引起难产。

妊娠期间，由于胎儿的生长发育，母畜所需要的营养物质大大增加。因此，对母畜进行合理饲养，供给充足的含有维生素、矿物质和蛋白质的青绿饲料，不但可保证胎儿生长发育的需要，而且能够维护母畜的全身健康和子宫肌的紧张度，减少分娩发生困难的可能性。但不可使母畜过于肥胖，而影响全身肌肉的紧张性。在妊娠末期，应适当减少蛋白质饲料，以免胎儿过大，尤其是肉牛和猪更应注意。

3. 运动

妊娠母畜要有适当的运动。妊娠前半期可正常运动，以后减轻，但要进行牵遛或自由运动。运动可提高母畜对营养物质的利用，使胎儿活力旺盛，同时也可使全身及子宫的紧张性提高，从而降低难产、胎衣不下及子宫复旧不全等病的发病率。分娩时，胎儿活力强和子宫收缩力的正常，有利于胎儿转变为正常分娩的胎位、胎势及产出。

4. 合适的分娩环境

接近预产期的母畜，应在产前1周至半月送入产房，适应环境，以避免改变环境造成的惊恐和不适。在分娩过程中，要保持安静，并配备专人接产和护理。接产人员不要过多干扰和高声喧哗，对于分娩过程中出现的异常要留心观察，并注意进行临产检查，以免使比较简单的难产变得复杂化。

5. 停乳

产乳奶牛要在产前一定时间实行干奶措施。

临产检查即是在临产前进行产道检查，对分娩正常与否作出早期诊断，以便对胎势不正和胎位异常情况及时得到处理矫正，避免发生难产。

1. 临产检查的意义

①顺产和难产在一定条件下是可以转化的，临产检查就是为难产转化成顺产提供条件。例如头颈侧弯，如不进行临产检查，随着子宫的收缩，胎儿进入骨盆腔越深，头颈弯转就越加厉害，终致发生难产。在刚开始反常时，稍加帮助，即能将头颈扳正，这样不但可以防制难产的发生，挽救仔畜的生命，同时还可避免由于难产而引起产道损伤。

②临产前进行产道检查，除了能查出胎儿的反常情况外，还可查明母畜的骨盆有无异常，阴门、阴道、子宫颈等软产道的松弛、润滑和开放程度，据此判断有无难产的可能性，从而及时做好助产准备工作。

③在分娩第二期初进行临产检查，可积极主动地克服某些种类的难产，能够在其一开始发生就被纠正，而不是等待发生并加剧以后再被动地去设法解决，这是“防重于治”的基本原则在难产领域中的体现。

2. 临产检查的时间

牛是胎膜露出至排出胎儿这一段时间内进行检查；马、驴则是在尿膜囊破裂、尿水排出之后，也就是胎儿的前置部分进入骨盆腔期间。

3. 临产检查的方法

手臂及母畜的外阴部消毒后，将手伸入阴门，隔着羊膜（羊膜未破时）或伸入羊膜腔内（羊膜已破时）触摸胎儿。羊膜完整时，不要撕破，以免胎水过早流失，影响胎儿的排出。如果胎儿为正生，前置部分3件（唇及二蹄）俱全，而且姿势位置正常，可不做处理，让其自然排出。胎儿的姿势位置如有反常，则应立即进行矫正，因此时胎儿的躯体尚未楔入盆腔。反常部分的异常程度不大，胎水尚未流尽，子宫内润滑，而且子宫还未紧裹胎儿，进行矫正比较容易。例如牛、马的头颈侧弯是很常见的，在分娩第二期初，胎儿开始排出时，这种反常一般只是头稍微斜偏，未伸入骨盆入口。此时只需稍加扳动，即可将头拉直，继而将胎儿拉出，避免发生难产，同时还能提高胎儿的存活率。

二、难产的助产技术

①难产助产应及早进行，否则胎儿楔入产道，子宫壁紧裹胎儿，胎水流失以及产道水肿，将妨碍矫正胎儿姿势及强行拉出胎儿。

②手术助产时，将母畜置于前低后高姿势，整复时尽量将胎儿推回子宫内，以便有较大的活动空间。只有在努责间隙期方能进行推进或整复，努责时拉胎儿。

③如果产道干燥，应预先向产道内注入液体石蜡等滑润剂，便于操作及拉出胎儿。

④使用尖锐器械时，必须将尖锐部分用手保护好，以防在操作过程中损伤产道。

⑤为预防手术后感染，术后应用0.1%高锰酸钾溶液或0.1%雷佛奴尔溶液冲洗产道及子宫，排出冲洗液后放入抗生素或磺胺类药物。

根据对产畜及胎儿检查的结果，及时作出助产计划及实施方案，并做好手术助产前的准备工作，以确保助产工作的顺利进行。

1. 保定

难产时对母畜保定的好坏，是手术助产能否顺利进行的关键。以站立保定为宜，取前低后高姿势，以便于使胎儿能够向前推入子宫，不致楔入于骨盆腔内，妨碍操作。如果母畜不能站立，则可使其侧卧，至于侧卧于哪一侧，主要以便于操作为原则。如胎儿头颈于左侧者，母畜须右侧卧，反之则取左侧卧姿势。侧卧保定时，也应将后躯垫高。

2. 麻醉

为抑制产畜努责，便于操作，可给予镇静剂或硬膜外腔麻醉。

3. 消毒

为预防感染，助产必须对产房、场地、产畜外阴部、胎儿外露部分，助产所用器械和术者手臂进行严格消毒，其消毒方法，按外科手术常规消毒方法进行。

4. 润滑产道

为便于推回、矫正和拉出胎儿，尤其当胎水流尽、产道干燥、胎衣及子宫壁紧包着胎儿时，必须向产道及子宫内灌注温肥皂水或润滑油。如果强行推、拉矫正，极可能造成子宫脱出或产道破裂，因此操作时应避免。

救治难产时，可选用的助产方法很多，但大致可分为两类，一类适用于胎儿，主要有：牵引术、矫正术和截胎术；另一类适用于母体，主要有剖腹产手术。

1. 胎儿牵引术

(1) 适应症

适用于胎儿过大，母畜阵缩和努责微弱，产道扩张不全等。

(2) 注意事项

①牵拉之前，必须尽可能矫正胎儿的方向、位置及姿势。

②牵拉过程中，应根据顺利与否，验证胎儿的异常是否已经完全矫正。

③参加牵拉人员，一般不超过2~3人，若牵拉费力，说明未完全矫正或其他方面存在问题，需进一步矫正或检查，且牵拉时不可用力过猛。

④产道内必须灌入大量润滑剂。

⑤拉出应配合母畜的努责，这样不仅省力，且符合阵缩的生理要求。

⑥拉出胎儿时，应注意防止活胎儿受损，也要考虑骨盆构造特点，并沿着骨盆轴拉，防止产道受损。

2. 胎儿矫正术

(1) 适应症

主要用于胎势、胎位、胎向异常造成的难产。适应于活胎儿或胎儿死亡不久，胎水流失少，产道完全扩张，可以用手术矫正并能拉出胎儿的病例。

(2) 注意事项

①矫正术必须在子宫内进行，且在子宫松弛时易于操作。为抑制母畜努责，并使子宫肌松弛以免将胎儿裹住影响操作，需行硬膜外麻醉，或者肌肉注射二甲苯胺噻唑。

②矫正前必须在子宫内灌入大量石蜡油、植物油或软肥皂水等润滑剂，以润滑胎儿体表，利于推、拉或转动，同时减少对产道的刺激。

3. 截胎术

截胎术是为了缩小胎儿体积而肢解或除去胎儿身体某部分的手术。难产时，如果无法矫正胎儿，又不能或不宜施行剖腹产，可将胎儿的某些部分截断，分别取出，或者把胎儿的体积缩小后拉出。

(1) 适应症

①截头术。适用于胎头侧转，胎儿发育过大，产道狭窄及胎儿前肢姿势不正等。

②前肢截断术。适用于前肢各关节屈曲而无法矫正或肩围过大难于产出的难产。

③后肢截断术。适用于倒生时，胎儿过大及后肢姿势不正等。

④骨盆围缩小术。适用于正生分娩时胎儿骨盆发育过大或畸形而造成的难产。

⑤胎儿内脏摘除术。适用于水肿或气肿胎而造成的难产。

⑥胎儿半截术。适用背部前置的横胎向及竖胎向不能整复时。

(2) 注意事项

①如矫正术遇到很大困难，且胎儿已经死亡，则必须及时考虑截胎术，以免继续矫正而刺激阴道水肿，子宫也进一步缩小，妨碍以后操作，并加重子宫及阴道炎症。

②截胎术应尽可能在母畜站立情况下进行，以便于操作，且器械不易被污染。

③操作时，应防止对子宫及产道的损伤，并注意消毒工作，同时在手臂上涂搽润滑剂。

④截胎时，胎体上的骨质断端应尽可能留短些，且拉出胎儿时对骨骼断端必须用皮

肤、大块纱布或用手护住。

4. 剖腹产术

剖腹产术的适应症主要包括：骨盆发育不全（交配过早）或骨盆变形（骨软症、骨折）而使骨盆过小；羊等小动物体格小，手不能伸入产道；阴道极度肿胀或狭窄，手不易伸入；子宫颈狭窄，且胎囊破裂，胎水流失，子宫颈没有继续扩张的迹象，或者子宫颈发生闭锁；子宫捻转，矫正无效；胎儿过大或水肿；胎向、胎位或胎势严重异常，无法矫正；胎儿畸形，难于施行截胎术；子宫破裂；子宫迟缓，催产或助产无效；干尸化胎儿很大，药物不能使其排出；胎儿严重气肿难于矫正或截除；妊娠期满母畜，因患其他疾病生命垂危，须剖腹抢救仔畜；双胎性难产；用于胎儿的手术难于救治的任何难产；需要保全胎儿生命而其他手术方法难于达到时；用于研究目的，如在奶山羊需要获得无菌羔羊或无关节炎脑炎（CAE）的羔羊时；或者为培养 SPF 仔（幼）畜，直接由剖腹产术取得胎儿。

上述情况下，如果无法拉出胎儿或无条件进行截胎，尤其在胎儿还活着时，可以考虑及时施行剖腹产。但如难产时间已久，胎儿腐败，子宫已经发生炎症以及母畜全身状况不佳时，确定施行剖腹产时须十分谨慎。

【决策】

根据工作任务的要求，对难产的检查与助产技术的决策见表 4 –8。

表 4 –8　难产的检查与助产技术决策

<table>
<tr><th>工作任务</th><th colspan="2">工作内容</th></tr>
<tr><td rowspan="8">难产的检查技术</td><td rowspan="4">术前检查</td><td>病史调查</td></tr>
<tr><td>全身检查</td></tr>
<tr><td>产道检查</td></tr>
<tr><td>胎儿检查</td></tr>
<tr><td rowspan="4">术后检查</td><td>检查子宫内有无胎儿</td></tr>
<tr><td>检查子宫及软产道有无损伤</td></tr>
<tr><td>检查母畜能否站立</td></tr>
<tr><td>全身状况检查</td></tr>
<tr><td rowspan="8">助产技术</td><td>助产器械的使用</td><td>补钙、磷</td></tr>
<tr><td rowspan="4">常用助产技术</td><td>胎儿牵引术</td></tr>
<tr><td>胎儿矫正术</td></tr>
<tr><td>截胎术</td></tr>
<tr><td>剖腹产术</td></tr>
<tr><td rowspan="3">常见难产的助产技术</td><td>产力性难产的助产</td></tr>
<tr><td>产道性难产的助产</td></tr>
<tr><td>胎儿姿势不正的助产</td></tr>
</table>

【计划】

根据实践案例，编制完成任务的计划如下。

1. 计划动物

牛、羊、猪、犬、猫。

2. 计划器材

临床诊断检查器械、常用临床产科器械、常规临床手术器械、橡胶手套、注射器等。

【实施】

一、难产

难产手术的效果如何，与诊断是否正确密切相关。经仔细检查，确定母畜及胎儿的异常情况，并通过全面分析，方可对采用何种助产方法作出正确判断。

1. 病史调查

①了解母畜是初产还是经产，妊娠是否足月或超过预产期。一般初产母畜，可考虑产道是否狭窄，胎儿是否过大；经产母畜应考虑是否胎位、胎势不正，胎儿畸形或单胎动物怀双胎等。如果预产期未到，可能早产或流产。

②了解分娩开始的时间，努责的强度及频率，胎水是否流出，综合分析判断是否难产。

③分娩前是否患过阴道脓肿、阴门裂伤以及骨盆骨折及其他产科疾病，患过上述疾病可引起产道或骨盆狭窄，影响胎儿产出。

④分娩开始后是否经过治疗，采取了何种治疗措施，治疗前胎儿的方向、位置及胎势如何，胎儿是否死亡，经过何种处理，以便在此基础上确定下一步救治措施。

⑤多胎动物尚需了解两个胎儿之间娩出相隔的时间，努责强度，产出胎儿的数量与胎衣排出的情况。如果分娩过程中突然停止产出，很可能是发生难产。

2. 全身检查

①首先检查母畜的体温、脉搏、呼吸、可视黏膜、精神状态，以及母畜能否站立，了解母畜的全身状况，作为选择助产方法、确定全身综合治疗及判断预后的依据。如结膜苍白，表明有内出血的可能，预后应慎重。

②其次，检查阴门及尾根两旁的荐坐韧带后缘是否松软，向上提尾根时荐椎后端的活动程度如何，以便估计骨盆及阴门扩张的程度。

3. 产道检查

产道的检查主要是查明软产道的松软和滑润程度，有无损伤、水肿和狭窄，并要注意产道内液体的颜色和气味，子宫颈松软和开张程度（特别是牛、羊），有无瘢痕、肿瘤及骨盆畸形等。

如果难产时间已久，母畜因产程过长，软产道黏膜往往发生水肿，致产道狭窄，妨碍助产。有时虽难产时间不长，但由于胎水过早流失，造成黏膜表面干燥，亦可导致产道水肿，甚至损伤或出血。产道的损伤一般可以触摸到，流出的血液颜色要比胎膜血管中的血新鲜（鲜红）。产道的水肿或损伤，将给助产工作带来很大困难，有时甚至使手臂无法伸入宫腔。强行助产会造成产道更大的损伤，应及时调整助产方法。

4. 胎儿检查

检查前，术者手臂及母畜外阴部均需消毒。如胎膜未破，应隔着胎膜用手触摸胎儿的前置部分；如胎膜已破，手可伸入胎膜内直接触诊，这样既可检查胎儿在宫腔内的状况，又能感觉出胎儿体表的滑润程度以及胎儿的死活。胎儿的检查应检查胎势、胎向和胎位有无异常，胎儿是否存活，体格大小和进入产道的深浅等；同时应注意胎儿是否畸形，是否发生了气肿或腐败等。

①胎儿是否异常。通过触诊其头、颈、胸、腹、臀或前后肢，弄清楚胎儿的胎势、胎向和胎位如何，以确定产出时可否出现异常。

②胎儿的大小。检查胎儿的大小应和产道的大小相比较来确定是否容易矫正和拉出。

③胎儿进入产道的程度。如胎儿进入产道很深，不能推回，且胎儿较小，异常不严重，可试行拉出；进入尚浅时，如有异常，则应先矫正后再拉。

④胎儿的死活。对于助产方法的选择有决定意义。可根据以下检查内容来判断胎儿的死活。当正生时，术者可将手指伸入胎儿口腔，注意有无吸吮动作；或者轻拉舌头，注意是否收缩；或者以手指轻压眼球，注意有无反应；或者牵拉、刺激前肢，注意有无向相反方向退缩；也可触诊颌外动脉或心区，检查有无搏动。倒生时，最好是触诊脐带是否有动脉搏动；也可牵拉或刺激后肢，注意有无反射活动；或者将食指轻轻伸入肛门，检查有无收缩反射。

在判定胎儿死活时，只要确实检查到了上述各项中某一项生理性活动，即可确定是活的胎儿。但判断胎儿死亡时，却不能单纯依据某一种生理活动的消失，而必须在可查的各种活动全部消失时，方能最后确定。

手术助产后检查的目的，主要是判断子宫内是否还有胎儿，子宫及软产道是否受到损伤，此外还要检查母畜能否站立以及全身情况。必要时，检查后还可进行破伤风预防注射。

确定子宫内是否还有胎儿，主要用于猪。可将一只手伸入子宫，另一只手从腹壁外面协助进行检查；单独从外面触诊，在肥猪常有困难，这时可静脉注射催产素5IU，有胎儿的猪发生努责，没有的则促进放乳。多胎的乳山羊及牛产后如仍有明显努责，也须检查是否还有胎儿，另外还要注意有无子宫内翻。

手术助产过程中如发觉子宫及软产道有受到损伤的可能，见有鲜血，术后一定要检查，并及时处理，子宫的很多部位都可能发生损伤，但主要是子宫体靠近耻骨前缘的部分和子宫颈。强行牵引胎儿时，会导致腹膜后阴道壁受挤压破裂而周围脂肪发生脱出，但这种情况较少，缝合后预后也较好。

胎衣腐败易引起伤口感染，故在软产道及子宫受到损伤时，应及早处理；但如剥离有困难，也不要勉强进行。可以在子宫内投入抗生素胶囊，以达到抑菌防腐目的。

术后如母畜长久卧地不起，常表示骨盆部骨骼、关节或神经可能受到损伤。

二、助产

1. 拉出胎儿的器械

（1）产科绳

一般是由棉线或合成纤维加工制成，质地要求柔软结实，不宜用麻绳或棕绳，以防损伤产道。产科绳的粗细以直径 0.5 ~ 0.8cm 为宜，长约 2.5 ~ 3.0m，绳的两端有耳扣，借助耳扣作成绳圈，以便捆缚胎儿，也可以用活结代替。使用时术者将绳扣套在中指与无名指间，慢慢带入产道，然后用拇、中、食指握住欲捆缚部位，将绳套移至被套部位拉紧，切勿将胎膜套上，以免拉出胎儿时损伤子宫或子叶（图 4 – 4）。

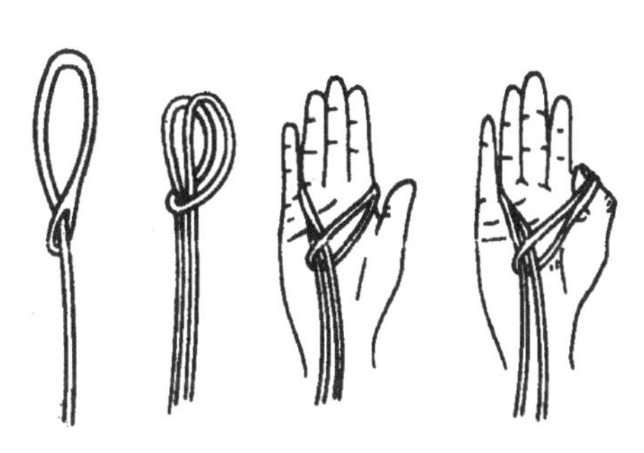

图 4 – 4　产科绳及使用方法

（2）绳导（导绳器）

在使用产科绳套住胎儿有困难时，可用金属制的绳导，将产科绳或线锯条带入产道，套住胎儿的某一部分。常用的有长柄绳导及环状绳导两种。

（3）产科钩

在用手或产科绳拉出胎儿有困难时，可配合使用产科钩。产科钩有单钩与复钩 2 种，而单钩又分为锐钩与钝钩。单钩用于钩住眼眶、下颌、耳及皮肤、腱等。复钩用于钩住眼眶、颈部、脊柱等部位。使用时术者应用手保护好，勿损伤子宫及产道。产科钩多用于死胎；钝钩一般不至于损伤子宫及胎儿，所以钝钩必要时也可用于活胎儿，但锐钩严禁用于活胎儿（图 4 – 5）。

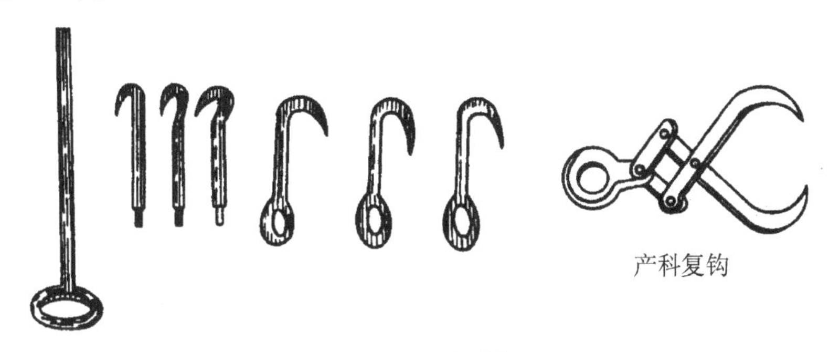

图 4 – 5　产科钩

（4）产科钳

分为有齿钳和无齿钳两种，有齿产科钳多用于大家畜，钳住皮肤或其他部位，以便拉出胎儿。无齿产科钳常用于固定仔猪、羔羊头部，以拉出胎儿（图 4 – 6）。

2. 推胎儿的器械

常用的是产科梃，直径 1 ~ 1.5cm，长 1m 的圆形铁杆，其前端分叉，呈半环形两叉，另端为一环形把柄。用于推胎儿，将胎儿推入子宫便于整复，或者矫正胎儿姿势时，边推边拉。

推拉梃可将产科绳带入子宫，捆缚胎儿的头颈或四肢，进行推拉等矫正胎儿姿势（图4－7）。

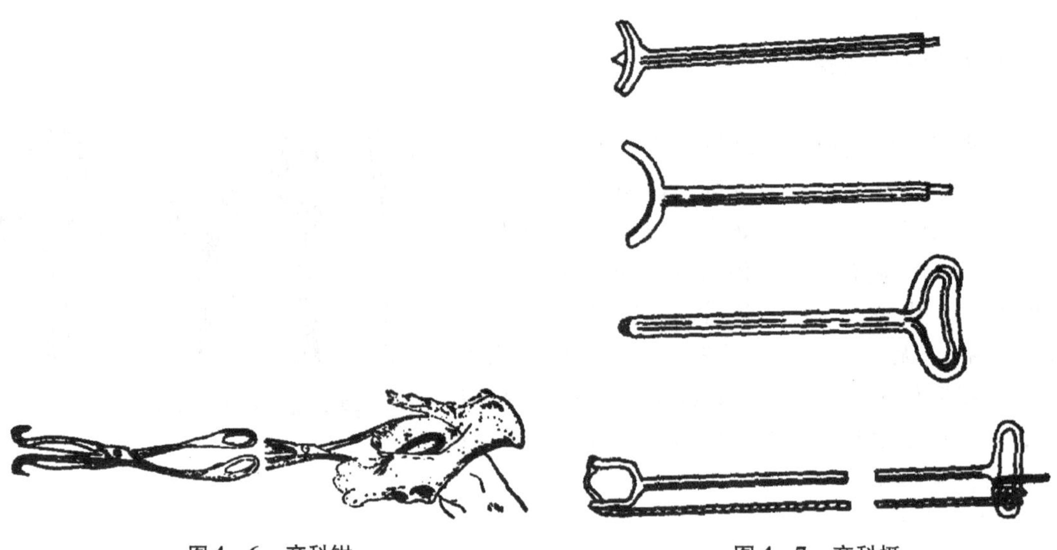

图4－6　产科钳　　　　图4－7　产科梃

3. 截胎器械

（1）隐刃刀

是刀刃出入于刀鞘的小刀，使用时将刀刃推出，不用时又可将刀刃退回刀鞘内，此种刀使用方便，不易损伤产道及术者，刀形各异，有直形、弯形或弓形等形状，刀柄后端有一小孔，用于穿入绳子系在术者手腕上，或者由助手牵拉住，以免滑脱而掉入产道或子宫内。隐刃力多用于切割胎儿皮肤、关节及摘除胎儿内脏（图4－8）。

（2）指刀

是一种小的短弯刀，分为有柄和无柄两种，刀背上有1～2个金属环，可以套在食指或中指上操作，当带入产道或拿出时，可用食指、中指和无名指保护刀刃，其用途和用法同隐刃刀。由于指刀小而且刀刃呈不同程度的弯形或钩形，使用起来安全可靠（图4－9）。

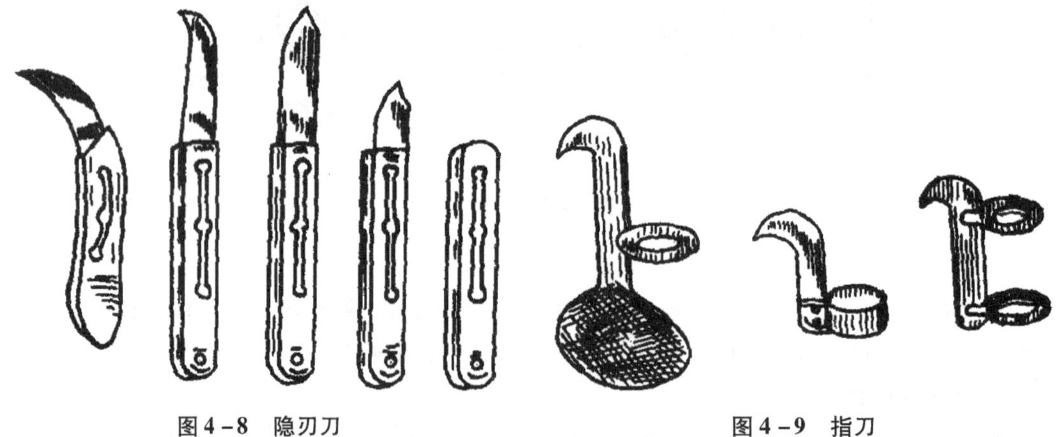

图4－8　隐刃刀　　　　图4－9　指刀

(3) 产科刀

是一种短刀，有直形的，也有钩状的。因刀身小，用食指紧贴，容易保护，可自由带入拿出，刀柄也有小孔，可以系绳固定，用途同隐刃刀和指刀。

(4) 产科凿（铲）

是一种长柄凿（铲），凿刃形状有直形、弧形和“V”字形，主要用于铲断或凿断骨骼、关节及韧带。使用时术者用手保护送入预截断的位置上，指示助手敲击或推动凿柄，术者随时控制凿刃部分，有时也经皮肤切口伸入皮下，用于分离皮下组织（图4-10）。

图4-10　产科凿

(5) 产科线锯

是由两个固定在一起的金属管和一根线锯条构成，还有一条前端带一小孔的通条。使用时事先将锯条穿入管内，然后带入子宫，将锯条套在要截断的部位，拉紧锯条使金属管固定于该部，也可以将锯条一端带入子宫，绕过预备截断的部位后，再穿入金属管拉紧固定，再由助手牵拉锯条，锯断欲切除部分（图4-11）。

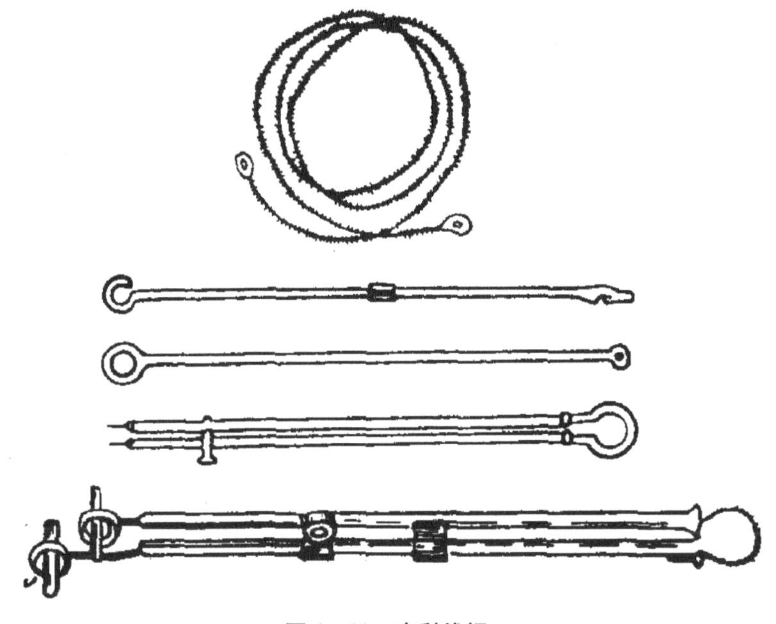

图4-11　产科线锯

(6) 胎儿绞断器

是目前较常用且效果好的大动物截胎器具。

1. 胎儿牵引术

先用产科绳将胎儿前置部分捆缚、拉紧。正生时捆缚胎儿头或两前肢，倒生时捆缚两后肢。拉出时要配合母畜阵缩和努责，用力要缓，并上下、左右反复活动胎儿。术者保护胎儿及产道，令助手按照骨盆轴方向，强行拉出胎儿，当胎儿胸部通过子宫颈、阴门时，要稍作停留以利于这些地方充分扩张，并用手保护阴门，以防造成阴门裂伤。

2. 胎儿矫正术

（1）保定

以站立保定为宜，这样子宫向前垂入腹腔，腹压小，胎儿活动范围大，容易矫正。拉出胎儿时，侧卧保定为好，侧卧时腹壁托起子宫，增大腹压，有利于拉出胎儿。不能站立的产畜，要根据胎儿异常部位的位置，确定侧卧方向。如胎儿右侧肩关节屈曲，母畜宜左侧卧保定。这样胎儿异常部位不被母体压迫，易于进行矫正。

（2）方法

徒手配合器械矫正胎儿的异常部分。除使用产科绳外，配合使用绳导、产科梃和产科钩等。

矫正时，首先应将胎儿用产科挺或手推回子宫内，产科梃一定要顶牢，术者用手固定，指令助手慢慢向前推，严防滑脱而穿破子宫，推四肢时，先要用产科绳拴住，绳的另端留在阴门之外，以便牵引胎儿。推回子宫后，用手将胎儿姿势扭正，在扭的过程中配合牵拉，将屈曲部位拉直。然后按强行拉出胎儿的方法，配合母畜努责拉出胎儿。

3. 截胎术

（1）截头术

先用产科钩钩住眼眶，将胎头拉至产道，然后经耳前，眼眶后至下颌作一切口，在寰枕关节处切断项韧带，用产科钩钩住枕骨大孔，拉离颈部。同时把连接头颈的皮肤、肌肉用刀切断。切掉之后，留三个皮瓣（两耳及下颌）结扎在一起，形成一坚固的结，以便推进或拉出胎儿时用。此法无效时，可用线锯绕过颈部将其切断，或者用产科铲将颈部铲断。

（2）前肢截断术

是用指刀或隐刃刀沿肩胛骨的后角，切开皮肤和肌肉，借指刀或隐刃刀反复切割，即可将肩胛骨与胸廓的联系切断。然后用产科钩或产科绳将前肢扯断拉出。在肘关节或腕关节屈曲时，可用指刀或隐刃刀切断关节处的周围皮肤，肌肉及韧带的联系，然后用铲或凿铲断或用线锯锯断。

（3）后肢截断术

施术时首先用产科绳把后肢拴住并拉紧，然后用钩状指刀或隐刃刀沿荐骨平行的方向，切开荐部与股骨间的皮肤和肌肉，一直切到髋关节。然后经坐骨结节外侧向后与会阴平行深深的切割，如此反复切割，即将骨盆与股之间的软组织完全切断。最后切断髋关节及其周围韧带，再把后肢扯下。如果扯下有困难时可将股骨用产科凿凿断，或者用线锯锯断，然后拉出后肢。

（4）骨盆围缩小术

首先胎儿的头，前肢及内脏截除并取出，再将胸廓截除。借绳导把线锯从两后肢间、尾椎之前伸入，由胎儿腹下往外拉，沿脊柱及骨盆联合锯开胎儿后躯，最后将锯开的两半分别拉出。

(5) 胎儿内脏摘除术

在正生时，可先将一前肢连同肩胛骨一起切除，再切掉若干根肋骨，将手伸入胸腔、腹腔掏出内脏。倒生时，必须先截除一后肢，然后将手伸入胸、腹腔掏出全部内脏。

(6) 胎儿半截术

施术时可用线锯或链锯绕过胎儿躯干，然后锯断并分别拉出。若无线锯、链锯时可用指刀或隐刃切开腹壁，摘除内脏，然后用产科凿或铲将脊柱铲断，再分别取出。

4. 剖腹产术

(1) 牛剖腹产术

牛、羊、马的剖腹产术方法基本相同，现以牛为例来作介绍。

选择切口应根据情况而定，一般原则是：胎儿在哪里摸得最清楚，就靠近那里作切口，如两侧触诊的情况相似，可在中线或其左侧施术。牛剖腹产的切口有腹下切口和腹侧切口两种。

①牛腹下切口的剖腹产术。

【手术部位】

腹下切口可供选择的部位有5处，即乳房前中线，中线与右乳静脉之间，中线与左乳静脉之间，乳房和右乳静脉右侧5~8cm处，乳房和左乳静脉左侧5~8cm处。腹下切口的优点是子宫角和胎儿沉于腹底，在侧卧保定的情况下，很容易把子宫壁的一部分拉出到切口之外，子宫内容物不容易流入腹腔，此外，它损伤肌肉出血很少。缺点是如果缝合不好，可能发生疝气或裂开，也易发生感染。

【保定】

取腹下切口时，使其左侧卧或右侧卧，分别绑住前后腿，并将头压住。取腹侧切口时，必须站立保定。如果无法使牛站立，可使它伏卧于较高地方，将左后肢拉向后下方，以便于将子宫壁拉向腹壁切口，同时也可扩大术部。

【术部准备及消毒】

手术部位的准备详见外科学有关章节内容。对母畜的尾根、外阴部、会阴及产道中露出的胎儿部分，首先应用温肥皂水清洗，然后用消毒液洗涤，并将尾根系于身体一侧。身体周围铺消毒巾，腹下部地面铺以消毒过的塑料布。

【麻醉】

可行硬膜外麻醉及切口局部浸润麻醉，或者盐酸二甲苯胺噻唑肌肉注射及切口局部浸润麻醉法，或者用电针麻醉，但如果胎儿仍然活着则应尽量少用全身麻醉及深麻醉。

【手术方法】

以中线与乳静脉间的切口为例。

Ⅰ切开腹壁　在中线与右乳静脉间，从乳房基部前缘开始，向前做一长约25~35cm的纵行切口，切透皮肤、腹横筋膜和腹斜肌肌腱、腹直肌，用镊子把腹横肌腱膜和腹膜同时提起，切一小口，然后在食指和中指引导下，将切口扩大。为操作方便及防止腹腔脏器脱出，可在切开皮肤后使母畜仰卧，再完成其他部分的切开，也可在切开腹膜后由助手用大块纱布防止肠道及大网膜脱出。如果奶牛的乳房很大，为了避免切口过于靠前，难以暴露子宫，可先不把切口的长度切够，切开腹膜后再确定向前或向后延伸。乳腺和腹横膜的联系很疏松，切口如需向后延长，可将乳房稍向后拉。如果切口已经够大，可将手术巾的两边用连续缝合法缝在切口两边的皮下组织上。

Ⅱ腹腔探查，拉出子宫　切开腹膜后，常可发现子宫及腹腔脏器上覆盖着大网膜，此时可将双手深入切口，紧贴下腹壁向下滑，以便将其绕过，或者将大网膜向前推，这样有助于防止小肠从切口脱出，也利于暴露子宫。手伸入腹腔后，可隔着子宫壁握住胎儿身体达到某些部分（正生时是两后腿跖部，倒生时是头和前肢掌部），把子宫孕角大弯的一部分拉出切口之外，这样可将小肠和大网膜挤开。在子宫和切口之间塞一大块纱布，以免肠道脱出及切开子宫后其中的液体流入腹腔。如发生子宫捻转，则因为子宫被捻短且紧张，暴露子宫壁困难，切开子宫壁时出血也多，所以应先把子宫转正。如果胎儿为下位，背部靠近切口，向外拉子宫壁时无处可握，应尽可能先把胎儿转正为上位。如果在切开皮肤之后让牛仰卧，则此时应使其侧卧。有时子宫内胎儿太沉，无法取出切口外，也可用大纱布充分填塞在切口和子宫之间，在腹内切开子宫再取胎。

Ⅲ切开子宫壁　沿着子宫角大弯，避开子叶，做一与腹壁切口等长的切口，切透子宫壁及胎膜。切口不可过小，以免拉出胎儿时被扯破而不易缝合。切口不能做在侧面或小弯上，因此处血管较粗大，切破引起的出血较多。将子宫切口附近的胎膜剥离一部分，拉于切口之外，然后再切开，这样可防止胎水流入腹腔，尤其在子宫内容物已受污染时更应如此。在胎儿活着或子宫捻转时，切口出血一般较多，需边切边止血。

Ⅳ拉出胎儿　胎儿正生时，经切口在后肢上拴绳子，倒生时在胎头上拴绳套，慢慢拉出胎儿，交助手处理。握后肢拉出胎儿时速度宜快，以防止胎儿吸入胎水引起窒息。如腹壁及子宫壁上的切口较小，可在拉出胎儿之前再行扩大，以免撕裂。拉出的胎儿首先要清除口、鼻内的黏液，擦干皮肤。如发生窒息，先不要断脐带，可一边用手捋脐带，使胎盘上的血液流入胎儿体内，一边按压胎儿胸部，以诱导吸气，待呼吸出现后，拉出胎儿。必要时可给胎儿吸氧气。如拉出胎儿困难，且胎儿已死亡，可先将造成障碍的部分躯体截除。

Ⅴ处理胎衣　拉出胎儿后如有可能，应把胎衣完全剥离取出，子宫颈闭锁时尤应如此，但不要硬剥。如果胎儿活着，则胎儿胎盘和母体胎盘一般都粘连紧密，剥离会引起出血，此时最好不要剥离，但剖腹产后子宫感染及胎衣不下的发病率均较高，因此可在子宫腔内注入10%氯化钠溶液，停留1~2min，亦有利于胎衣的剥离。如剥离非常困难，可不剥，在子宫中放入1~2g四环素，术后注射催产素，使它自行排出。但子宫切口两侧边缘附近的胎衣必须剥离完全，否则妨碍子宫缝合。将子宫内液体充分蘸干，均匀撒布抗生素。

Ⅵ缝合子宫　用丝线或肠线、圆针连续缝合子宫壁浆膜和肌层切口。经冲洗后再用胃肠缝合法缝第二道内翻缝合（针不可穿透黏膜）。

Ⅶ送回子宫，进行腹腔探查　用加有青霉素的温生理盐水将暴露的子宫表面洗干（冲洗液不能流入腹腔），蘸干并充分涂布抗生素软膏，然后放回腹腔，并用手做轻微的鱼尾状摆动，以促进子宫复位。可使牛仰卧，放回子宫后将大网膜向后拉，使其覆盖在子宫上。

Ⅷ闭合腹腔　用粗丝线、圆针缝合腹膜，再对肌层实行两层结节缝合，最后缝合皮肤。

【术后护理】

术后应注射催产素，以促进子宫收缩及复旧，并按一般腹腔手术常规进行术后护理。

手术中如有胎水流入腹腔，应尽可能地冲洗并蘸干，再在腹腔中放入大剂量的抗生素。如伤口愈合良好，可在术后 7～10d 拆线。

②牛腹侧切口剖腹产术。

【适应症】

子宫发生破裂时，破口多靠近子宫角基部，此时宜施行腹侧切开法，以方便缝合。胎儿干尸化时，如人工引产不成功，则由于子宫壁紧缩，不易从腹下切口取出，也宜采用此法。

【手术部位】

切口可选在左侧或右侧，每侧的切口位置又有高低的不同。选择切口的基本原则是，触诊哪一侧容易摸到胎儿，就在那一侧施行手术，两侧都摸不到时可在左侧施术。左腹胁部切口的优点是，瘤胃能够挡住小肠而不至于使其从切口脱出；另外，如手术过程中发生瘤胃臌气，切开的左侧腹胁部可减轻对呼吸的压迫，也可在此处为瘤胃放气，因此在进行牛的剖腹产时，多采用左腹胁部切开法。整个切口宜稍低些，但必须与乳静脉之间保持一定的距离。

【保定】

必须站立保定，这样才能将一部分子宫壁拉到腹壁切口之外。但应注意有些牛在手术过程中可能努责强烈甚至发生休克而卧地。施术时不能进行侧卧保定，否则因胎儿的重量，暴露子宫壁会非常困难。如无法使牛站立，可使其伏卧于较高地方，把左后肢拉向后下方，以便于将子宫壁拉向腹壁切口，同时也可扩大术部。

【麻醉】

硬膜外注射 2% 盐酸普鲁卡因 5～10ml，可以减少腹壁的努责、排粪及尾巴的活动，并使施术动物能够保持站立位，再在手术部位施行局部浸润麻醉，也可采用肌肉注射盐酸二甲苯胺噻唑并配合局部浸润麻醉的方法进行麻醉。

【手术方法】

Ⅰ在左腹胁部髋结节与脐部之间的连线或稍上方作 35cm 长的切口。切口应仔细止血，以免形成术后血肿。切开皮肤和皮肌后，按肌纤维方向依次切开腹外斜肌、腹内斜肌、腹横肌腱膜和腹膜，以便于切口的缝合及愈合，但切口的实际长度会大为缩小，因此可将腹外斜肌按皮肤切口方向切开，其他腹肌按其纤维方向切开或撕开。

Ⅱ切开腹膜后，如有大量腹水或者甚至腹水染血，则表明发生了子宫捻转或子宫破裂，此时应仔细检查子宫，确定哪侧为孕角及捻转或破裂的程度。如果发生了子宫捻转，应确定捻转的方向，并进行矫正。若矫正困难，可在取出胎儿后再行矫正。

Ⅲ暴露子宫时，如瘤胃妨碍操作，助手可垫着大块纱布将其向前推，术者隔着子宫壁握住胎儿的某一部分向切口拉，即可将子宫角大弯暴露出来，在其上作切口，拉出胎儿。

Ⅳ先连续缝合腹横肌腱膜和腹膜，再对肌层用结节缝合法缝合，皮肤可用丝线进行锁边缝合。

【术后护理】

同腹下缝合法。腹侧切开法剖腹产时，胎水极易进入腹腔。如胎儿仍存活或新近死亡，则胎水对腹腔的污染一般不会引起严重后果，可不再进行护理。但如胎水已被污染且进入腹腔，则极难将其吸干净，这也是腹侧切开法的最大缺点。

(2) 猪剖腹产术

【适应症】

子宫迟缓、胎儿过大、畸形胎及产道狭窄或损伤。

【保定】

病猪取横卧保定。

【术前准备】

术部清洗剃毛，涂擦5%碘酊，铺消毒创布，局部用2%普鲁卡因20～30ml，沿切口皮下和肌层做菱形浸润麻醉。

【手术部位】

于左侧（或右侧）腹壁上从髋结节向腹部引一垂线，再从已向后牵引的后肢膝关节处向前引一平行线，在离此两线交点的前上方约5cm处为切口上方的起点，沿此处略向前下切开皮肤，切口长度约15～25cm。

【手术方法】

按手术常规切开皮肤、皮下筋膜、肌肉及肌膜，暴露腹膜，并避免伤害肠管等，以两镊子镊住腹膜皱襞切开腹膜，向前上方推动网膜，暴露并取出一侧子宫，置于大创布之上，并以一大块消毒纱布填塞于子宫下，堵住创口（防肠管外溢及切开子宫时羊水流入腹腔），沿子宫大弯在子宫体近处纵向切开子宫（选胎头或胎臀处，不要在胎背上切口，以防切口被动拉大），取出切口处胎儿，依次用手压迫挤动其他胎儿，使其向切口处移动并取出切口外。一侧子宫取完后，再从此切口深入并接近子宫体，同时另一手压迫另一子宫角胎儿向宫体处挤压，两手合力，将胎儿从切口处取出。有时取出困难时，也可在另一子宫角上作一切口取出胎儿。当宫腔较宽大，术者手较小时，可直接从一个切口伸入宫腔，逐个取出胎儿。在手术中应防止子宫内羊水、血水流入腹腔。胎儿全部取出后，并尽力取出胎衣，然后用灭菌生理盐水冲洗子宫腔。子宫切口创缘先作连续缝合（可仅缝合肌层及浆膜），然后再作连续内翻缝合，把子宫送回腹腔，理顺子宫使其不发生扭转，灭菌生理盐水洗净腹腔创口，撒布抗生素，逐层闭合腹壁及皮肤。

【术后护理】

术后可注射催产素，以促进子宫收缩，也可用抗生素治疗3～5d。

(3) 犬剖腹产术

【适应症】

子宫迟缓、胎儿过大、畸形胎及胎向、胎位、胎势异常引起的难产。

【保定】

病犬取右侧横卧保定或仰卧保定。

【麻醉】

麻醉方法可选用硬膜外腔麻醉、吸入麻醉、全身麻醉及局部浸润麻醉配合其他麻醉剂麻醉。麻醉剂的量依动物品种而异。

【手术部位】

可选择在腹协部或腹中线部位，如在左腹协部施行手术，可在肋弓后3cm处开始作一与脊柱平行的7～12cm长的切口。

【手术方法】

切开腹壁后，隔着子宫壁抓住胎儿，连同子宫一同带出切口。尽可能在子宫体背部作一切口，通过同一切口中取出双侧胎儿。子宫角尖端的胎儿较难取出，可用手抓着子宫角轻轻捏挤，使胎膜破裂，胎儿四肢或头部露出切口后用手指抓住，从切口处拉出。如骨盆腔中有胎儿，可用牵引术从阴道中拉出，亦可向后牵引从切口拉出。

取完胎儿后，可在子宫角外胎盘附着处轻轻压迫，并在脐带处牵拉，以便分离取出胎盘。

取完胎儿后，连续缝合子宫，再作一次连续内翻缝合，并在子宫中直接注入或肌肉注射催产素，以促进子宫的复旧及止血。

每取出一个胎儿，应先用毛巾等擦干全身以刺激胎儿呼吸，并将胎头向下，除去口腔中的黏液。如胎儿取出后未见有呼吸，可轮换用热水及冷水泼洒在胎儿身上，也可在脐静脉注射或舌下滴洒刺激呼吸系统的药物。

【术后护理】

术后应注意观察，防止子宫出血引起的休克，也可注射 15 ~ 20IU 的催产素。其他术后护理措施可按一般腹腔手术进行。

1. 产力性难产的助产

大家畜原发性阵缩和努责微弱，早期可使用催产药物，如脑垂体后叶素、麦角等。在产道完全松软、子宫颈已张开的情况下，则实施牵引术即可。胎位、胎向、胎势异常者经整复后强行拉出，否则实行剖腹产手术。

中、小动物可应用脑垂体后叶素 10 万 ~ 80 万 IU 或已烯雌酚 1 ~ 2mg，皮下注射或肌肉注射。否则可借助产科器械拉出胎儿。强行拉出胎儿后，注射子宫收缩药，并向子宫内注入抗生素药物。

2. 产道性难产的助产

硬产道狭窄及子宫颈有疤痕时，一般不能从产道分娩，只能及早实行剖腹产术取出胎儿。轻度的子宫开张不全，可通过慢慢地牵拉胎儿机械地扩张子宫颈，然后拉出胎儿。

3. 胎儿性难产的助产

（1）胎儿过大

胎儿过大的助产方法，就是人工强行拉出胎儿，其方法同胎儿牵引术。强行拉出时必须注意，尽可能等到子宫颈完全开张后进行；必须配合母畜努责，用力要缓和，通过边拉边扩张产道，边拉边上下、左右摆动或略为旋转胎儿。在助手配合下交替牵拉前肢，使胎儿肩围、骨盆围，呈斜向通过骨盆腔狭窄部。强行拉出确有困难的且胎儿还活着，应及时实施剖腹产术；如胎儿已死亡，则可施行截胎术。

（2）双胎难产

双胎难产助产时要将后面一个推回子宫，牵拉外面的一个，即可拉出。手伸入产道将一个胎儿推入子宫角，将另一个再导入子宫颈即可拉出。但在操作过程中要分清胎儿肢体的所属关系，用附有不同标记的产科绳各捆住两个胎儿的适当部位避免推拉时发生混乱。在拉出胎儿时，应先拉进入产道较深的或在上面的胎儿，然后再拉出另一个胎儿。

（3）胎儿姿势不正

①胎儿头颈姿势不正。

Ⅰ徒手矫正法　适用于病程短，侧转程度不大的病例（图4－12）。矫正前先用产科绳拴住两前肢，然后术者手伸入产道，用拇指和中指握住两眼眶或用手握住鼻端，也可用绳套住下颌将胎儿头拉成鼻端朝向产道，如果是头顶向下或偏向一侧，则把胎头矫正拉入产道即可。

Ⅱ器械矫正法　徒手矫正有困难者，可借助器械来矫正（图4－13）。用绳导把产科绳双股引过胎儿颈部拉出与绳的另端穿成单滑结，将其中一绳环绕过头顶推向鼻梁，另一绳环推到耳后由助手将绳拉紧，术者用手护住胎儿鼻端，助手按术者指意向外拉，术者将胎头拉向产道。

马、牛等大家畜胎头高度侧转时，往往用手摸不到胎头，需用双孔梃协助，先把产科绳的一端固定在双孔梃的一个孔上，另一端用绳导带入产道。绕过头颈屈曲部带出产道，取下绳导，把绳穿过产科梃的另一孔。术者用手将产科梃带入产道，沿胎儿颈椎推至耳后，助手在外把绳拉紧并固定在梃柄上，术者手握胎儿鼻端，然后在助手配合下将胎头矫正后并强行拉出。

无法矫正时，则实施截头术，然后分别取出胎儿头及躯体。

胎头下弯时，先捆住两前肢，然后用手握住胎儿下颌向上提并向后拉。也可用拇指向前顶压胎头，并用其他四指向后拉下颌，最后将胎头拉正。

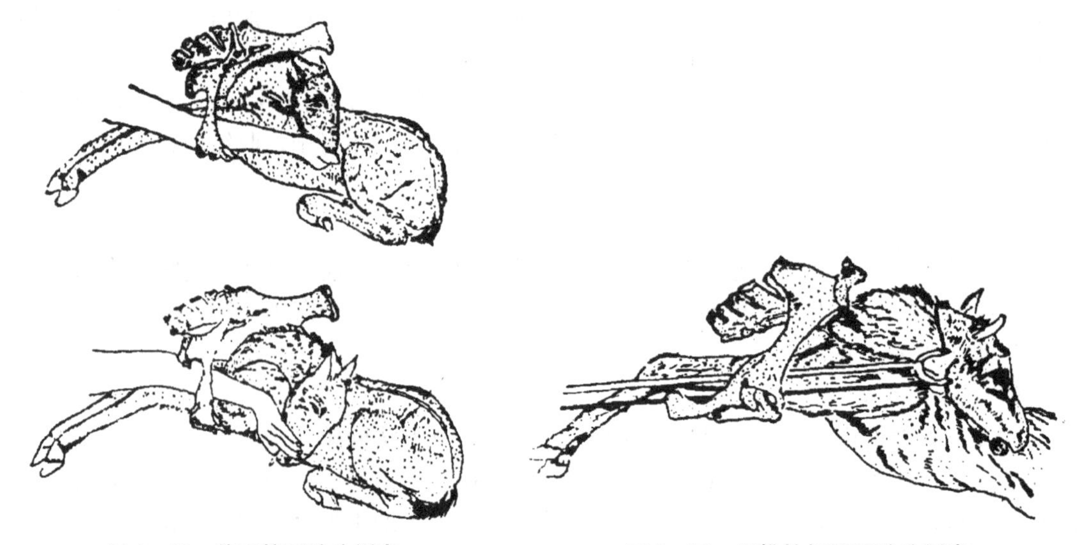

图4－12　徒手校正胎头侧弯　　**图4－13　用推拉梃矫正胎头侧弯**

②胎儿前肢姿势不正。腕关节屈曲时，先将胎儿推回子宫，推的同时术者用手握住屈曲的肢体掌部，往里推的同时往上抬，再趁势下滑握住蹄部，在趁势上抬的同时，将蹄部拉入产道（图4－14）。另外，也可用产科绳捆住屈曲前肢的系部，再用手握住掌部，在向内推的同时，由助手牵拉产科绳，拉至一定程度，术者转手拉蹄子，协助矫正拉出（图4－15）。如胎儿已死亡，可实施腕关节截断术。

肩关节屈曲，有时不进行矫正也可拉出，如拉出有困难，可先拉前臂下端，尽力上抬，使其变成腕关节屈曲，然后再按腕关节屈曲的方法进行矫正。如仍无法拉出，且胎儿已死亡，可实施一前肢截除术，再拉出胎儿。

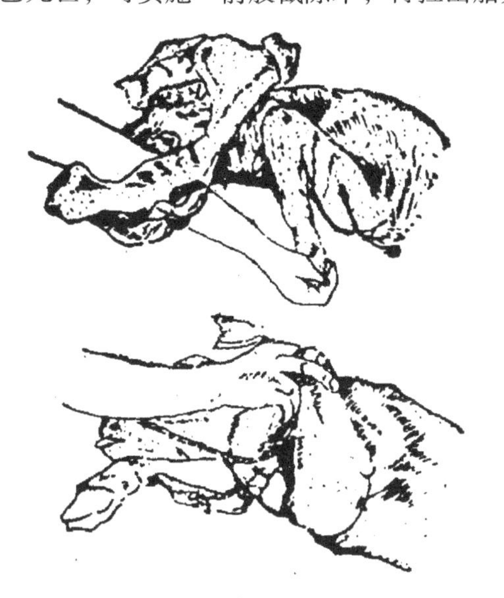

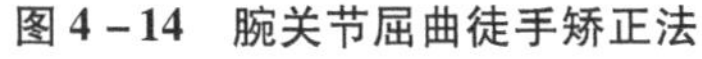

图 4－14　腕关节屈曲徒手矫正法

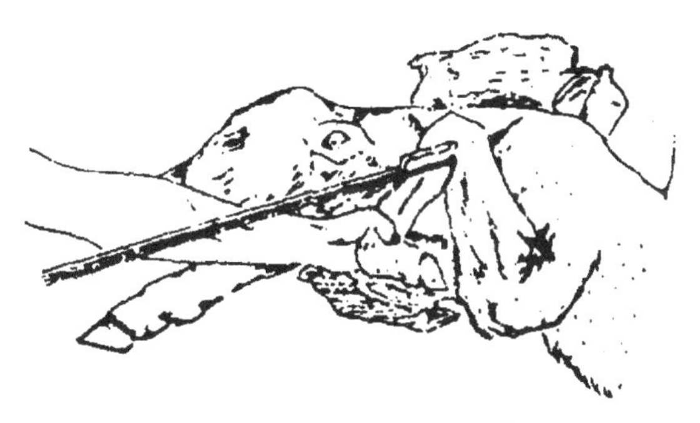

图 4－15　用产科绳矫正腕关节屈曲

③胎儿后肢姿势不正。先用产科绳捆住后肢跗部，然后术者用手压住臀部，同时用产科梃顶在胎儿尾根与坐骨弓之间的凹陷内，往里推，同时助手用力将绳子向上向后拉，术者顺次握住系部乃至蹄部，尽力向上举，使其伸入产道，最后用力将胎儿后肢拉出（图 4－16）。如跗关节挤入骨盆腔较深，无法矫正且胎儿过大时，可把跗关节推回子宫内，使变为髋关节屈曲（坐骨前置），此时可以用产科绳分别系于两股基部，将绳子扭在一起，并向产道注入大量滑润剂，强行拉出胎儿（图 4－17）。如前法无效或胎儿已死亡时，则实行截胎术，再拉出胎儿。

图 4－16　跗关节屈曲矫正法

图 4－17　髋关节屈曲矫正法

（4）胎位不正

①下位。正生下位和倒生下位（图 4－18）均需将胎儿纵轴作 180°的旋转，使其变为上位或轻度侧位，再强行拉出。或者由术者先固定胎儿，然后翻转产畜，以期达到使下位变为上位的目的，不过这样矫正难度较大。如矫正无效，应及时施行剖腹产术。

②侧位。倒生侧位，胎儿两髋结节之间的距离较母畜骨盆入口的垂直径短，所以胎儿的骨盆进入母畜骨盆腔并无困难，或者稍加辅助，即可将侧位胎儿变为上位而拉出。但正生侧位（图 4－19）时，常因胎头妨碍而难以通过骨盆腔，故需矫正胎头，通常是推回胎儿，握住眼眶，将胎头扭正拉入骨盆入口，然后再拉出胎儿。

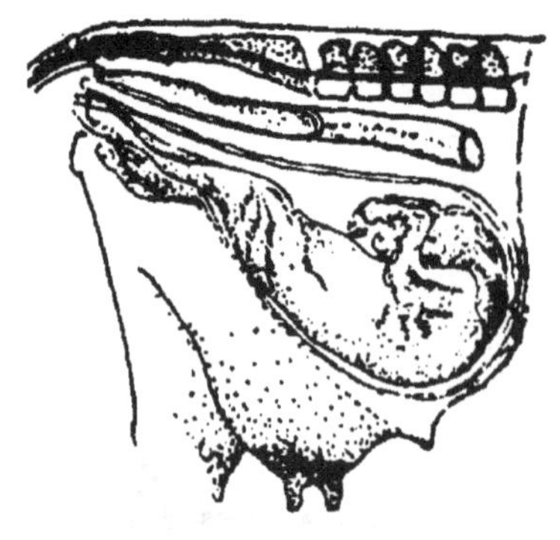

图 4－18　倒生下位

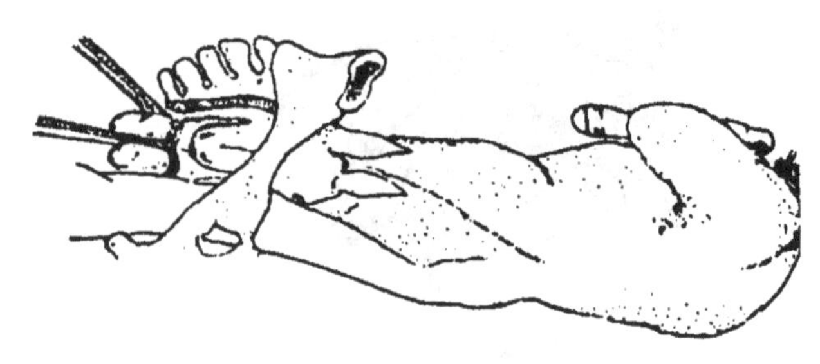

图 4－19　正生侧位

（5）胎向不正

①腹部前置的横向和腹部前置的竖向　先用产科绳拴住两前肢往外拉，同时将后肢及后躯推回子宫，使其变为正常胎位，而后强行拉出（图 4－20，图 4－21）。

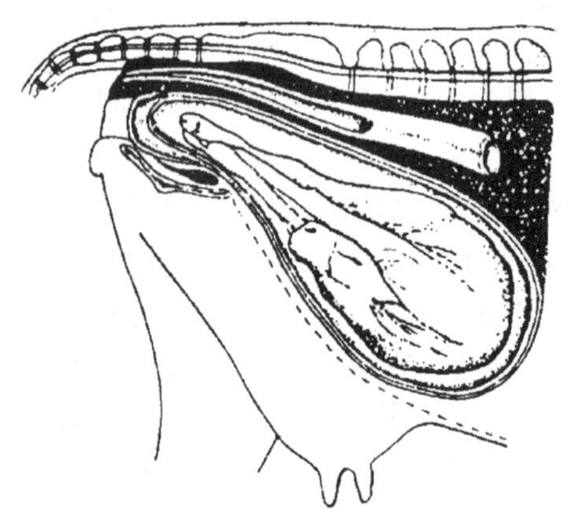

图 4－20　腹部前置的横向

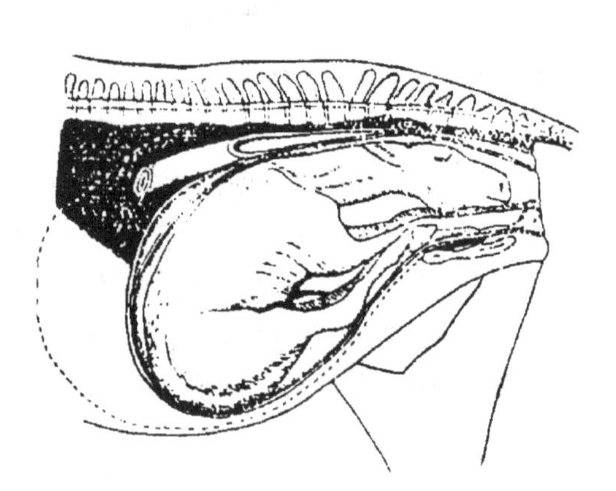

图 4－21　腹部前置的竖向

②背部前置横向和背部前置竖向。将产科绳拴住胎儿头部往外拉，同时将后躯向里推，或者将后躯往外拉，将前躯向里推，使其变为正生下位或倒生下位，再行矫正拉出（图 4－22，图 4－23）。

胎向不正一般较少发生，一旦发生，矫正和助产也很困难，应及早实施剖腹产手术。

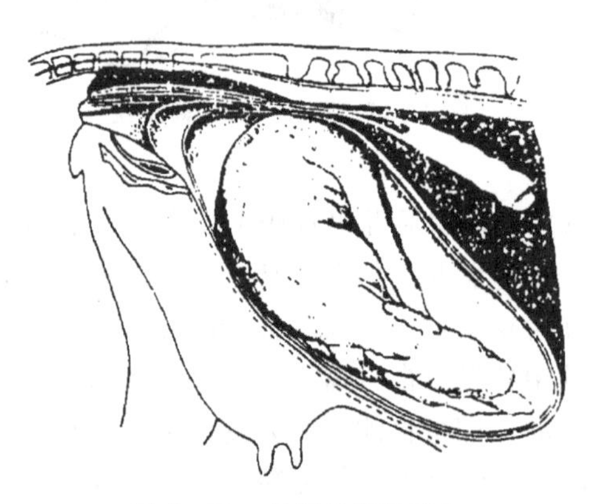

图 4－22　背部前置的横向

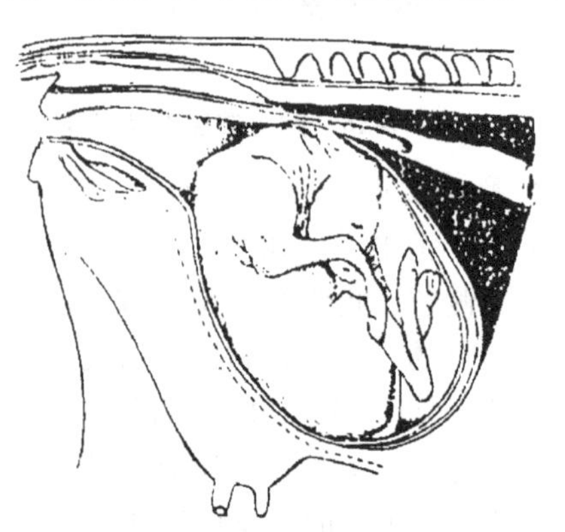

图 4－23　背部前置的竖向

4. 犬难产的助产

①对阵缩及努责微弱引起的难产，可通过促进子宫收缩，应用药物催产助产。可用垂体后叶素2～15IU、催产素（缩宫素）5～10IU，皮下注射或肌肉注射。注射后3～5min，子宫开始收缩，可持续30min，然后再注射一次，同时配合按压腹壁，以促进胎儿产出。

②应用催产药物，子宫颈必须完全扩张；子宫颈扩张不全，可使用已烯雌酚，提高母犬对垂体后叶素的敏感性，促进子宫收缩，且还能促进子宫颈再扩张。使用催产药物必须剂量适宜，剂量过大往往引起子宫强直性收缩。特别是垂体后叶素剂量大时，还能引起子宫颈收缩，对胎儿排出更不利。

③对难产母犬，如因产程过长使体质衰弱时，可静脉注射葡萄糖液，以增强体力，增加腹壁肌肉的收缩力。

④对因产道或胎儿异常引起的难产，可施行牵引术及矫正术。如经一般助产无效时，可施行剖腹产手术。

【检查】

一、工作过程检查

根据“实施”步骤，验证并分析理论与实际工作的偏差。实施过程验证如表4－9所示。

表4－9　实施过程验证

实际工作中的要求	实际工作程序
理论与实际工作的偏差分析	

二、职业能力测试和职业资格测试

根据上述学习情况进行职业能力测试和职业资格测试，以检查你的学习掌握程度。

职业能力测试

1. 牵引术的适应症包括（　　）。

A. 骨盆绝对狭小　　B. 子宫颈三度开张不全

C. 胎儿早产　　D. 子宫弛缓

2. 牵引术实施正确的是（　　）。

A. 胎儿前腿应向后向下牵引进入骨盆腔

B. 应将两前腿拉对齐后再同时牵引两腿

C. 胎儿通过骨盆腔时，水平向后拉

D. 马胎头出骨盆腔时，应向上向后拉

3. 矫正术施行的部位应在（　　）。

A. 腹腔　　B. 盆腔　　C. 子宫颈处　　D. 阴道内

4. 胎儿腹横向且身体两端距骨盆入口距离大致相等时，其矫正正确的是（　　）。

A. 将胎头和前肢拉向骨盆入口　　B. 将两后肢拉向骨盆入口

C. 将四肢拉向骨盆入口　　D. 将头拉向骨盆入口

5. 矫正胎势时，将胎儿推向腹腔的器械是（　　）。

A. 绳导　　B. 胎儿绞断器　　C. 产科梃　　D. 产科钩

6. 胎儿前肢皮下截除时，使皮肤和皮下组织分离的器械是（　　）。

A. 隐刃刀　　B. 指刀　　C. 钩刀　　D. 剥皮铲

7. 截除胎儿后肢必须使用的器械是（　　）。

A. 绳导　　B. 胎儿绞断器　　C. 线锯　　D. 指刀

8. 一吉娃娃，8.5 岁，妊娠 65d 出现分娩预兆，8h 后仍未见胎水、胎儿排出，产道检查，子宫颈开张较好，可触及胎儿前置部位。则该病例处理错误的是（　　）。

A. 注射催产素　　B. 注射葡萄糖　　C. 注射葡萄糖酸钙　　D. 注射孕酮

（　　）1. 胎儿过大造成的难产属于产道性难产。

（　　）2. 防止胎儿过大，减少母畜营养是预防难产发生的积极措施。

（　　）3. 分娩母畜阴道极度肿胀时，可实施剖腹产手术。

（　　）4. 胎儿是否存活对于助产方法的选择具有决定意义。

（　　）5. 助产时对动物无需进行麻醉。

1. 如何对动物进行难产诊断？

2. 对难产动物施行助产应遵循的原则是什么？

职业资格测试

1. 如何预防难产的发生？

2. 救治难产时，可选用的助产方法有哪些，其适应症分别是什么？

一头荷斯坦奶牛，7 岁，第三胎，前一天造成开始分娩，至今日早晨尚未产出胎儿，也未见胎水流出，遂来就诊。经检查发现，该牛体温 39.5℃，呼吸数 35 次/min，心跳数 80 次/min，精神沉郁，起卧不安，胎儿两前肢部露于阴门外。阴道检查发现，胎儿头颈左侧弯曲且已死亡。请你对该患牛进行难产诊断，并采取正确的助产措施。

【评价】

本学习任务评价主要由学院教师、企业技师、学生自评和小组互评共同完成，评价成绩均采用 100 分制，成绩评价表如表 4－10 所示，该成绩记入学生成长记录。

表 4-10　成绩评价表

序号	能力维度	分值	学院教师	企业技师	学生自评	小组互评	得分
1	专业能力	30					
2	方法能力	40					
3	社会能力	30					
	合计						

任务四　产后疾病的诊断与治疗技术

【学习任务】

了解引起动物胎衣不下和生产瘫痪的原因、临床症状及防治方法；掌握胎衣不下诊治技术和生产瘫痪诊治技术；能对发生胎衣不下及生产瘫痪的动物进行诊断和防治。

【与其他学习任务的关系】

胎衣不下不仅可引起母畜生产性能下降，还可引起子宫内膜炎和子宫复旧延迟，从而导致不孕，给养殖业造成极大的经济损失。生产瘫痪的发病率也非常高，危害严重，极易造成动物被淘汰。

【资讯】

一、胎衣不下的诊治技术

母畜产出胎儿后，胎衣在正常时间范围内未能自行排出就叫胎衣不下（也叫胎衣滞留）。各种动物产后排出胎衣的正常时间为：牛 12h，羊 4h，猪 1h，马 1～1.5h。各种动物均可发生胎衣不下，但牛发病率为最高，高达 20%～50%，马的发病率一般为 4%，猪和犬很少发生单一的胎衣不下。

胎衣不下易引起子宫内膜炎，导致产后子宫复旧不全、发情延迟及不孕，给养牛业造成的经济损失尤为突出。

引起胎衣不下的原因较为复杂，胎衣不下与季节、营养状态、胎次、遗传因素等均有一定关系，单一因素可引起胎衣不下、多种因素综合作用也可引起胎衣不下，但直接引起胎衣不下的主要原因是产后子宫收缩无力和胎盘炎症。

1. 产后子宫收缩无力

饲料单一，缺乏维生素、矿物质，母畜过肥、过瘦、老龄均可导致产后子宫收缩无力；分娩时间过长、难产、流产，单胎动物怀双胎也可引起产后子宫收缩无力；缺乏运动也可引发本病。

2. 胎盘炎症

胎盘炎症可导致胎盘结缔组织增生，使母体胎盘和胎儿胎盘发生粘连，从而导致胎衣不下。布氏杆菌、衣原体以及其他一些细菌、病毒等都可引起子宫内膜及胎盘发炎。

根据胎衣在子宫内滞留的多少，可分为胎衣全部不下和胎衣部分不下。胎衣全部不下是指整个胎衣滞留于子宫内，外观仅有少量胎膜垂于阴门外，或者看不见胎衣。胎衣部分不下是指胎衣大部分垂于阴门外，少部分与母体胎盘粘连而未排出；也有大部分脱落，仅有少部分滞留于子宫内者，这只有通过检查脱出的胎衣缺损才能发现。

发生胎衣不下时，初期一般表现拱背、努责，从阴道中排出污红色恶臭液体，卧下时排出量增加，其中含有胎衣碎片。随着胎衣不下时间延长，病畜可发生急性子宫内膜炎，胎衣腐败产物被机体吸收后会出现全身症状。各种动物对胎衣不下的耐受性各有差异，牛和山羊对胎衣不下不很敏感，全身反应出现的较晚或较轻。马和犬则很敏感，一般产后超过半天则会出现全身症状，而且病程发展很快，临床症状表现严重。猪的胎衣不下多为部分不下，发生胎衣不下时表现不安，体温升高，食欲降低，饮欲增加，恶露增多。

牛和绵羊胎衣不下一般预后良好，但易对繁殖性能造成影响。马胎衣不下预后慎重，如果治疗处理不及时，轻者导致不易妊娠，重者可引起败血症。犬胎衣不下时，可引起急性子宫内膜炎，而且子宫和胎衣粘连部可发生组织坏死，引起腹膜炎，如不及时治疗，易导致死亡。猪胎衣不下一般预后良好，但可引起子宫内膜炎，并影响对仔猪的哺乳。

产前7d注射维生素AD注射液，或者临产前对体弱或有胎衣不下病史的动物补糖、补钙可起到预防作用。产后注射催产素对胎衣不下亦有一定预防作用。

二、生产瘫痪的诊治技术

生产瘫痪，又称产后瘫痪、乳热症、产后低血钙症和产后癫痫，是母畜分娩后突然发生的一种严重的代谢性疾病，本病的特征是低血钙、全身肌肉无力、四肢瘫痪及知觉丧失或抑制。此病多发生于奶牛及犬、猫，猪和奶山羊也可发生。

生产瘫痪对奶牛的危害最为突出，个别牧场此病的发病率高达25% ~30%。奶牛生产瘫痪的发病率与其产奶量直接相关，高产奶牛多发，3 ~7 胎的奶牛多发，治愈的母牛下次分娩后可再次发病，且多发生于产后3d以内，少数发生于分娩过程中或产后数小时。

生产瘫痪的发病机理目前还不十分清楚，但发现引起本病的主要原因是产后血钙浓度急剧下降，静脉注射钙剂治疗有效。其次，生产瘫痪的临床表现过程与大脑皮质缺氧有极大的相似性，因而认为生产瘫痪是由大脑皮质缺氧所致。

1. 低血钙

母畜产后，其血钙浓度会出现不同程度的下降，但患病动物的血钙下降更为严重，常降到正常水平的一半或更低的水平，产后正常牛的血钙浓度为0.08 ~0.12mg/ml，而发病牛的血钙浓度则为0.03 ~0.07mg/ml。产后大量血钙进入初乳是引起产后低血钙的一个主要原因；其次，分娩前后从肠道吸收的钙量减少，也是引起血钙降低的一个原因；再者，分娩前后机体动用骨钙的能力下降，进一步加剧了血钙浓度的下降；维生素D不足或合成障碍也可导致血钙降低。产后低血钙的发生可能是某种因素单独作用的结果，也可能是几种因素综合作用的结果。

2. 脑皮质缺氧

生产瘫痪是由于大脑皮质一时性贫血、缺氧所致的一种神经性疾病，其低血钙是大脑皮质缺氧的一个并发症。

分娩后腹压突然降低，腹腔器官被动性充血，从而导致大脑皮质贫血、缺氧。分娩后血液大量进入乳腺是引起脑贫血、缺氧的又一重要原因。脑贫血时，一般都有短暂的兴奋、肌肉震颤、搐搦、敏感性增高，随后出现肌肉无力、知觉丧失、瘫痪等，这些症状和生产瘫痪的症状有类似之处。对于补钙无法治愈的病例，用乳房送风法可治愈，这一点也有力的支持了脑贫血、缺氧机理。利用皮质激素升高患畜血压，缓解脑贫血的治疗方法，可提高产后瘫痪的治疗率，这一点也对脑贫血引发产后瘫痪的机理给予了支持。

1. 牛

牛发生生产瘫痪时的症状可分为典型性生产瘫痪和非典型性（轻型）生产瘫痪。

（1）典型性生产瘫痪

发病迅速，从开始发病到出现典型症状，一般不超过12h。病初通常是食欲减退，病牛反刍、瘤胃蠕动及排粪、排尿停止，泌乳量降低；精神沉郁，不愿走动，后躯摇摆，后肢交替负重；行走时共济失调，易摔倒；有的病牛敏感性增高，表现短暂的不安，出现摇头、磨牙、伸舌、哞叫、惊慌，四肢肌肉震颤；皮温降低，鼻镜干燥，脉搏无明显变化。

在经历数小时（多为1～2h）后，病畜则瘫痪卧地，不能站立，虽然一再挣扎，但仍不能站起。随之很快转入神经抑制期，出现意识抑制和知觉丧失的特征症状。病牛多昏睡，眼睑反射微弱或消失，瞳孔散大，对光线照射无反应，皮肤对疼痛刺激也无反应。肛门松弛，胃肠道麻痹、吞咽困难，心音减弱、呼吸变深，体温多降低（37.5～37.8℃）。头颈弯向一侧呈“犬卧状”（图4－24），病畜伏卧，四肢屈于躯干之下，头向后弯到胸部一侧，即使用力将头颈拉直，松手后仍会恢复原状。

随着病情的进一步加重，则精神高度抑制，意识和感觉完全丧失，心音和呼吸极度微弱，而进入昏迷状态，体温可降至35～36℃，多数病例在昏迷中死亡，个别病例死亡前有痉挛和挣扎。

（2）非典型性生产瘫痪

有类似于典型性生产瘫痪的基本症状，后期反射及知觉下降、但不消失。产前及产后较长时间发生的多为非典型性生产瘫痪，病牛精神沉郁，卧地不起，个别可挣扎着站起，体温一般正常。卧地时头颈姿势不自然，由头部到鬐甲部呈倒“S”状弯曲（图4－25）。

2. 羊

羊发生生产瘫痪的症状与牛基本相似，但多数呈非典型症状。有时昏睡不起，心跳快而弱，呼吸增快，鼻腔内有黏性分泌物积聚，常发生便秘。奶山羊的生产瘫痪多发生于产后1～3d内，泌乳早期易发生本病。

3. 猪

猪发病时，多在产后数小时开始，多发期为产后2～5d。轻者站立困难，行走时后躯摇摆，奶量减少甚至无奶，有时病猪伏卧，拒绝哺乳。随病情加重，精神极度沉郁，食欲废绝，躺卧昏睡，反射减弱，便秘，体温正常或稍高。

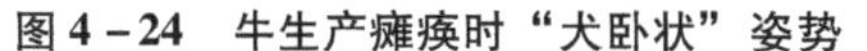

图 4－24　牛生产瘫痪时“犬卧状”姿势

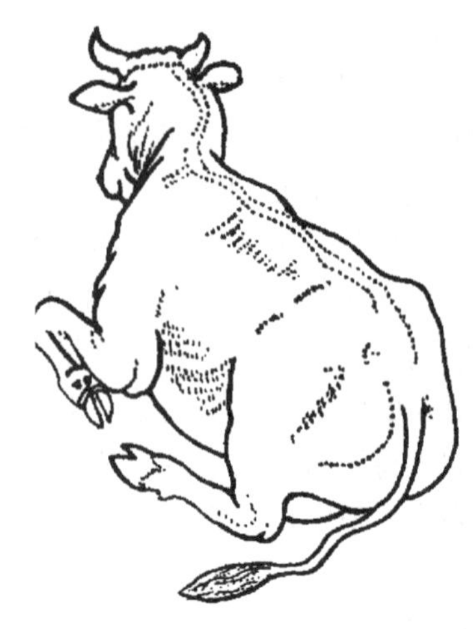

图 4－25　牛生产瘫痪时头颈“S”状弯曲姿势

4. 犬

犬产后低血钙症也叫泌乳期惊厥、产后子痫或产后癫痫，多发生于分娩后 1～4 周且产仔多的小型母犬。和牛相比，犬发病后前驱期症状明显，且持续时间较长，有些可长达 2d 之久。病犬初期站立不稳、运动失调，兴奋、对外界刺激敏感，眼球震颤，结膜潮红，很快全身痉挛，体温升高达 40℃以上，呼吸急促，心悸亢进，瞳孔散大，口吐白沫。如不及时治疗，患犬会反复抽搐乃至死亡。

1. 牛

牛生产瘫痪的病程进展很快，如不及时治疗，50%～60% 的病牛在 12～48h 内死亡。分娩过程中或产后 6～8h 发病的母牛，病程进展更快，病情也较重，个别牛可在数小时内死亡。如果及时正确地实施治疗措施，90% 以上的病牛可痊愈或好转。有的病例治愈后会复发，复发者预后较差。

2. 羊

羊生产瘫痪的预后基本同牛，但比牛对钙制剂反应迅速。

3. 猪

病程可持续 1～2d，但预后较好，有的可自愈。

干奶后给牛用低钙高磷日粮，每头每天的钙量限制在 60g 以下，钙磷比例为 1～1.5：1，这样可充分激活甲状旁腺功能，提高机体动用骨钙的能力。分娩后立即将日粮钙量提高到 125g 以上。还可在分娩后或产前 1～2d 静脉输钙剂，也能达到预防目的，产后口服钙剂也有一定预防作用。分娩前 7d 还可肌肉注射维生素 D，临产时重复一次，或者产后 3d 内，不要将奶完全挤净，也有一定预防作用。

【决策】

根据工作任务的要求，对产后疾病的诊断与治疗技术见表 4－11。

表 4-11　产后疾病的诊断与治疗技术决策

<table>
<tr><th rowspan="2">工作任务</th><th colspan="2">产后疾病</th></tr>
<tr><th>胎衣不下</th><th>产前截瘫</th></tr>
<tr><td rowspan="3">诊断技术</td><td>临床症状</td><td>临床症状</td></tr>
<tr><td rowspan="2">检查胎衣上脐带断端的数目与产仔数是否相符</td><td>血钙浓度测定</td></tr>
<tr><td>鉴别诊断</td></tr>
<tr><td rowspan="3">治疗技术</td><td>药物疗法</td><td>钙剂疗法</td></tr>
<tr><td>手术剥离胎衣</td><td>乳房送风法</td></tr>
<tr><td>人工引产</td><td>其他疗法</td></tr>
</table>

【计划】

根据实践案例，编制完成任务的计划如下。

1. 计划动物

牛、羊、猪、犬、猫。

2. 计划器材

临床诊断检查器械、常规临床手术器械、橡胶手套、注射器等。

【实施】

一、胎衣不下的诊治技术

根据临床症状一般可作出诊断。为诊断胎衣是否已完全排出，产后可检查排出的胎衣上脐带断端的数目是否与产仔数相符。

胎衣不下的治疗原则是抑菌、消炎、促进胎衣排出。

1. 药物疗法

（1）子宫内投药

为防止胎衣腐败、延缓腐败物溶解吸收，可向子宫内直接投注抗生素。对于牛或马可取土霉素 2g 或金霉素 1g 溶于 250ml 生理盐水中，一次灌注，隔日一次；羊和猪药量减半；犬、猫一次可注入相应药物 30ml。也可用其他抗生素或选用市售的治疗子宫内膜炎的专用药物进行子宫内投药治疗。

为促进胎盘绒毛脱水收缩、促进母体胎盘和胎儿胎盘分离，还可向子宫内灌注 10% 氯化钠溶液，牛一次用量为 1 000 ~ 1 500ml，猪、羊等中小动物酌减。

（2）注射促进子宫收缩药物

为加强子宫收缩力，促进母体胎盘和胎儿胎盘分离、促进胎衣排出，可在产后早期注射促进子宫收缩的药物进行治疗，例如皮下或肌肉注射催产素，牛 50 ~ 100IU，猪、羊 5 ~ 20IU，马 40 ~ 50IU，犬、猫 5 ~ 30IU，2h 后重复一次。除此之外，还可选用麦角碱、浓盐水、氯前列烯醇等进行治疗。

(3) 注射抗生素

肌肉注射抗生素类药物也是胎衣不下时防止子宫感染的一种常用措施。当出现全身症状时，也可将肌肉注射改为静脉注射，并配合相应的支持疗法，对于马和小动物来说，这种治疗方法尤为有效。

2. 手术剥离胎衣

手术剥离胎衣主要适用于大家畜，采用手术剥离的原则是，易剥离者则剥，不易剥离者不要硬剥；剥离过程中严禁损伤子宫黏膜；对患急性子宫内膜炎和体温升高的病畜，不要进行剥离；剥离完胎衣后要向子宫内灌注抗生素。

(1) 剥离前的准备

保定动物，固定尾巴，对后躯及外露胎衣进行清洗消毒。术者要戴上长臂手套做好自身保护。为了便于剥离，可向子宫中灌注适量浓盐水，牛为10%浓盐水1 000～1 500ml。

(2) 剥离方法

①牛。将胎衣的外露部分捻转几圈，左手将其拉紧，右手伸入子宫，由浅及深、螺旋式深入，寻找胎盘进行剥离，剥离时不可强行撕扯，应该依其结构特点，用食指和拇指将母体和子体胎盘分离，剥离完一侧子宫角再剥离另一侧子宫角。

②马。在子宫颈内口，找到尿膜绒毛膜的破口边缘，把手伸入子宫黏膜与绒毛膜之间，轻轻用力向前移行，即可将胎衣从子宫黏膜上分离下来。也可拧紧外露的胎衣，然后另一只手伸入子宫，找到脐带根部，握住后轻轻扭动、拉动，则可使绒毛膜脱离。

③犬。当怀疑犬发生胎衣不下时，可将一手指伸入阴道中进行探查，找到脐带后轻轻向外牵拉；也可用纱布包住镊子在阴道中旋转，将胎衣缠住拉出。

小型犬可用正立提起（抱起）、按摩腹壁的方法促进胎衣排出，重复几次仍无法排出者，可进行剖腹手术进行治疗。

(3) 冲洗

胎衣剥离完毕后，因子宫内尚存在有胎盘碎片及腐败液体，可用0.1%高锰酸钾、0.1%新洁尔灭或0.05%呋喃西林等冲洗，以消除子宫感染源。冲洗方法是将粗橡胶管（也可用胃管、子宫洗涤管）的一端插至子宫的前下部，管的外端接上漏斗，然后倒入冲洗液1～2L。待漏斗中冲洗液快流完时，迅速把漏斗放低，借虹吸作用使子宫内液体自行排出。这时患畜常有努责，能促使子宫内液体充分排出，反复冲洗2～3次，至流出的液体与注入的液体颜色基本一致为止。

(4) 术后

术后数天内须检查有无子宫炎，并注意治疗。

二、生产瘫痪的诊治技术

根据发病时间（分娩后不久），出现特征的瘫痪姿势，知觉丧失，血钙降低（一般在0.08mg/ml以下），及用钙剂和乳房送风疗法有良好疗效，便可作出诊断。

(1) 非典型瘫痪与酮血症的鉴别诊断

酮血症在泌乳期间的任何时间均可发病，妊娠末期也可发生。酮血症患畜的乳、尿及血液中丙酮数量增多，呼出气体有丙酮气味。另外，酮血症对钙剂疗法无效。

在牛上，如同时发生酮病和生产瘫痪时，诊断就比较困难。如用上述方法治疗生产瘫痪有效，但患畜仍不能很好采食，此时应检查有无酮病。伴有早期生产瘫痪的神经型酮病病牛，表现为肌肉震颤、步态蹒跚，行走类似麻醉和酒醉，随后倒地，并可能出现感觉过敏和惊厥。

(2) 与产后败血症和因分娩而恶化的创伤性网胃炎后期的鉴别诊断

产后败血症和因分娩而恶化的创伤性网胃炎后期的病畜所表现的某些症状，也和生产瘫痪相似，如精神极度沉郁、卧地不起，且有时头颈也向后置于胸壁一侧。但是这些病例除临近死亡外，一般体温都升高；眼睑、肛门，尤其是疼痛反射不完全消失；使用钙剂后立即出现心脏节律紊乱，心音增强，次数增多。有的甚至在注射期间死亡。

(3) 与产后截瘫的鉴别诊断

产后瘫痪与生产瘫痪的区别是除后肢不能站立以外，病牛的其他情况，如精神、食欲、体温、各种反射、粪尿等均无异常。

(4) 与脑膜炎或子宫捻转的鉴别诊断

牛发病初期的兴奋敏感现象，与脑膜炎或子宫捻转引起的腹痛相似，但随病程发展，并不难将它们区别开来。

(5) 羊的生产瘫痪与妊娠毒血症的鉴别诊断

后者发生于产前，病程较长，尿及血液中的酮体数量增多，对钙疗法没有反应。

奶牛的典型性生产瘫痪病例，由于发病迅速，如不及时治疗50% ~60%者多于发病后12 ~48h内死亡，个别在发病后几小时内可死亡。若及时治疗，则90%可痊愈或好转，但有些可复发。奶牛的非典型性病例，大部分经治疗后预后良好，少数严重者或继发其他病时预后不良。犬发生本病后，如能及时正确治疗，大部分预后良好。

1. 钙剂疗法

静脉注射钙制剂，是治疗本病的基本方法，一次静脉注射后半数病例症状会得到明显改善。最常用的钙剂是硼葡萄糖酸钙溶液（葡萄糖酸钙溶液中加入4%的硼酸，以提高葡萄糖酸钙的溶解度和稳定性）、10%葡萄糖酸钙注射液或5% ~10%氯化钙注射液等，同时配合使用维丁胶性钙。

(1) 牛

治疗牛生产瘫痪时，用20% ~25%硼葡萄糖酸钙500ml，一半静脉注射，另一半分点皮下注射；或用10%葡萄糖酸钙注射液按20mg/kg纯钙的剂量注射；或者将5%氯化钙500 ~1 000ml和5%葡萄糖生理盐水注射液1 500 ~2 000ml混合后一次静脉注射，为防止复发，可在第一次治疗6h后，用半剂量的钙剂再静脉注射一次。

(2) 羊（猪）

治疗羊（猪）生产瘫痪时，可静脉注射10%葡萄糖酸钙50 ~100ml。

(3) 犬

犬患本病时可静脉注射10%葡萄糖酸钙10 ~30ml，混于5%葡萄糖注射液200ml中缓慢静脉注射（速度为1 ~3ml/min）。另可配合注射维丁胶性钙进行治疗。

2. 乳房送风法

其目的是使乳房膨胀，内压增高，限制泌乳，减少钙、磷从乳中排出。乳房送风法适用于奶牛和奶山羊生产瘫痪的治疗。治疗操作步骤，先将病牛侧卧，挤净乳房中的积奶并对乳头消毒，然后将消毒过而且在尖端涂有少许润滑剂的乳导管插入乳头管内，注入少量抗生素（青霉素10万IU及链霉素0.25g溶解于20～40ml生理盐水中）。连接乳房送风器（图4－26），分别将4个乳区打满空气，用绷带系住乳头，防止气体逸出。

向乳房中打气时，逐一进行，打入的气体量以乳房皮肤紧张、乳区界限明显，轻敲乳房呈现鼓音为宜。打入的气体量不足，影响疗效，打入的气体过多，易引起乳腺腺泡损伤。系乳头的绷带应该在1h左右解除。

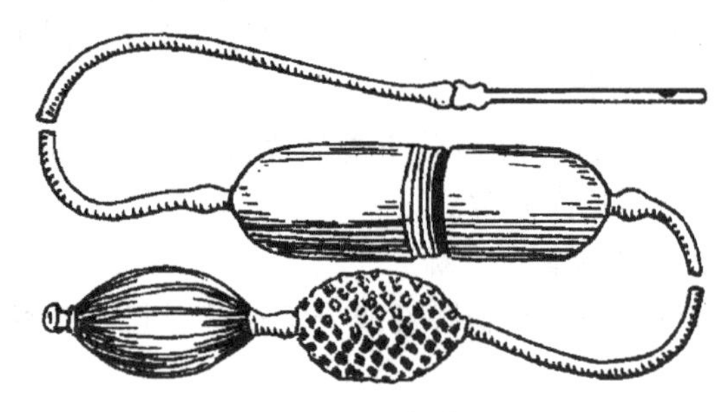

图4－26　乳房送风器

3. 其他疗法

治疗本病时可适量补充磷、镁及肾上腺糖皮质激素等，同时配合高渗葡萄糖和2%～5%碳酸氢钠注射液。

对病畜要有专人护理，多加垫草，天冷时应注意保温。病牛侧卧的时间过长，要设法使其转为伏卧或将牛翻转，防止发生褥疮及反刍时引起异物性肺炎。病畜初次起立时，仍有困难，或者站立不稳，必须注意加以扶持，避免跌倒引起骨胳及乳腺损伤。痊愈后1～2d内，挤出的奶量仅以够喂乳牛为度，以后再逐渐将奶挤净。

【检查】

一、工作过程检查

根据“实施”步骤，验证并分析理论与实际工作的偏差。实施过程验证如表4－12所示。

表4－12　实施过程验证

实际工作中的要求	实际工作程序
理论与实际工作的偏差分析	

二、职业能力测试和职业资格测试

根据上述学习情况进行职业能力测试和职业资格测试，以检查你的学习掌握程度。

职业能力测试

1. 奶牛，2.5 岁，产后已经 18h，仍表现弓背和努责，时有污红色带异味液体自阴门流出。治疗原则为（　　）。

A. 促进子宫收缩和增加运动量　　B. 剥离胎衣、增加营养

C. 抗菌消炎和增加运动量　　D. 促进子宫收缩和抗菌消炎

2. 治疗牛胎衣不下，子宫内给药位置应在（　　）。

A. 子宫腔内　　B. 子叶内

C. 子宫黏膜与胎膜之间　　D. 子宫阜内

3. 剥离牛胎衣时，错误的操作是（　　）。

A. 先消毒　　B. 在胎膜和子宫黏膜之间剥离

C. 应将子宫阜一起剥离　　D. 剥离要完整

4. 关于奶牛生产瘫痪病因错误的是（　　）。

A. 分娩前大量钙质进入初乳　　B. 分娩前后肠道吸收钙质减少

C. 血镁浓度过高　　D. 血镁浓度过低

5. 一奶牛产后第二天出现意识抑制、知觉丧失，各种反射消失，随后卧地不起，四肢屈于躯干下，头向后弯到胸部一侧，用手拉可将头颈拉直，但一松手，又重新弯向胸部；体温下降至 35.5℃。该病最可能是（　　）。

A. 生产瘫痪　　B. 产后截瘫

C. 产后败血症　　D 奶牛酮病

6. 若要确诊生产瘫痪，需做的检查是（　　）。

A. 血常规检查　　B. 血钙测定

C. 尿酮体测定　　D. X 线检查

（　　）1. 乳房送风疗法可用于母牛和母犬生产瘫痪的治疗。

（　　）2. 静脉注射钙制剂，是治疗动物生产瘫痪的基本方法。

（　　）3. 猪产后排出胎衣的正常时间为 3h。

（　　）4. 产前一周注射维生素 AD 注射液对胎衣不下有一定预防作用。

（　　）5. 胎衣不下不会引发全身性疾病。

1. 如何预防生产瘫痪的发生？

2. 犬发生胎衣不下时一般采取何种治疗措施？

职业资格测试

1. 分析胎衣不下的发病原因。
2. 叙述生产瘫痪的临床表现。

1. 某农户一只绵羊产后4h胎衣未能全部脱落，部分胎衣留于子宫内，部分垂于阴门外，病羊频频努责，阴门流出污浊而恶臭液体，体温升高，食欲减退，请你对该患样进行治疗。

2. 黄牛，5岁，第三胎，于2d前产下一犊牛，产后舔犊，饮食与无异常，今日上午放牧后发现牛不愿起立，头颈弯于一侧，于是前来就诊。镜检查，黄牛精神差，体温37.5℃，心跳48次/min，呼吸13次/min，驱赶其仍卧地不起，眼球突出，口温低，未见反刍，眼睑及皮肤痛觉反应迟钝，瘤胃蠕动音弱。请对该患牛进行诊断，并制定治疗方案。

【评价】

本学习任务评价主要由学院教师、企业技师、学生自评和小组互评共同完成，评价成绩均采用100分制，成绩评价表如表4－13所示，该成绩记入学生成长记录。

表4－13　成绩评价表

序号	能力维度	分值	学院教师	企业技师	学生自评	小组互评	得分
1	专业能力	30					
2	方法能力	40					
3	社会能力	30					
	合计						

任务五　阴道及子宫疾病的诊断与治疗技术

【学习任务】

了解动物阴道脱出、阴道及阴门损伤、子宫内膜炎、子宫内翻及脱出的发生原因；熟悉常见动物阴道脱出、阴道及阴门损伤、子宫内膜炎、子宫内翻及脱出的临床症状及防治方法；能对阴道脱出、阴道及阴门损伤、子宫内膜炎、子宫内翻及脱出作出诊断，并进行合理治疗。

【与其他学习任务的关系】

阴道及子宫是母畜的生殖通道，对于孕育生命具有重要作用。因此，阴道及子宫疾病的诊治具有重要意义。

【资讯】

一、阴道疾病

阴道脱出是指阴道底壁、侧壁和上壁一部分组织肌肉松弛扩张连带子宫和子宫颈向后移，使松弛的阴道壁形成折襞嵌堵于阴门之内（又称阴道内翻）或突出于阴门之外（又称阴道外翻）（图 4－27，图 4－28）。阴道脱常发生于妊娠末期，可以是部分阴道脱出，也可以是全部阴道脱出。本病多发生于牛，其次是羊、猪，马较少见。短头品种犬发情时常发生此病。

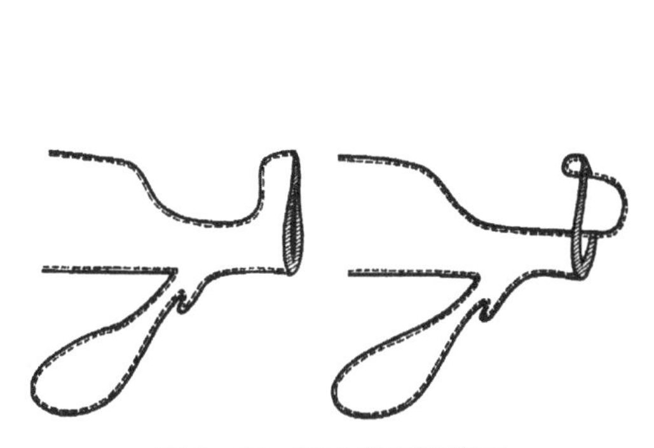

图 4－27　阴道脱出模拟图

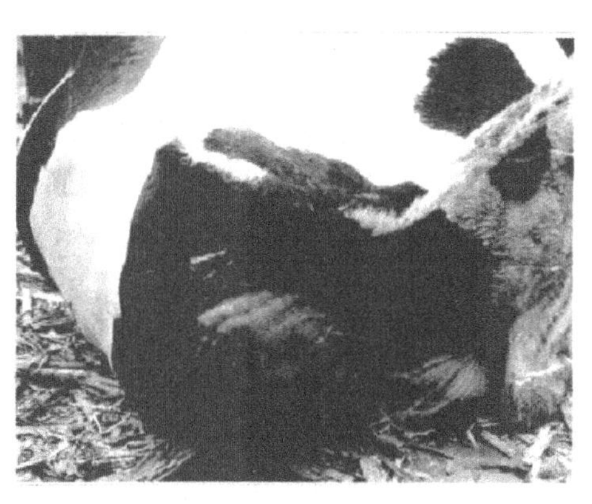

图 4－28　牛阴道脱出

1. 病因

①妊娠母畜年老经产，衰弱，营养不良，钙、磷等矿物质缺乏，运动不足，过度使役及阴道损伤等，使固定阴道的结缔组织松弛，是导致阴道脱发生的主要原因。

②胎儿过大，胎水过多，瘤胃臌气，便秘，腹泻，阴道炎，产前截瘫，分娩后努责过强等，致使腹内压增高，是导致阴道脱发生的诱因。

③妊娠末期，胎盘分泌的雌激素较多，或者摄取富含雌激素的饲草，可继发阴道脱。

④难产助产时产道干涩、牵拉过度等造成固定阴道的组织松弛、腹内压升高和努责过强可造成阴道脱。

⑤人工授精或助产过程中，由于器械消毒不严或没有按操作规程进行，造成阴道的损伤或撕裂，引起炎症，努责过强时易造成阴道脱。

⑥牛、山羊的阴道脱与遗传有一定关系。海福特牛和绵羊均易发生阴道脱。

⑦犬阴道脱多发生于发情前期或发情期，这与遗传和雌激素过多有关。此外，母犬与公犬交配结束前被强行分开，也易致母犬发生阴道脱。

2. 症状

按阴道脱发生的程度，可分为以下 3 种。

（1）单纯阴道脱

尿道口前方部分阴道下壁突出于阴门外的外阴唇上，除稍微牵拉子宫颈外，子宫和膀胱未发生移位，阴道壁一般无损伤，或者有浅表潮红和轻度糜烂。主要发生于产前。病初仅当患畜卧地时，前庭及阴道下壁（有时为上壁）形成皮球大、粉红湿润并有光泽的瘤状物，堵在阴门之内或露出于阴门之外。患畜站立后，脱出部分可自行回缩。若病因未被去除，随母畜起卧，脱垂的阴道壁色泽改变，阴道周围往往可见延伸来的脂肪，或者因分娩损伤，导致脱出的阴道壁逐渐增大，黏膜红肿、干燥。

（2）中度阴道脱

当阴道脱伴有膀胱和肠道也脱入骨盆腔内时，称为中度阴道脱。可见患畜阴门外有囊状物脱出，起立后，脱出的阴道壁难以自行回缩，当组织发生水肿、充血时，患畜频频努责，使得阴道脱出更大，由粉红色转为暗红色，甚至黑色，表面干燥或溃疡，严重时则坏死及穿孔。

（3）重度阴道脱

子宫和子宫颈后移，子宫颈脱出于阴门外。在脱出的末端，可见到黏液塞已变稀薄液化，下壁的下端可见到尿道口，排尿不顺利。胎儿的前置部分有时进入突出的囊内，触诊可以摸到。若脱出的阴道前段子宫颈明显并关闭紧密，则不易发生流产，若子宫颈外口已开启且界限不清，则常于24~72h内发生早产。

阴道的脱出部分长期不能回缩，黏膜淤血、水肿，因受地面摩擦和粪尿污染，常使脱出的阴道黏膜破裂、发炎、糜烂或坏死。严重时可继发全身感染，甚至死亡。久病患畜，精神沉郁，食欲减退，脉搏快而弱，常继发瘤胃臌气。

3. 预防

加强饲养管理，避免饲喂容积过大的粗饲料，给予营养全价且易消化的饲料；适当增加运动，提高全身组织的紧张性；及时治疗便秘、腹泻、瘤胃臌气等疾病，可减少阴道脱的发生；在人工授精或助产过程中，严格器械消毒，并严格按操作规程执行，以免造成阴道损伤或撕裂。

分娩和难产时，产道的任何部位都可能发生损伤，但阴道及阴门损伤更易发生。

1. 病因

①初产母畜分娩时，阴门未充分松软，开张不够大，或者胎儿通过时助产人员未采取保护措施，容易发生阴门撕裂；胎儿过大，强行拉出胎儿时，也能造成阴门撕裂。

②难产过程中，如胎儿过大，胎位、胎势不正且产道干燥时，没有灌入润滑剂且未经完全矫正即强行拉出胎儿；助产时使用产科器械不慎；截胎之后未将胎儿骨骼断端保护好即拉出等，都能造成阴道损伤。胎儿的蹄及鼻端姿势异常，抵于阴道上壁，努责强烈或强行拉出胎儿时可能损伤阴道，甚至使直肠、肛门及会阴亦发生破裂。

③难产救助时，助产者的手臂、助产器械及绳索等对阴门及阴道反复刺激，极易造成阴道水肿及黏膜损伤，甚至造成阴门血肿。

④胎衣不下时，在外露的胎衣部分坠以重物，成为索状的胎衣能勒伤阴道底壁。

2. 症状

阴道及阴门损伤的病畜表现出极度疼痛的症状，尾根高举，骚动不安，拱背并频频努责。

①阴门损伤时症状明显，可见撕裂口边缘不整齐，创口出血，创口周围组织肿胀。对阴道及阴门的过度刺激时，可使其发生剧烈肿胀，阴门内黏膜外翻，阴道腔变狭小，阴门内黏膜变成紫红色并有血肿。阴门血肿有时在几周内由于液体的吸收而自愈。少数情况下，可能发生细菌感染、化脓，炎症治愈后可能出现组织纤维化，使阴门扭曲，出现吸气现象。

②阴道创伤时，从阴道内流出血水及血凝块，阴道黏膜充血、肿胀、有新鲜创口。如为陈旧性溃疡，溃疡面上常附有污黄色坏死组织及脓性分泌物。阴道壁发生穿透创时，其症状随破口位置不同而异。透创发生在阴道后部时，阴道壁周围的脂肪组织或膀胱可能经破口突入阴道腔内或露在阴门外。膀胱脱出时，随尿液增加而增大。透创发生在阴道前端时，病畜很快出现腹膜炎症状，预后不良。如果破口发生在阴道前端下壁上，肠管及网膜还可能突入阴道腔内，甚至脱出于阴门之外。

二、子宫疾病

子宫内膜炎即子宫黏膜的浆液性、黏液性或化脓性炎症。本病是引起不育的重要原因之一，有急性和慢性之分。

1. 病因

①分娩时或产后期，微生物可以通过各种感染途径侵入子宫而引起子宫内膜炎。

②子宫黏膜的损伤及母畜抵抗力下降，可促进本病的发生。

③常继发于其他疾病，如分娩异常、流产、胎衣不下、早产、双胎、难产、子宫脱出、子宫弛缓等。

④患布鲁氏杆菌病、沙门氏菌病以及其他许多侵害生殖道的传染病或寄生虫病的母畜也可发生子宫内膜炎。

2. 症状

（1）急性子宫内膜炎

产后发生的子宫内膜炎多为急性，病畜可能出现全身症状，如体温升高，精神沉郁，食欲及产奶量明显降低。反刍减弱或停止，并有轻度臌气。病畜频频拱背、努责，从阴门中排出黏液性或黏液脓性分泌物，病重者分泌物呈污红色或棕色。卧下时排出量较多。

阴道检查所见变化不明显，子宫颈稍开张，有时可见胎衣或有分泌物排出。阴门及阴道肿胀并高度充血。子宫探查时，引起患牛高度不安和持续性努责。

直肠检查，感到子宫角较正常产后期大，壁厚，子宫呈面团样感觉，如果渗出物多则有波动感，子宫收缩反应减弱。

（2）慢性子宫内膜炎

一般病畜的临床症状不很明显，但发情时可见到排出的黏液中有絮状脓液，黏液呈云雾状或乳白色，而且有大量的白细胞。有时同时存在子宫颈炎。

慢性子宫内膜炎按症状可分为以下 4 种类型。

①隐性子宫内膜炎。不表现临床症状，子宫无肉眼可见的变化，直肠检查及阴道检查也查不出任何异常变化，发情期正常，但屡配不孕。发情时子宫排出的分泌物较多，有时分泌物略微混浊。

②慢性卡他性子宫内膜炎。从子宫及阴道中常排出一些黏稠混浊的黏液，子宫黏膜松软肥厚，有时甚至发生溃疡和结缔组织增生，而且个别的子宫腺可形成小的囊肿。患这种子宫内膜炎的家畜一般不表现全身症状，有时体温稍微升高，食欲及产乳量略微降低，病畜的发情周期正常，有时也可受到破坏。有时发情周期虽然正常，但屡配不孕，或者发生早期胚胎死亡。

③慢性卡他性脓性子宫内膜炎。病畜往往表现精神不振，食欲减少，逐渐消瘦，体温略高等轻微的全身症状。发情周期不正常，阴门中经常排出灰白色或黄褐色的稀薄脓液或黏稠脓性分泌物。

④慢性脓性子宫内膜炎。阴门中经常排出脓性分泌物，在卧下时排出较多。排出物污染尾根及后躯，形成干痂。病畜可能消瘦和贫血。

3. 预后

及时治疗，预后一般良好。如不治疗或治疗不及时，牛、羊、猪的急性子宫内膜炎可能转为慢性过程或继发子宫蓄脓、子宫积水和输卵管炎等，使发情周期紊乱，造成繁殖障碍。牛还可继发乳房炎、关节炎及败血症和脓毒血症，预后应慎重。

子宫角前端翻入子宫腔或阴道内，称为子宫内翻。子宫全部翻出于阴门之外，称为子宫脱出。二者为程度不同的同一个病理过程。子宫脱出多见于产程的第三期，有时则在产后数小时之内发生；产后超过1d发病的患畜极为少见。

1. 病因

子宫脱出的病因不完全清楚，但认为主要和产后强烈努责、外力牵引以及子宫弛缓有关。

（1）产后强烈努责

子宫脱出主要发生在胎儿排出后不久、部分胎儿胎盘已从母体胎盘分离。此时只有腹肌收缩的力量能使沉重的子宫进入骨盆腔，进而脱出。因此，母畜在分娩第三期由于存在某些能刺激母畜发生强烈努责的因素，如产道及阴门的损伤、胎衣不下等，使母畜继续强烈努责，腹压增高，导致子宫内翻及脱出。

（2）外力牵引

在分娩第三期，部分胎儿胎盘与母体胎盘分离后，脱落的部分悬垂于阴门之外，会牵引子宫使之内翻，特别是当脱出的胎衣内存有胎水或尿液时，会增加胎衣对子宫的拉力。此外，难产时，产道干燥，子宫紧包胎儿，如果未经很好处理（如未注入润滑剂）即强力拉出胎儿，子宫常随胎儿翻出。

（3）子宫弛缓

子宫弛缓可延迟子宫颈闭合时间和子宫角体积缩小速度，更易受腹壁肌收缩和胎衣牵引的影响。临床上也常发现，许多子宫脱出病例都同时伴有低钙血症，而低钙则是造成子宫弛缓的主要因素。当然，能造成子宫弛缓的因素还有很多，如母畜衰老、经产、营养不良（单纯喂以麸皮，钙盐缺乏等）、运动不足，胎儿过大等。

2. 症状

子宫轻度内翻，能在子宫复旧过程中自行复原，常无外部症状。子宫角尖端通过子宫颈进入阴道内时，患畜表现轻度不安，经常努责，尾根举起，食欲、反刍减少。如母畜产后仍有明显努责时，应及时进行检查。阴道检查，可发现柔软、圆形的瘤样物。直肠检查时可发现，肿大的子宫角似肠套叠，子宫阔韧带紧张。

牛脱出的子宫一般较大，有时还附有尚未脱离的胎衣。如胎衣已脱离，则可看到黏膜表面上有许多暗红色的子叶（母体胎盘），并极易出血。脱出的孕角旁侧有空角的开口。有时脱出的子宫角分为大小不同的两个部分，大的为孕角，小的为空角，每一角的末端都向内凹陷。脱出时间稍久，子宫黏膜即淤血、水肿，呈黑红色肉冻状，并发生干裂，有血水渗出；寒冷季节常因冻伤而发生坏死；子宫脱出可继发腹膜炎、败血病等。

猪脱出的子宫角很像两条肠管，但较粗，且黏膜表面状似平绒，出血很多，颜色紫红。病猪卧地不起，反应迟钝，很快出现虚脱症状。

3. 预后

①子宫内翻，如及时发现并加以整复，预后良好。否则，如不能自行复原，则可因发生套叠而导致不孕。

②子宫脱出，无论在哪一种家畜，均因子宫内膜炎的关系，对其受孕能力的预后必须谨慎；至于全身方面，因畜种不同，以及脱出程度和脱出时间久暂，预后很不一样。猪最严重，及早送回，尚有存活的可能；但也有的即使整复十分迅速，并行输液，也常因出血和休克而死亡。牛、羊的预后较好，但牛内翻时发生大量出血，也可导致死亡，脱出时间越久，越不易整复。

【决策】

根据工作任务的要求，对手术的决策见表 4－14。

表 4－14 阴道及子宫疾病的诊断与治疗技术决策

<table>
<tr><td rowspan="3">工作任务</td><td colspan="4">阴道及子宫疾病</td></tr>
<tr><td colspan="2">阴道疾病</td><td colspan="2">子宫疾病</td></tr>
<tr><td>阴道脱出</td><td>阴道及阴门损伤</td><td>子宫内膜炎</td><td>子宫内翻及脱出</td></tr>
<tr><td rowspan="2">诊断技术</td><td rowspan="2">临床症状</td><td>病因分析</td><td>发情周期检查</td><td></td></tr>
<tr><td>临床症状</td><td>阴道及直肠检查</td><td></td></tr>
<tr><td rowspan="3">治疗技术</td><td>单纯阴道脱的治疗</td><td>阴门及会阴的损伤治疗</td><td>子宫冲洗疗法</td><td>整复法</td></tr>
<tr><td>中度和重度阴道脱的治疗</td><td>阴道黏膜肿胀并有创伤治疗</td><td>子宫内给药</td><td>脱出子宫切除术</td></tr>
<tr><td>顽固性阴道脱的治疗</td><td>阴道壁发生透创治疗</td><td>激素疗法及其他疗法</td><td>其他疗法</td></tr>
</table>

【计划】

根据实践案例，编制完成任务的计划如下。

1. 计划动物

牛、羊、猪、犬、猫。

2. 计划器材

临床诊断检查器械、常规临床手术器械、橡胶手套、注射器等。

【实施】

一、阴道脱出的诊断和治疗技术

一般根据临床症状即可作出诊断。

根据患病动物种类、病情和妊娠阶段等，选择治疗方法。

1. 单纯阴道脱

患畜起立后阴道脱出部分可自行回缩，一般不需整复，但关键应防止复发。使患畜多站立，并取前低后高的姿势，以防止脱出部分继续增大、避免损伤和感染。同时适当增加自由运动，加强营养，减少卧地，给予易消化饲料，多能治愈。对于便秘、腹泻及瘤胃弛缓等疾病，应及时治疗。保持后躯，尤其是外阴部的清洁卫生，防止尾及其他刺激物对脱出阴道黏膜的刺激。必要时，对阴道脱出的部分涂以抗生素油膏或软膏。

2. 中度和重度阴道脱

当患畜站立时，阴道脱出部分不能自行回缩者，应立即整复并加以固定，同时配以药物治疗。

①整复时，将患畜以前低后高体位保定，努责强烈时，行荐尾或尾椎间歇的轻度硬膜外腔麻醉。小动物可提起后肢，以减少骨盆腔内的压力。

②裹扎尾巴并将其拉向体侧，选用2%明矾溶液、1%氯化钠溶液、0.1%高锰酸钾溶液、0.1%雷佛奴尔溶液清洗阴道脱出部及其周围，除去坏死组织，创口大时可进行缝合。水肿严重时，可先用毛巾浸以2%明矾冷敷，并适当压迫15～30min；或者划刺以使水肿液流出；涂以3%～5%明矾，可减轻水肿。

③在脱出的阴道黏膜上涂以抗生素油膏或碘甘油，用灭菌纱布包裹拳头，抵于脱出部末端，当患畜不甚努责时，乘势将脱出的阴道还纳复位；也可用灭菌纱布包裹脱出的阴道，用手掌将其托送复位。为防止阴道再次脱出，可于阴道内放置阴道托。最后在阴道内注入消毒液或在阴门两旁注入抗生素，热敷阴门，以消炎、减轻努责。若努责强烈，也可在阴道内注入2%普鲁卡因10～20ml，或者行荐尾或硬膜外腔麻醉，注射肌肉松弛剂等。

④对复发的病例，可采取缝合阴门的方法进行固定，尤其是妊娠最后2～3周的母牛。用粗缝线在阴门上作2～3道间断褥式缝合或圆枕缝合、双内翻缝合（图4－29）。阴门下1/3部分不缝合，以免影响排尿。缝合后定期消毒，以防感染。拆线不宜过早，最好先拆掉下方一结，无再脱出现象时，于第2d再拆除余下线结。但对邻近分娩的患畜，一旦出现临产征兆，应立即拆线。

3. 顽固性阴道脱

对顽固性阴道脱或阴道黏膜广泛水肿、坏死的患畜，可进行阴道黏膜下层部分切除术。术前行硬膜外腔麻醉，阴道黏膜0.25%普鲁卡因局部浸润麻醉。在子宫后部至尿道外口的阴道段，将病变的黏膜切除，用3～4号肠线缝合黏膜切口，一般是切除一段缝合一段，以减少出血。但应注意的是，膀胱扩张并突入阴道、离分娩期3～4周或有流产迹象的病例，不可用此法。

对阴道轻度脱出的孕牛，可肌肉注射孕酮50～100mg，1次/d，至分娩前20d左右停止用药。

对由于卵泡囊肿引起的阴道脱，在整复后，首先要治疗原发病，卵泡囊肿治愈后阴道则不再脱出。

补中益气汤对各种原因引起的阴道脱均能奏效。用于牛的方剂组成：炙黄芪75g，党参60g，炒白术60g，升麻20g，当归30g，柴胡20g，陈皮20g，炙甘草30g，生姜30g，大枣50g，益母草30g。用于猪的方剂组成：党参30g，黄芪30g，白术30g，柴胡20g，升麻30g，当归20g，陈皮20g，甘草15g。用法：水煎取汁或共研末开水冲调，候温灌服，

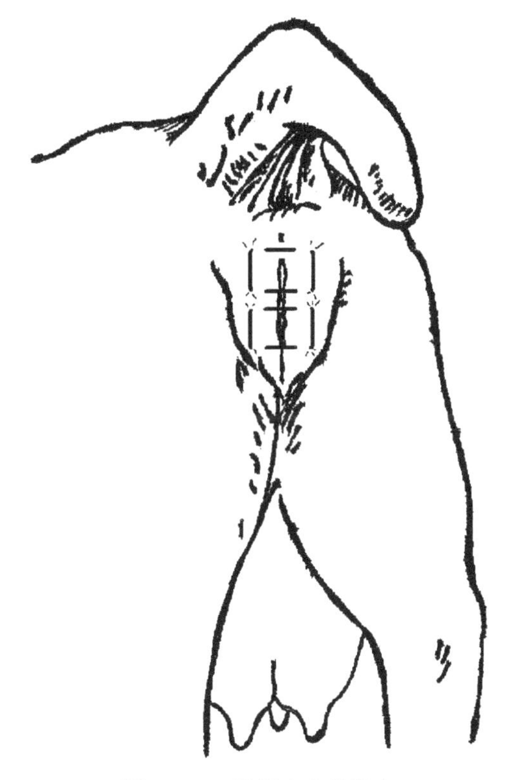

图 4－29　阴门双内翻缝合

1 剂/d，连用 2～3 剂。说明：整复、固定后服用。

枳朴益母散对各种原因引起的牛阴道脱也有较好疗效。方剂组成：枳壳 100g，黄芪 100g，益母草 100g，厚朴 80g，党参 40g，当归 40g，川芎 30g，白芍 40g，柴胡 40g，升麻 40g，陈皮 40g，甘草 20g。用法：水煎取汁，候温灌服。说明：整复、固定后服用。

二、阴道及阴门损伤的诊断与治疗技术

一般结合病因和临床表现可作出诊断。

① 阴门及会阴的损伤应按一般外科方法处理。新鲜撕裂创口可用组织黏合剂将创缘粘接起来，也可用尼龙线按褥式缝合法缝合。阴门血肿较大时，可在产后 3～4d 切开血肿，清除血凝块；形成脓肿时，应切开脓肿并做引流。

② 对阴道黏膜肿胀并有创伤的患畜，可向阴道内注入乳剂消炎药，或者在阴门两侧注射抗生素。若创口生蛆，可滴入 2% 敌百虫，将蛆杀死后取出，再按外科处理。

③ 对阴道壁发生透创的病例，应迅速将突入阴道内的肠管、网膜用消毒液冲洗净，涂以抗菌药液，推回原位。膀胱脱出时，应将膀胱表面洗净，用皮下注射针头穿刺膀胱，排出尿液，撒上抗生素后，轻推复位。硬膜下麻醉有利于送回脱出的器官。将脱出器官及组织复位处理后，立即缝合创口。缝合的方法是，左手在阴道内固定创口，并尽可能向外拉。右手拿长柄持针器，夹上穿有长线的缝针带入阴道内缝合，并将缝线拉紧，使创口边

缘吻合。创口大时，需作几道结节缝合。缝合前不要冲洗阴道，以防药液流入腹腔。缝合后，除按外科方法处理外，还要连续肌肉注射抗生素 4 ~ 5d，防止发生腹膜炎。

三、子宫内膜炎的诊断与治疗技术

一般来说，子宫内膜炎临床诊断时可考虑以下特点，母畜发情周期不正常，屡配不孕；从阴门流出黏液性或脓性分泌物，通过阴道及直肠检查即可临床确诊。慢性子宫内膜炎可根据临床症状、发情时分泌物的性状、阴道检查、直肠检查和实验室检查的结果进行诊断。

子宫内膜炎治疗总的原则是，抗菌消炎，促进炎性产物的排除和子宫机能的恢复。如有胎衣未排出，可先行排出胎衣。

1. 子宫冲洗疗法

在子宫颈开张的情况下可应用温热（42℃）消毒液如 1% 盐水冲洗子宫，利用虹吸作用将子宫内冲洗液排出。反复冲洗几次，尽可能将子宫腔内容物冲洗干净（冲洗至排出液体透明）。在子宫内有较多分泌物时，可采用 0. 1% 高锰酸钾溶液、0. 1% 雷佛奴尔溶液等冲洗子宫后，全身症状即很快得到改善，但应禁止用刺激性药物冲洗子宫。对伴有严重全身症状的病畜，为避免引起扩散使病情加重，应禁止冲洗疗法。

2. 子宫内给药

由于子宫内膜炎的病原非常复杂，且多为混合感染，宜选用抗菌范围广的药物直接注入或投放，如四环素、庆大霉素、卡那霉素、红霉素、金霉素、氟哌酸等。

3. 激素疗法

在患慢性子宫内膜炎时，使用前列腺素 $F_{2\alpha}$（$PGF_{2\alpha}$）及其类似物，可促进炎症产物的排出和子宫功能的恢复。在子宫内有积液时，还可用雌激素、催产素等。对小型动物患慢性子宫内膜炎时，很难将药液注入子宫，可注射雌二醇 2 ~ 4mg，4 ~ 6h 后注射催产素10 ~ 20IU，可促进炎症产物排出，配合应用抗生素治疗可收到较好疗效。

4. 其他疗法

①将乳酸杆菌或人阴道杆菌接种于 1% 葡萄糖肝汁肉汤培养基，37 ~ 38℃ 培养 72h，使每毫升培养物中含菌 40 亿 ~ 50 亿个。每头病牛子宫注入 4 ~ 5ml，经 10 ~ 14d 可见临床症状消失，20d 后恢复正常发情和配种。

②对患子宫内膜炎而不泌乳的奶牛，人工诱导泌乳可使子宫颈口开张，子宫收缩增强，促进子宫炎症产物的清除和子宫机能的恢复。病程在 1 年以上的慢性子宫内膜炎，在人工诱导泌乳后 2. 5 ~ 6 个月内，绝大部分可恢复配种受胎能力。

③制备自体血浆 100ml 注入子宫，1 次/d，连续 4 次，发情后配种，提高受胎率。

四、子宫内翻及脱出的诊断与治疗技术

一般根据症状可做出诊断。

对子宫脱出的病例，必须及早实施手术整复。子宫脱出的时间愈长，整复愈困难，所受外界刺激愈严重，康复后不孕率也愈高。不能整复时，须进行子宫切除术。

1. 整复法

整复脱出的子宫之前必须检查子宫腔中有无肠管和膀胱，如有，应将肠管先压回腹腔并将膀胱中尿液导出，再行整复。整复时助手要密切配合，掌握住子宫，并注意防止已送入的部分再脱出。现以牛为例，介绍子宫脱出的整复方法。

（1）保定

发生子宫脱出的病畜，常不愿或不能站立，这时可将后躯尽可能垫高；如站立进行整复，必须使其后肢站于高处。在保定前，应先排空直肠内的粪便，防止整复时排便，污染子宫。装尾绷带。

（2）清洗

首先将子宫置于消毒液浸洗过的塑料布上，用温消毒液将子宫及外阴和尾根区域充分清洗干净，除去其上黏附的污物及坏死组织。黏膜上的小创伤，可涂以抑菌防腐药，大的创伤则要进行缝合。如胎衣尚未脱落，可试行剥离，如剥离困难又易引起母体组织损伤时，可不剥离，整复子宫后按胎衣不下处理。

（3）麻醉

防止母畜努责，可施荐尾间硬膜外麻醉。但麻醉不宜过深，以免使患畜卧下，妨碍整复。

（4）整复

病牛侧卧保定，由两助手用布将子宫兜起，使它与阴门等高，并将子宫摆正，然后整复。

整复时应先从靠近阴门的部分开始。操作方法是将手指并拢，用手掌或者用拳头压迫靠近阴门的子宫壁（切忌用手抓子宫壁），将它向阴道内推送。推进去一部分以后，由助手在阴门外紧紧顶压固定，术者将手抽出来，再以同法将剩余部分逐步向阴门内推送，直至脱出的子宫全部送入阴道内。整复也可以从下部开始，即将拳头伸入子宫角尖端的凹陷中，将它顶住，慢慢推回阴门之内。上述两种方法，都必须趁患畜不努责时进行。而且在努责时要把送回的部分紧紧顶压住，防止再脱出来。

脱出的子宫全部被推入阴门之后，为保证子宫全部复位，可向子宫内灌注 9～10L 温水，然后导出。在查证子宫角确已恢复正常位置，并无套叠后，向子宫内放入抗生素或其他防腐抑菌药物，并注射促进子宫收缩药物，以免再次脱出。

对犬、猫和猪子宫脱出的病例，必要时可行剖腹术，通过腹腔整复子宫。

（5）预防复发及护理

整复后为防止复发，应皮下或肌肉注射 50～100IU 催产素。如用静脉注射，子宫壁在注后 30～60s 即开始收缩。整复后，为防止患畜努责，也可进行荐尾间硬膜外麻醉，但不宜缝合阴门，以免刺激患畜持续努责，而且缝合后虽能防止子宫脱出，但不能阻止子宫内翻。

术后护理按一般常规进行。如有内出血，必须给予止血剂并输液。对病畜要有专人负责护理，如发现母畜努责强烈，须检查是否有内翻，有则应立即加以整复。

2. 脱出子宫切除术

如确定子宫脱出时间已久，无法送回，或者子宫有严重的损伤及坏死，整复后有引起全身感染、导致死亡的危险，可将脱出的子宫切除，以挽救母畜生命。该法在牛一般预后良好，而在猪死亡率较高。下面以牛为例，介绍脱出子宫切除方法。

①患牛站立保定，局部浸润麻醉或后海穴麻醉，常规消毒，包扎并固定尾巴。

②在子宫角基部作一纵形切口，检查其中有无肠管及膀胱，有则需先将其推回。仔细触诊，找到两侧子宫阔韧带上的动脉，在其前部进行结扎，粗大的动脉需结扎两道，并注意区别输尿管和动脉，以免误将输尿管当作动脉。

③在结扎之下横断子宫及阔韧带，断端如有出血应结扎止血。断端先作全层连续缝合，再行内翻缝合；最后将缝合好的断端送回阴道内。另一法是在子宫颈之后，用直径约2mm 的绳子，外套以细橡皮管，用双套结结扎子宫体。为拉紧扎牢，可在绳的两端缠上木棒加以帮助。但因多数病例有水肿现象，故不能充分勒紧；为了补救，可在第一道结扎绳之后，再用缝线穿过子宫壁，作一道贯穿结扎（分割结扎）。然后在距第二道结扎之后2～3cm处将子宫切除。最后检查如不出血，将断端送回阴道内即可。

术后必须注射强心剂并输液。密切注意有无内出血现象。努责剧烈者，可行硬膜外麻醉，或者在后海穴注射2%普鲁卡因，防止引起断端再次脱出。有时病畜可能出现神经症状，兴奋不安，忽起忽卧，在牛可灌服酒精镇静。术后阴门内常流出少量血液，可用收敛消毒药液（如明矾等）冲洗。如无感染，断端及结扎线经10d 后可自行愈合并脱落。

【检查】

一、工作过程检查

根据“实施”步骤，验证并分析理论与实际工作的偏差。实施过程验证如表4－15所示。

表4－15　实施过程验证

实际工作中的要求	实际工作程序
理论与实际工作的偏差分析	

二、职业能力测试和职业资格测试

根据上述学习情况进行职业能力测试和职业资格测试，以检查你的学习掌握程度。

职业能力测试

1. 一奶牛妊娠270d，卧下时发现前庭及阴道下壁形成一皮球大、粉红湿润并有光泽的瘤状物住在阴门内，站立时，肿胀回缩。该病最可能是（　　）。

A. 阴道肿瘤　　B. 阴道脱出　　C. 阴道血肿　　D. 阴道脓肿

2. 一只山羊，4 岁，妊娠 150d，娩出胎儿 2 只后仍不断弓背、努责、不安。腹部触诊未见任何硬块，则病最可能是（　　）。

A. 难产　　B. 子宫颈开张不全

C. 子宫迟缓　　D. 子宫内翻

3. 对奶牛子宫内膜炎治疗错误的是（　　）。

A. 注射抗生素　　B. 注射催产素

C. 注射前列腺素　　D. 注射雌激素

4. 一只山羊分娩后不久阴部有一团表面有许多暗红色结构的突出物，其末端有两个向内的凹陷。则该病最可能是（　　）。

A. 阴道脱出　　B. 阴道增生

C. 阴道肿瘤　　D. 子宫脱出

5. 牛子宫全脱整复过程中不合理的方法是（　　）。

A. 荐尾间硬膜外麻醉　　B. 子宫腔内放置抗生素

C. 牛体位保持前高后低　　D. 皮下或肌肉注射催产素

6. 一成年奶牛屡配不孕，发情正常，发情时子宫分泌物较多、略微混浊；直肠及阴道检查未见异常；子宫回流液静置后有沉淀。则该病是（　　）。

A. 隐形子宫内膜炎　　B. 慢性卡他性子宫内膜炎

C. 慢性卡他性脓性子宫内膜炎　　D. 慢性脓性子宫内膜炎

7. 一成年奶牛屡配不孕，食欲及产乳量略微降低；发情正常，子宫及阴道常排出黏稠浑浊黏液；子宫冲洗回流液略浑浊，似淘米水。该病是（　　）。

A. 子宫积液隐　　B. 慢性卡他性子宫内膜炎

C. 慢性卡他性脓性子宫内膜炎　　D. 慢性脓性子宫内膜炎

8. 一成年奶牛精神不振，食欲减少，逐渐消瘦，体温略高；发情周期紊乱，阴门中经常排出灰白的黏稠脓性分泌物。该病最可能是（　　）。

A. 隐形子宫内膜炎　　B. 慢性卡他性子宫内膜炎

C. 慢性卡他性脓性子宫内膜炎　　D. 慢性脓性子宫内膜炎

9. 关于慢性子宫内膜炎治疗错误的是（　　）。

A. 肌肉注射孕酮　　B. 可子宫内给药

C. 先后注射雌激素和催产素　　D. 胸膜外封闭疗法

（　　）1. 子宫内翻一般均可自行复原，无须整复。

（　　）2. 犬重度阴道脱出需整复时，可提起后肢，以减少骨盆腔内的压力。

（　　）3. 妊娠后期母牛发生阴道脱出时，不可采取缝合阴门的方法进行固定。

（　　）4. 阴道壁发生透创的患牛，应迅速将脱出器官及组织复位处理，然后缝合创口。缝合前需要冲洗阴道。

（　　）5. 患有子宫内膜炎且伴有严重全身症状的病畜，应禁止用子宫冲洗疗法。

（　　）6. 制备自体血浆注入子宫，对子宫内膜炎具有一定疗效。

（　　）7. 子宫脱出行整复后，为防止患畜努责，可进行荐尾间硬膜外麻醉，也可缝合阴门。

1. 如何治疗顽固性阴道脱出？
2. 发生子宫内膜炎时，如何冲洗子宫？

职业资格测试

1. 请分析子宫内膜炎的发生原因及预防措施。
2. 不同程度阴道脱的临床表现是什么？

1. 杂种犬，1岁，3d前发情，未交配，外阴部有脱出物，于是前来就诊。检查发现，患犬不时舔舐外阴并于地面磨蹭，掀起尾巴可见外阴脱出，呈红色球状物，黏膜发红且水肿，触诊检查患部发硬，且伴有痛感。请对该患犬进行诊断，并进行治疗。

2. 经产母猪5d前分娩时发生难产，实施助产后产出仔猪5只，昨天出现食欲下降，泌乳量减少，阴道内流出腥臭难闻的分泌物，前来就诊。临床检查发现该患猪体温40℃，尾根、阴门周围附有难闻的脓性分泌物，阴道检查未见阴道壁异常，子宫颈稍张开，有脓性分泌物从此处流出。请对该患猪诊断并实施治疗。

【评价】

本学习任务评价主要由学院教师、企业技师、学生自评和小组互评共同完成，评价成绩均采用100分制，成绩评价表如表4－16所示，该成绩记入学生成长记录。

表4－16　成绩评价表

序号	能力维度	分值	学院教师	企业技师	学生自评	小组互评	得分
1	专业能力	30					
2	方法能力	40					
3	社会能力	30					
	合计						

任务六　乳房炎的诊断与治疗技术

【学习任务】

了解乳房炎的发生原因；熟悉乳房炎的临床症状及防治方法；能对乳房炎做出诊断，并进行合理治疗。

【与其他学习任务的关系】

乳房炎是最常见的动物产科疾病之一，它不仅影响产奶量，而且影响奶的品质，危害人类的健康，造成的直接和间接经济损失非常大。因此，乳房炎的诊断和防治具有重要意义。

【资讯】

乳房炎是乳房受到各种致病因素作用而引起的炎症，其主要特点是乳汁发生理化性质及细菌学变化，乳腺组织发生病理学变化。根据乳房和乳汁有无肉眼变化，可分为临床型、非临床型和慢性乳房炎 3 种。

本病是奶牛、羊的多发病，可造成严重经济损失，降低乳的品质，而且还危害人类的健康。

一、病因

1. 病原微生物的感染

引起乳房炎的主要病原是链球菌、葡萄球菌、大肠杆菌、化脓性棒状杆菌、结核杆菌等，通过乳头管侵入乳房，而发生感染。

2. 饲养管理不当

如挤乳技术不够熟练，造成乳头管黏膜损伤，垫草不及时更换，挤乳前未清洗乳房或挤乳员手不干净以及其他污物污染乳头等。

3. 机械损伤

乳房遭受打击、冲撞、挤压、踢蹴等机械作用，或者幼畜咬伤乳头等，也是引起本病的诱因。

4. 继发于某些疾病

子宫内膜炎及生殖器官的炎症等可继发本病。

二、症状

有明显的临床症状，乳房患病区域红、肿、热、痛，泌乳减少或停止，乳汁变性，体温升高，食欲不振，反刍减少或停止。根据炎症性质的不同，乳汁的变化亦有所差异。

1. 浆液性乳房炎

常呈急性经过，由于大量浆液性渗出物及白细胞游出进入乳小叶间结缔组织内，所以乳汁稀薄并含有絮片。

2. 卡他性乳房炎

乳腺泡上皮及其他上皮细胞变性脱落。其乳汁呈水样，并含有絮状物和乳凝块。

3. 纤维素性乳房炎

由于乳房内发生纤维素性渗出，挤不出乳汁或只能挤出少量乳清或挤出带有纤维素脓性渗出物。如为重剧炎症时，有明显的全身症状。

4. 化脓性乳房炎

乳房中有脓性渗出物流入乳池和输乳管腔中，乳汁呈黏液脓样，混有脓液和絮状物。

5. 出血性乳房炎

输乳管或腺泡组织发生出血，乳汁呈水样淡红或红色，并混有絮状物及凝血块，全身症状明显。

6. 症候性乳房炎

常见于乳房结核、口蹄疫及乳房放线菌病等。

此种乳房炎无临床症状，乳汁中亦无肉眼可见异常，又称亚临床型乳房炎。但是实验室检验时，乳汁中的白细胞和病原菌数增加，乳汁 pH 值升高。此型乳房炎产奶量减少，品质下降，是乳房炎中发生最多，造成经济损失最严重的类型。

慢性乳房炎常由于急性乳房炎没有及时处理或由于持续感染，而使乳腺组织渐进性发炎的结果。一般没有临床症状或临床症状不明显，但乳产量下降。它可发展成临床型乳房炎，有反复发作的病史，也可导致乳腺组织纤维化，乳房萎缩。这类乳房炎治疗价值不大，甚至成为牛群中的传染源，宜及早淘汰。

三、预防

1. 挤奶卫生

母牛要整体清洁，尤其是乳房要清洁、干燥。乳头在套上挤奶杯前，用最少量的水冲洗，用纸巾清洁和擦干。

2. 乳头浸浴

在每次挤奶后，使用0.5%洗必泰、3% ~4%次氯酸钠、0.5% ~1%威力碘溶液浸没整个乳头，可大大降低乳房炎的发生。

3. 干奶期预防

在泌乳期最后一天，给母牛的每个乳房注入复方（长效）青霉素油剂、干奶安、复方氟哌酸制剂等药物。

4. 及时淘汰

患有慢性或顽固性疾病的牛。

5. 隔离病牛

以避免因牛的引进或出入而感染。

6. 定期维护挤奶机

保持挤奶机的真空稳定性和正常的脉动频率，及时清洁和更换奶杯“衬里”。

7. 定期进行隐性乳房炎检侧

根据检测结果采取相应的防治措施。

【决策】

根据工作任务的要求，对妊娠期疾病的诊断与治疗的决策见表4-17。

表4-17 乳房炎的诊断与治疗决策

工作任务	乳房炎
诊断技术	临床型乳房炎的诊断
	隐性乳房炎的诊断
治疗技术	改善饲养管理
	乳房内注入药物疗法
	乳房封闭疗法

【计划】

根据实践案例，编制完成任务的计划如下：

1. 计划动物

牛、羊、猪、犬、猫。

2. 计划器材

临床诊断检查器械、金属筛网、显微镜、计数器、试管、离心机、双氧水、蒸馏水、载玻片、氢氧化钠、酒精、二甲苯等。

【实施】

一、乳房炎的诊断技术

通过视诊和触诊检查病畜的乳房、乳汁及进行必要的全身检查，以乳房红、肿、热、痛，泌乳减少及乳汁的性状异常为依据，即可确诊。

根据乳汁在理化性质、细菌学上发生的变化可确诊。

1. 物理检查

主要检查牛乳中有无沉淀物或乳凝块。常用杯滤法，即在杯上安装金属筛网，通过过滤，若发现有乳块、絮状物或纤维丝等沉淀，即可确诊为患有乳房炎。也可用乳房炎检测仪进行测定，导电率值上升，可诊断为隐性乳房炎。

2. 间接检查法

向乳汁加入烷基丙烯基磺（硫）酸盐，根据是否出现凝块来判断。

3. 乳汁体细胞计数

通过显微镜计数法、电子计数法直接计算母畜乳中的体细胞数，来判定是否患有乳房炎。一般认为，奶牛乳中体细胞高于 50 万个/ml，奶山羊超过 100 万个/ml，绵羊超过 30 万个/ml 体细胞，可认为患有乳房炎。

4. 化学检验法

（1）过氧化氢（H_2O_2）玻片法（过氧化氢酶试验法）

大多数活细胞包括白细胞都含有过氧化氢酶，能分解过氧化氢而产生氧。但正常乳中的白细胞很少，过氧化氢酶很少；乳房炎时，白细胞增多，过氧化氢酶也增多，释放的氧也多，以此推断白细胞的含量。

①试剂。取双氧水（30% H_2O_2）按 1∶(2.33 ~4) 的比例加入中性蒸馏水配制为 6% ~9% 过氧化氢试剂，待用。

②方法。将载玻片置于白色衬垫物上，滴被检乳 3 滴，再加过氧化氢试剂 1 滴，混合均匀后，静置 2min 后观察。

③判定标准。

被检乳	反应现象	判定结果
正常乳	液面中心无气泡，或者有针尖大小的气泡聚积	-
可疑乳	液面中心有少量大如粟粒的气泡聚积	±
感染乳	液面中心布满或有大量的粟粒大小的气泡聚积	+

（2）氢氧化钠凝乳检验法

正常乳加入氢氧化钠后无变化，有乳房炎的乳加入氢氧化钠混合后会变黏稠或有絮片产生，但此法不适用于初乳或末期乳的检验。

①试剂。4%氢氧化钠（苛性钠）溶液。

②方法。将载玻片置于黑色衬垫物上，先滴加被检乳5滴，再加4%氢氧化钠溶液2滴，用细玻璃棒或火柴杆迅速将其扩展成直径2.5cm的圆形，并继续搅拌20～25s，观察。如乳样事先经冷藏保存2d以内的，则只加1滴试剂。

③判定标准。

被检乳	乳汁反应	判定符号	推算细胞总数（万/ml）
阴性	无变化，无凝乳现象	-	<50
可疑	出现细小凝乳块	±	50～100
弱阳性	有较大凝乳块，乳汁略透明	+	100～200
阳性	凝乳块较大，搅拌时有丝状凝结物形成，全乳略呈透明	+ +	200～500
强阳性	大凝乳块，有时全部形成凝块，完全透明	+ + +	500～600

（3）溴麝香草酚蓝（B. T. B）检验法

是一种较简单常用的方法，测定乳汁的pH值变化。健康牛乳呈弱酸性，pH值为6.0～6.5；乳房炎乳为碱性，其增高的程度依炎症轻重而有所不同。

①试剂。47.4%酒精500ml加B. T. B 1g，再加5%氢氧化钠溶液1.3～1.5ml，三者混合均匀，试剂呈微绿色。用碳酸氢钠和盐酸校正pH值为中性。

②方法。试管法：首先在10ml试管中加入B. T. B试剂1ml，再加入被检乳5ml，混合均匀后静置1min后观察。或者先在试管中加入被检乳5ml，然后用2ml吸管吸取B. T. B试剂1ml，沿试管壁缓慢滴入被检乳中，观察被检乳与试剂接触液面的变化。

玻片法：将载玻片置于白色衬垫物上，滴被检乳1滴，再加B. T. B试剂1滴，混合后观察。

③判定标准。

被检乳	颜色反应	pH值	判定符号
正常乳	黄绿色	6～6.5	-
可疑乳	绿色	6.6	±
感染乳	蓝至青绿色	>6.6	+

（4）CMT试验法（烷基硫酸盐检验法）

通过检测DNA的量估测乳中白细胞数的方法，试剂是一种阳离子表面活性剂（烷基硫酸钠）和一种指示剂（溴甲酚紫）。但对初乳和末期的乳不适用。

①试剂。氢氧化钠 15g，烷基硫酸钠 30 ~ 50g（烷基硫酸钾、烷基丙烯硫酸钠、烷基丙烯硫酸钾也可），溴甲酚紫 0.1g，蒸馏水 1 000ml，混合为溶液备用。

②方法。先将被检乳 2ml 置于乳房炎检验盘中，再加入试剂 2ml，缓慢作同心圆搅拌 15s，观察结果。

③判定标准。

被检乳	乳汁反应	判定符号
阴性	液状无变化	-
可疑	有微量沉淀物，但不久即消失	±
弱阳性	部分形成凝胶状沉淀物	+
阳性	全部形成凝胶状，回转搅动时向中心集中，停止搅动时则凝块呈凸凹状附着于皿底	+ +
强阳性	全部形成凝胶状，回转搅动时向中心集中，停止搅动则恢复原状，并附着于皿底	+ + +
酸性乳	由于乳糖分解，乳汁变为黄色	pH 值 <2.5，酸性乳
碱性乳	呈深黄色，为接近于干乳期或感染乳房炎，泌乳量下降	碱性乳

（5）乳中细胞分类计数检查法

镜检乳汁中嗜中性粒细胞、淋巴细胞的数量及其相互间的比例来判定是否为乳房炎乳。

①方法。取被检乳 10 ~ 15ml，以 2 000r/min 离心 10min，仔细除去上清液及管壁上的脂肪，将剩余的量及沉渣混合，按血片制作方法涂片，自然干燥，放入二甲苯中脱脂 2min，水洗，自然干燥，再用甲醇或 95% 酒精固定 2 ~ 5min，水洗。用姬姆萨染液或瑞特氏染液染色，镜检。

②判定。嗜中性分叶核粒细胞数量在 12% 以下为健康乳；在 12% ~ 20% 为可疑乳；在 20% 以上为乳房炎乳；如乳中嗜中性分叶核粒细胞数量与淋巴细胞的比例大于或等于 1 时，也可判定为乳房炎。

（6）注意事项

①奶样应保持新鲜，如采集时间已久，即使冷藏也可能变质而影响检验结果。特别是 B. T. B 检验法对奶样的新鲜要求更加严格，乳汁 pH 值发生变化，判定的结果可能不准确。

②配制试剂的各种药品均应为化学纯，所用的各种器皿（试管、吸管、塑料皿等）用前均需用中性蒸馏水冲洗干净，否则会影响准确性。

二、乳房炎的治疗技术

对乳房炎的治疗，应根据炎症类型、性质及病情等，分别采取相应的治疗措施。

为了减少对发病乳房的刺激，应提高机体的抵抗力，厩舍要保持清洁、干燥，注意乳房卫生。为了减轻乳房的内压，应限制泌乳过程，增加挤乳次数，及时排出乳房内容物。减少多汁饲料及精料的饲喂量，限制饮水量。每次挤乳时按摩乳房 15 ~ 20min。根据炎症的不同，分别采用不同的按摩手法，浆液性乳房炎，自下而上按摩；卡他性与化脓性乳房炎则采取自上而下按摩。纤维素性乳房炎、乳房脓肿、乳房蜂窝织炎以及出血性乳房炎等，则禁用按摩方法。

常采用向乳房内注入抗生素溶液，其方法是先挤净患病乳房内的乳汁及分泌物，用消毒药液清洗乳头，将乳头导管插入乳房，然后慢慢将药液注入。注射完毕，用双手从乳头基部向上顺次按摩，使药液扩散于整个乳腺内，1～3 次/d。常用青霉素 40 万～80 万 IU 或邻氯青霉素 500mg，邻氯青霉素 200mg + 氨苄青霉素 75mg，螺旋霉素 250mg，利福平 100mg，土霉素 200～400mg，金霉素 200mg 等，稀释于 100ml 蒸馏水中作乳房注射。

1. 静脉封闭

静脉注射 0.25% ～0.5% 普鲁卡因溶液 200～300ml。

2. 会阴神经封闭

于阴唇下联合，即坐骨弓上方正中的凹陷处，局部消毒后，左手拇指按压在凹陷处，右手持封闭针头向患侧刺入约 1.5～2cm，注入 0.25% 盐酸普鲁卡因溶液 10～20ml（内含青霉素 80 万 IU）。如两侧乳房患病，应依法向两侧注射。本法不但对临床型乳房炎有效，对隐性乳房炎也有良好效果。

3. 乳房基部封闭

为封闭前 1/4 乳区，可在乳房间沟侧方，沿腹壁向前、向对侧膝关节刺入 8～10cm；为封闭后 1/4 乳区，可在距乳房中线与乳房基部后缘相距 2cm 处刺入，沿腹壁向前，对着同侧腕关节进针 8～15cm。每个乳叶注入 0.25% ～0.5% 盐酸普鲁卡因溶液 100～200ml，加入 40 万～80 万 IU 青霉素则可提高疗效。

4. 冷敷、热敷疗法

炎症初期进行冷敷，制止渗出。2～3d 后可行热敷，促进吸收，消散炎症。

5. 全身应用抗生素疗法

如青霉素、链霉素混合肌肉注射，磺胺类药物及其他抗菌药物静脉注射等。

【检查】

一、工作过程检查

根据“实施”步骤，验证并分析理论与实际工作的偏差。实施过程验证如表 4－18 所示。

表 4－18 实施过程验证

<table>
<tr><th>实际工作中的要求</th><th>实际工作程序</th></tr>
<tr><td></td><td></td></tr>
<tr><td colspan="2">理论与实际工作的偏差分析</td></tr>
<tr><td colspan="2"></td></tr>
</table>

二、职业能力测试和职业资格测试

根据上述学习情况进行职业能力测试和职业资格测试，以检查你的学习掌握程度。

职业能力测试

1. 可引起乳房炎发生的原因不包括下列哪项（　　）。
A. 挤奶技术不熟练　　B. 乳房被仔畜咬伤
C. 清洗乳房　　D. 乳房感染链球菌
2. 患隐性乳房炎奶牛，说法正确的是（　　）。
A. pH 值大于 7.0　　B. 偏酸性　　C. 细菌数不会增高　　D. 电导率降低
3. 向乳房内注射药物错误的做法是（　　）。
A. 严格消毒乳头和乳导管　　B. 挤尽乳房内的乳汁
C. 挤乳后不能立即进行注射　　D. 根据药敏试验注射抗菌药物

（　　）1. 卡他性、化脓性乳房炎和纤维素性乳房炎、可采取自上而下按摩方法，而乳房脓肿、乳房蜂窝织炎以及出血性乳房炎等，则禁用按摩方法。
（　　）2. 隐性乳房炎患畜的乳汁无肉眼可见异常。
（　　）3. 急性乳房炎患畜的乳汁一般无肉眼可见异常。
（　　）4. 治疗乳房炎的方法很多，但禁用封闭疗法，
（　　）5. 隐性乳房炎一般不用抗生素治疗。

奶牛隐性乳房炎如何诊断?

职业资格测试

1. 请叙述乳房炎的种类及其特点。
2. 分析乳房炎发生原因，并制定预防措施。

一奶牛妊娠 8 个月，畜主发现该牛左前方乳头肿大，第二天前来就诊。检查发现该患牛食欲减退，兴奋不安，呼吸急促，喜站立，后肢踢蹴腹部，常回头顾腹。乳房左前区明显肿大，接近检查发现离左前方乳头约 5cm 处有一伤口，有暗红色脓液流出。请对该病做出诊断，并实施治疗。

【评价】

本学习任务评价主要由学院教师、企业技师、学生自评和小组互评共同完成，评价成绩均采用 100 分制，成绩评价如表 4－19 所示，该成绩记入学生成长记录。

表 4－19　成绩评价表

序号	能力维度	分值	学院教师	企业技师	学生自评	小组互评	得分
1	专业能力	30					
2	方法能力	40					
3	社会能力	30					
	合计						

任务七　卵巢疾病诊断与治疗

【学习任务】

了解卵巢囊肿和持久黄体发生的原因；熟悉卵巢囊肿和持久黄体的临床症状、诊断方法及防治措施；能对卵巢囊肿和持久黄体动物进行诊治。

【与其他学习任务的关系】

卵巢囊肿和持久黄体是动物最常见产科疾病之一。卵巢囊肿一旦变大或发生变性，则极易导致不孕，有些囊肿甚至会发生癌变，威胁动物健康和生命。持久黄体持续分泌助孕素，抑制卵泡的发育，致使母畜久不发情而不孕。

【资讯】

一、卵巢囊肿

卵巢囊肿是指卵巢上有卵泡状结构，其直径超过 2.5cm，存在时间在 10d 以上，同时卵巢上无正常黄体结构的一种病理状态，分为卵泡囊肿和黄体囊肿。主要发生于马、牛、猪，特别是奶牛，产后 1.5 个月多发。

引起卵巢囊肿的原因很多，目前对其认识还不完全。

①舍饲期间运动不足，非全价饲料饲养，特别是以精料为主的日粮中缺乏维生素 A，或者有较多的糟粕、饼渣，其中酸度较高，容易发生本病。

②注射大剂量的孕马血清、人造雌酚或其他雌激素引起卵泡滞留，而发生囊肿。

③产科疾病的继发症，如卵巢、子宫或其他部分炎症、变性、胎衣不下等，继发卵巢囊肿。

④配种季节中使役过重，长期发情不予以配种，或者在卵泡发育过程中外界温度突然改变等，均可引起卵巢囊肿。

1. 卵泡囊肿

患卵泡囊肿的母牛，发情表现反常，如发情周期变短，发情期延长，以致发展到严重阶段，持续表现强烈的发情行为，而成为慕雄狂。有的母牛则不发情，这种情况多见于产后2个月内。患卵泡囊肿的马、驴不表现慕雄狂的症状，仅发情周期延长，有的则不发情。

母牛慕雄狂的症状是极度不安，大声哞叫、咆哮、拒食，频繁排尿、排粪；经常追逐和爬跨其他母牛；奶产量降低，有的乳汁带苦咸味，煮沸时发生凝固。由于病牛经常处于兴奋状态，过度消耗体力，而且食欲减退，所以往往身体消瘦，被毛失去光泽。慕雄狂的病畜性情凶恶，不听使唤，并且有时攻击人畜。

患卵泡囊肿时间较长的病牛，特别是发展成为慕雄狂时，颈部肌肉逐渐发达增厚，状似公牛。荐坐韧带松弛，臀部肌肉塌陷，并且出现特征的尾根抬高，尾根与肛门之间出现一个深的凹陷；阴唇肿胀、增大，阴门中常排出黏液。长期表现慕雄狂的病母畜，部分明显消瘦，体力严重下降，久而不治可衰竭致死；部分发生骨骼严重脱钙，使它在反常爬跨期间可能发生骨盆或四肢骨折。

直肠检查可发现卵巢上有数个或一个壁紧张而有波动的囊泡，直径在牛一般均超过2cm，大于正常卵泡，有的达到3～5cm，甚至有的达5～7cm，有时牛的为许多小的囊肿；在马可达7～10cm，发情表现明显。用指腹触压，紧张而似又有波动。稍用力按压囊肿部位，如母畜表现为回头观望、后肢踏地或移动不定，说明痛感明显，隔2～3d检查，症状如初可诊断。

如囊肿的大小与正常卵泡相同，为了鉴别诊断可隔2～3d（牛）或5～10d（马）再检查一次，正常卵泡届时均会消失。给牛进行多次直肠检查，可发现囊肿交替发生和萎缩，但不排卵，囊壁比正常卵泡厚；子宫角松软，不收缩。

马、驴的卵泡囊肿多发生在卵泡发育的2～3期。直肠触诊感觉囊壁变厚，缺乏弹性，但波动明显，按压没有疼痛反应。卵巢质地硬实。

2. 黄体囊肿

黄体囊肿的主要外表症状是不发情，在牛直肠检查可发现囊肿多为一个，大小与卵泡囊肿差不多，但壁较厚而软，不那么紧张。在马、驴，囊肿的直径有的达7～15cm，感觉有明显的波动，触压有轻微的疼痛表现。为了与正常卵泡鉴别，需要间隔一定时间多次重复检查。黄体囊肿存在的时间比卵泡囊肿长，如超过一个发情周期，检查的结果相同，母畜仍不发情，就可确诊。

猪的囊肿常为许多大的黄体化卵泡，但有时为许多小的卵泡囊肿。发情周期延长，发情时症状很显著，但不发生慕雄狂。

牛患卵泡囊肿时血浆孕酮的浓度低，患黄体化囊肿时则较高；在黄体化的过程中可能进一步提高，但仍然比正常母牛的低。患牛血浆雌激素浓度变化不定，可能与正常牛的相似或较高。血浆睾酮浓度与正常发情周期相似。据报道，卵巢囊肿患牛的促黄体素浓度一般比正常牛的高，而且与血浆孕酮浓度呈负相关。

患病后治疗越早，预后越好。据报道，在患病后6个月以内治疗的病例，90%治愈受孕；而患病6～12个月时治愈率只有60%～70%。一侧单个囊肿一般都能治愈；两侧囊肿，尤其是发病时间久，囊肿数目多，治疗往往无效。母牛治愈之后，下一胎分娩后复发的占20%～30%。囊肿的大小及症状表现强烈与否和治愈率无密切关系。卵巢囊肿引起子宫内膜严重变性，子宫壁萎缩和子宫积水的病例预后不佳。极少数病例不用治疗可自行恢复，产后第一次排卵之前发生的卵巢囊肿60%可以自愈。

科学饲养，合理使役，合理挤奶，控制母畜体重及膘情，日粮全价，营养全面，饲料及饲草不可单一，看膘补料，防止母畜过瘦或过肥。母畜患子宫内膜炎、子宫颈炎、卵巢炎以及其他全身系统疾病应及时治疗。应用雌激素类药物治疗疾病时，要合理使用，防止过量。

二、持久黄体

在性周期或分娩之后，性周期黄体或妊娠黄体持续存在而不消失的，称为持久黄体。在组织结构和对机体的生理作用方面，持久黄体与妊娠（妊娠）黄体或性周期黄体没有区别。持久黄体同样可以分泌孕酮，抑制卵泡发育，使发情周期停止循环，因而引起不育。此病多见于母牛，且多数继发于某些子宫疾病；原发性的持久黄体或其他家畜患此病的较少见。

舍饲时，运动不足、饲料单纯、缺乏矿物质及维生素等，都可引起黄体滞留。持久黄体容易发生于产乳量高的母牛。冬季寒冷且饲料不足，常常发生持久黄体。此病也和子宫疾病有密切关系，子宫炎、子宫积脓及积水、胎儿死亡未被排出、产后子宫复原不全、部分胎衣滞留及子宫肿瘤，都会使黄体不能按时消退，而成为持久黄体。

持久黄体的主要特征是发情周期停止循环，母畜表现长期不发情。阴道检查发现阴道黏膜苍白、干涩、子宫颈关闭；直肠检查可发现一侧（有时为两侧）卵巢增大，感到一侧或两侧卵巢上有黄体存在，黄体略突出于卵巢表面，呈蘑菇状，触之粗糙而坚硬，质地比卵巢实质硬。

有持久黄体存在时，子宫可能没有变化，但有时松软下垂，稍为粗大，触诊无收缩反应。

无并发病者，预后良好。改进饲养管理，增加运动或放牧，减少挤乳量，可使黄体消退，发情周期恢复正常，但所需时间较长。在绝大多数病例，采用适当治疗措施之后，黄体在数天之内即可消失，出现发情；但在衰老、全身健康不佳的家畜或持久黄体是因生殖器官疾病而发生的，预后应当谨慎。

① 母畜的饲料营养要全面，要合理搭配一些矿物质及维生素等。

② 防止过度使役、挤奶和饥饿，冬季注意防寒保暖和补料。

③ 及时治疗生殖系统疾病。

【决策】

根据工作任务的要求，对手术的决策见表4－20。

表 4-20　卵巢疾病诊断与治疗决策

工作任务	卵巢疾病	
	卵巢囊肿	持久黄体
诊断技术	发情异常	不发情
	慕雄狂症状明显	直肠检查
	直肠检查	2 周后重复检查
治疗技术	激素疗法	激素疗法
	中药疗法	中药疗法
	中成药治疗	中成药治疗
	穿刺手术疗法	

【计划】

根据实践案例，编制完成任务的计划如下。

1. 计划动物

牛、羊、猪、犬、猫。

2. 计划器材

临床诊断检查器械、注射器、橡胶手套、常用激素药物等。

【实施】

一、卵巢囊肿的诊断与治疗技术

根据病畜表现发情反常，无规律地频繁而持久地发情，性欲旺盛，呈慕雄狂现象；或者长时间乏情；或者慕雄狂之后表现乏情；或者乏情后表现慕雄狂；直肠检查可发现卵巢增大，其上有一个至数个有波动的卵囊等，可做出诊断。

首先应当改善饲养管理及使役条件，因为这样可以使母马的单囊肿不经治疗就自行消失；如不改善饲养管理方法，即使治愈之后，也易复发。对于舍饲的高产母牛，可以增加运动，减少挤奶量。

1. 激素疗法

应用激素治疗卵巢囊肿，主要是直接促使囊肿黄体化。

（1）促黄体素（LH）制剂

人绒毛膜促性腺激素（hCG）和猪、羊垂体抽提物（PLH）是常用于治疗卵巢囊肿的外源性促黄体素的两种。hCG 用于牛、马的剂量是静脉注射 5 000IU 或肌肉注射 10 000IU；PLH 用于牛为 100～200IU，马为 200～400IU。

LH 制剂治疗卵巢囊肿的治愈率平均为 75% 左右。产生效应的病牛经常在治疗后 20～30d 之内出现发情周期循环，因而，除非病牛持续表现强烈慕雄狂征候，在治疗后 3～4 周之内一般不需要重复用药。

LH 是蛋白质激素，给病畜重复注射可引起过敏反应；而且应用多次之后，由于产生抗体而疗效降低，使用时应当注意。

hCG也可用于腹腔或囊肿内注射，而且用量较小（1 000～2 000IU），比较经济；但操作复杂，且有副作用，牛用后双胎或三胎的比率可在1/2，并可引起胎膜和胎儿水肿、肝和肾脏变性。

（2）促性腺激素释放激素（GnRH）类似物

GnRH用于卵巢囊肿效果显著，牛、马肌肉注射0.5～1.0mg。治疗后产生效应的母牛大多数在18～23d发情。患牛的治愈率、从治疗至第一次发情的间隔时间及受胎率，和应用hCG的效果相似；而且重复应用发生过敏反应者极少，也不会降低疗效。GnRH还有预防作用，产后第12～14d给母牛注射，可制止卵巢囊肿的发生。

（3）孕酮

牛每次肌肉注射50～100mg，每日或隔日一次，连用2～7次，总量为200～700mg。

实践证明，应用外源性孕酮治疗卵巢囊肿是有效的，可使60%～70%的病牛恢复周期循环；但其引起囊肿消退的机理尚未完全确定。根据经验，注射孕酮2～3次以后，母牛性兴奋及慕雄狂症状消失，经过10～20d恢复正常发情，且可以受孕。

（4）前列腺素F_{2a}及其类似物

PGF_{2a}对卵巢囊肿无直接治疗作用，而是继GnRH之后应用可提高效果，缩短从治疗至第一次发情的间隔时间。应用GnRH后第9d注射PGF_{2a}，病畜治疗后开始发情的时间可从18～23d缩短到平均12d左右。PGF_{2a}的用法及用量，一般牛、马肌肉注射2～8mg/头（匹），猪、羊1～2mg/头（只）。

（5）地塞米松（氟美松）

牛肌肉注射10～20mg/头。对多次应用其他激素治疗无效的病例可能收到效果。

（6）黄体酮

马肌肉注射黄体酮50～100mg/次，隔日1次，连用3～4次。

（7）在能鉴别卵泡囊肿与黄体囊肿的情况下，可采取针对性治疗

①卵泡囊肿　首选是绒毛膜促性腺激素（hCG）10 000～20 000IU，肌肉注射，1次/d，连用3d。孕激素治疗卵泡囊肿效果也较理想，大家畜一次肌肉注射50～150mg，连日或隔日进行，连续7次为一疗程。如对奶牛卵泡囊肿，也可用垂体促黄体素一次肌肉注射200～400IU，一般3～6d后囊肿症状消失，形成黄体，15～20d恢复正常发情。如用药1周后仍未见好转，可第二次用药，剂量比第一次稍增大。

②黄体囊肿　首选是前列腺素PGF_{2a}及其类似物，一般牛、马2～8mg，猪、羊1～2mg。

2. 中药疗法

中兽医学上，对母畜阴亏、胎热不孕（卵泡囊肿、多卵泡、排卵困难等），采用养阴凉血，促进卵泡成熟、排卵。

方一　山药30g，芋肉15g，茯苓24g，生地30g，白术15g，酒柏30g，当归45g，酒芩30g，白芍18g，秦艽24g，菟丝子80g，复盆子30g，首乌21g，紫石英15g，甘草15g，姜枣作引，研末，开水冲调，候温灌服。从母畜发情后第1d开始，上药连服2剂，于第4d配种。

方二　益母草65g，淫羊藿30g，鸡冠花60g，红花30g，非铁制容器水煎，灌服（亦可拌在精料中，连药渣一同食入），连用3d。

方三　“麦芽川归散”，大麦芽120g，川芎、当归、公丁、广木香各45g，益母草、

淫羊藿各40g，月季花根、阳雀花根、醋香附、神曲各30g，硫黄10g，八月瓜根120g，鸡蛋10枚，白酒60～100ml。此药方除白酒、鸡蛋外，余药焙焦碾细为末备用。将药末加适量温水，调成糊状后加入白酒鸡蛋灌服（猪可停食一餐，按上法拌成的药剂，再拌少量精料，让其自食），中等体重的母畜，每剂分1次服，1次/d，连服2剂为1疗程（猪的用量为此方1/2量为1剂），服药后，在1个情期不发情，再服第3剂。在实践中，可根据畜体衰弱，体重大小，有兼症酌情增减。

方四　三棱30g，苍术30g，香附30g，藿香30g，青皮25g，陈皮25g，桂枝25g，益智仁25g，肉桂15g，甘草10g。共为细末，开水冲调，候温灌服。

3. 中成药治疗

应用促孕一剂灵进行治疗，奶牛、水牛450g，黄牛、肉牛、马、驴300g，猪、羊200g或1～1.5g/kg体重。用开水冲调为粥状候温灌服。用药后经18～20d见母畜发情，还需重复给药一次即可进行配种。

卵巢囊肿如伴有子宫疾病，应同时加以治疗，方能达到预期效果，否则易复发。如对患有子宫炎的母猪，在应用抗菌素治疗的同时，配合应用40℃的生理盐水冲洗子宫，冲洗后往子宫内注射抗生素或磺胺类药物，有利于局部炎症的尽快消除。

4. 穿刺手术疗法

母牛卵巢囊肿可进行穿刺疗法。术者一手在直肠内固定卵巢，另一手（或助手）用长针头从体外肷部刺入囊肿，用注射器抽出囊肿液后，同时注入绒毛膜促性腺激素（hCG）2 000～5 000IU、青霉素80万IU和地塞米松10mg于囊肿腔内。

二、持久黄体

根据动物不发情，直肠检查卵巢上有黄体，间隔一段时间（10～14d）重复检查，在卵巢的同一部位触到同样黄体，即可诊断为持久黄体。为了和妊娠黄体区别，必须仔细触诊子宫。

治疗持久黄体首先应从改善饲养管理及利用，并治疗所患疾病着手，方可收到良好效果。

1. 激素疗法

前列腺素F_{2a}及其合成的类似物，是疗效确实的溶黄体剂，对患畜应用之后绝大多数可于3～5d内发情，有些配种后也能受孕。

（1）前列腺素F_{2a}

牛5～10mg，马2.5～8mg，猪、羊1～2mg，肌肉注射，1次/d，连用2d。阴唇黏膜下注射，效果尤为明显，且用量仅为肌肉注射的一半；若于有黄体的卵巢一侧的黏膜下注射，则疗效更为突出。

（2）氟前列烯醇

又名Fluprostenol或ICI～81008，商品名Epuimate，主要用于马，肌肉注射0.125～0.25mg；也可用于牛，肌肉注射0.5～1mg。必要时隔7～10d再行注射。

(3) 氯前列烯醇

又名 Cloprostenol 或 ICI ~ 80996。牛用的氯前列烯醇，商品名为Estrumate，一次肌肉注射0. 5 ~ 1mg；或向子宫内灌注0. 2 ~ 0. 3mg；还可用0. 1% 碘溶液冲洗子宫进行辅助治疗。猪用的商品名为 Planate，2ml 安瓿含主药 175μg，一次肌肉注射。如有必要可隔 10 ~ 12d 再注射一次。

(4) 15 -甲基前列腺素 F_{2a}

此药为国内目前常用的前列腺素类似物，其 2ml 安瓿含主药 2mg，牛肌肉注射2 ~ 3mg。

(5) 促卵泡素

100 ~ 200IU 溶于 5 ~ 10ml 生理盐水中，肌肉注射，每隔 3d 注射一次，连续 3 次为一疗程，疗效也较好。

前列腺素 F_{2a}对马，特别是剂量较大时，易于发生腹痛、腹泻、食欲减退和出汗等副作用，但大多数经过数小时可自行消失。其合成的类似物如氟前列腺烯醇、氯前列烯醇等，超过治疗剂量 5 ~ 6 倍才会出现副作用。

2. 中草药疗法

方一　用黄花、当归、党参、陈皮、益母草各 30g，川芎、炮姜各 24g，白术、吴芋、炙香附各 15g，红花 10g，共研末，黄酒、红糖各 120g，开水冲调，候温灌服。

方二　益母草 65g，淫羊藿 30g，茯苓 24g，当归 45g，白芍 18g，陈皮 20g，菟丝子 80g，红花 30g，水煎灌服或拌料，连用 3d。

3. 中成药治疗

应用促孕一剂灵进行治疗。用法用量同“卵巢囊肿”。

【检查】

一、工作过程检查

根据“实施”步骤，验证并分析理论与实际工作的偏差。实施过程验证如表 4 - 21 所示。

表 4 - 21　实施过程验证

实际工作中的要求	实际工作程序
理论与实际工作的偏差分析	

二、职业能力测试和职业资格测试

根据上述学习情况进行职业能力测试和职业资格测试，以检查你的学习掌握程度。

职业能力测试

1. 治疗卵泡囊肿最合适的药物是（　　）。

A. 雌二醇　　B. 促黄体生成素

C. 催产素　　D. 促卵泡生成素

2. 可用于治疗持久黄体、黄体囊肿的激素是（　　）。

A. 孕酮　　B. 前列腺烯醇

C. 促卵泡生成素　　D. 促黄体生成素

3. 经产母牛，表现持续而强烈的发情行为，体重减轻。直肠检查发现卵巢为圆形，有突出于表面的直径约2.5cm的结构，触诊该突起感觉壁薄。2周后复查，症状同前。该牛可能发生的疾病是（　　）。

A. 卵泡囊肿　　B. 黄体囊肿

C. 卵巢萎缩　　D. 卵泡交替发育

4. 母牛，4岁，产后2个多月未见发情。直肠检查发现，一侧卵巢比对侧正常卵巢约大一倍，其表面有3.0cm的突起，触摸该突起感觉壁厚，子宫未触及怀孕变化。该牛可能发生的疾病是（　　）。

A. 卵泡囊肿　　B. 黄体囊肿

C. 卵巢萎缩　　D. 卵泡交替发育

5. 一头奶牛半个月来表现发情、不安，常寻找接近发情和正在发情母牛爬跨，并具有一定的攻击性的性行为，体重减轻；直肠检查，右侧卵巢上有一直径3cm的泡状物。该病最可能为（　　）。

A. 卵巢萎缩　　B. 卵巢囊肿　　C. 疯牛病　　D. 慕雄狂

E. 卵泡萎缩

6. 卵巢囊肿发生的原因是体内（　　）。

A. 雄激素水平过高　　B. 雌激素水平过高

C. 孕激素水平过高　　D. 前列腺素水平过高

E. 促黄体素水平过高

7. 卵巢囊肿治疗措施错误的是（　　）。

A. 注射促黄体生成素　　B. 注射人绒毛膜促性腺激素

C. 注射促卵泡生成素　　D. 注射孕酮

8. 一头奶牛发情配种4个月后，直肠检查子宫未有妊娠变化，左侧卵巢有一充满液体、突出于卵巢表面的结构；母牛一直未有发情表现，但荐坐韧带松弛。则该病是（　　）。

A. 卵巢机能减退　　B. 排卵延迟

C. 卵巢囊肿　　D. 不排卵

（　　）1. 卵泡囊肿母畜会表现慕雄狂。

（　　）2. 黄体囊肿的母畜主要外表症状是持续发情。

(　　) 3. 牛患卵泡囊肿时血浆孕酮的浓度增高。

(　　) 4. 患持久黄体的母畜表现持续发情。

(　　) 5. 黄体囊肿的首选药物是前列腺素 PGF_{2a} 及其类似物。

1. 母牛卵巢囊肿时，如何进行穿刺治疗？
2. 如何诊断持久黄体的发生？

职业资格测试

分析持久黄体发病原因，并制定防止措施。

一头 2 岁奶牛，个体较大，膘情良好，但其发情周期极不正常，从未配过种，但乳房膨大而下垂，乳头不时漏奶，因此前来就诊。检查发现该患牛尾根两侧塌陷，直肠检查时左侧卵泡正常但无卵泡发育，子宫稚小，未摸到右侧卵巢，仔细检查发现右侧卵巢已沉入骨盆腔耻骨下方，卵巢呈不规则土豆状，表面质地不一，有些部位柔软而又弹性，有些部位则质地坚硬。请你对该患牛疾病做出诊断，并实施治疗。

【评价】

本学习任务评价主要由学院教师、企业技师、学生自评和小组互评共同完成，评价成绩均采用 100 分制，成绩评价表如表 4－22 所示，该成绩记入学生成长记录。

表 4－22　成绩评价表

序号	能力维度	分值	学院教师	企业技师	学生自评	小组互评	得分
1	专业能力	30					
2	方法能力	40					
3	社会能力	30					
	合计						

主要参考文献

[1] 李建基. 动物外科手术实用技术. 北京：中国农业出版社，2012.
[2] 侯加法. 犬猫骨科与关节手术入路图谱. 沈阳：辽宁科学技术出版社，2008.
[3] 张海彬. 小动物外科学. 北京：中国农业出版社，2008.
[4] 吴敏秋. 动物外科与产科. 北京：中国农业出版社，2008.
[5] 王春璈. 奶牛临床疾病学. 北京：中国农业科学技术出版社，2007.